黑龙江省 安达市 耕地地力评价

王志贵　主编

中国农业出版社
农村读物出版社
北　京

内 容 提 要

　　本书是对黑龙江省安达市耕地地力调查与评价成果的集中反映，在充分应用耕地信息大数据智能互联技术与多维空间要素信息综合处理技术并应用模糊数学方法进行成果评价的基础上，首次对安达市耕地资源历史、现状及问题进行了分析和探讨。它不仅客观地反映了安达市土壤资源的类型、面积、分布、理化性状、养分状况和影响农业生产持续发展的障碍性因素，揭示了全市土壤质量的时空变化规律，而且详细介绍了测土配方施肥大数据的采集和管理、空间数据库的建立、属性数据库的建立、数据提取、数据质量控制、县域耕地资源管理信息系统的建立与应用等方法和程序。此外，还确定了参评因素的权重，并通过利用模糊数学模型，结合层次分析法，计算了安达市耕地地力综合指数。这些不仅为今后改良利用土壤，定向培育土壤，提高土壤综合肥力提供了路径、措施和科学依据，而且也为建立更为客观、全面的黑龙江省耕地地力定量评价体系，实现耕地资源大数据信息采集分析评价互联网智能化管理提供了参考。

　　全书共7章。第一章：自然与农业生产概况；第二章：耕地土壤、立地条件及农田基础设施建设；第三章：耕地地力调查；第四章：耕地土壤属性；第五章：耕地地力评价；第六章：耕地地力评价与区域配方施肥；第七章：耕地土壤存在的问题与土壤改良的主要途径。书末附4个附录供参考。

　　该书理论与实践相结合、学术与科普为一体，是黑龙江省农林牧业、国土资源、水利、环保等领域各级领导干部、科技工作者、大中专院校教师和农民群众掌握和应用土壤科学技术的良师益友，是指导农业生产必备的工具书。

编 写 人 员 名 单

总 策 划：辛洪生

顾　　问：刘淑芬　王亚德　杨景学

主　　编：王志贵

副 主 编：朱海波　王德刚　冯　涛　马艳杰

编写人员（按姓氏笔画排序）：

马艳杰	王志贵	王淑香	王德刚	左秀玲	丛丽娜
冯　涛	毕四刚	朱海波	任　涛	刘海英	许彦平
孙铁通	李　霞	李洪华	李辉阁	李德涛	张忠斌
张宝庆	张春平	张艳春	张晓达	张海龙	张朝平
罗艳娟	赵连春	赵瑞华	祝　刚	姚清妍	都乃仁
董　庆	詹文艳	臧兴全			

序

农业是国民经济的基础；耕地是农业生产的基础，也是社会稳定的基础。黑龙江省委、省政府高度重视耕地保护工作，做出了重要部署。为适应新时期农业发展的需要，保障国家粮食安全，增强农产品竞争能力，促进农业结构战略性调整，提高农业效益，增加农民收入，农业工作者针对当前耕地土壤现状，确定了科学评价体系，摸清了耕地基础地力，分析预测了土壤变化趋势，提出了耕地利用及改良措施与途径，为政府决策和农业生产提供了依据。

2009年，安达市农业技术推广中心结合测土配方施肥项目实施，及时开展了耕地地力调查与评价工作。在黑龙江省土壤肥料管理站、黑龙江省农业科学院、东北农业大学、中国科学院东北地理与农业生态研究所、哈尔滨万图信息技术开发有限公司及安达市广大农业科技人员的共同努力下，2011年11月完成了安达市耕地地力调查与评价工作，并通过了农业部组织的专家验收。

通过耕地地力调查与评价工作的开展，农业工作者摸清了安达市耕地地力状况，查清了影响当地农业生产持续发展的主要制约因素，建立了安达市土壤属性数据库、空间数据库和耕地地力评价体系，提出了安达市耕地资源合理配置及耕地适宜种植、科学施肥及中低产田改造的路径和措施，初步构建了耕地资源信息管理系统。这些成果为全面提高农业生产水平，实现耕地质量计算机动态监控管理，适时了解辖区内各个耕地基础管理单元土、水、肥、气、热状况及调节措施提供了基础数据平台和管理依据。同时，也为安达市乡

（镇）政府制订农业发展规划，调整农业产业结构，保证粮食生产安全，促进现代化农业建设提供了最基础的科学评价体系和最直接的理论、方法依据，也为今后全面开展耕地地力普查工作，实施耕地综合生产能力建设，发展旱作节水农业、测土配方施肥及其他农业新技术普及工作提供了技术支撑。

《黑龙江省安达市耕地地力评价》一书，集理论基础性、技术指导性和实际应用性为一体，系统地介绍了耕地资源评价的方法与内容，通过大量的田间实验示范、户外调查及相关资料数据整理分析，研究了安达市耕地资源的利用现状及问题，提出了合理利用的对策和建议。本书既是一本值得推荐的实用技术读物，又是安达市广大农业工作者应具备的工具书之一。该书的出版，将对安达市耕地的保护与利用、分区施肥指导、耕地资源的合理配置、农业结构调整及提高农业综合生产能力起到积极的推动和指导作用。

安达市人民政府　市长

2016 年 10 月

前言

　　土壤是人们赖以生存和发展的最根本的物质基础，是一切物质生产最基本的源泉。耕地是土地的精华，是生产粮食及其他农产品不可替代的生产资料。中华人民共和国成立以来，我国曾进行过两次土壤普查，两次普查的成果在农业区划、农业综合开发、中低产田改良和科学施肥等方面，都得到了广泛应用，为基本农田建设、农业综合开发、农业结构调整、农业科技研究、新型肥料的开发等各项工作提供了依据。

　　黑龙江省安达市耕地地力调查与评价工作，是根据农业部制定的《全国耕地地力评价总体工作方案》和《耕地地力调查与质量评价技术规程》的要求，按照全国农业技术推广服务中心《耕地地力评价指南》的精神，于2009年正式开展工作。在黑龙江省土壤肥料管理站的具体指导下，在各级领导的关心和支持下，在各有关单位大力配合和帮助下，安达市耕地地力调查与评价工作于2011年11月顺利完成。

　　通过对1 832个耕地地力采样点的调查和土样的分析化验，对全市耕地地力进行了调查与评价分级，基本摸清了市域内耕地肥力与生产潜力状况，为各级领导进行宏观决策提供了可靠依据，为指导农业生产提供了科学数据。测试化验分析数据30 772项次，制作了大量的图、文、表等说明材料。构建了测土配方施肥宏观决策和动态管理基础平台，为农民科学种田、增产增收提供科学保障。根据化验结果，建立了规范的安达市测土配方施肥数据库和市域土地资源空间数据库、属性数据库、安达市耕地质量管理信息系统，编写了安达市耕地地力技术报告、工作报告、专题报告，并汇总整理成本书。在本书编写过程中，参阅了《安达土壤》《安达市

2004—2006 年社会经济统计年鉴》《安达县志》，得到了安达市气象局、土地局、统计局、水务局、农机站等相关部门的大力支持，并借鉴了黑龙江省土壤肥料管理站下发有关省、市的耕地地力调查与评价相关资料。

由于本书内容新、编写工作量大、时间较紧，加之编者水平有限，书中疏漏在所难免，敬请读者批评指正。

编　者

2016 年 10 月

目 录

序
前言

第一章　自然与农业生产概况

第一节　自然与农村经济概况

一、地理位置与行政区划

（一）地理位置

安达市地处黑龙江省西南部松嫩平原腹地，地理坐标北纬 46°01′～47°01′，东经 124°53′～125°55′。南距省会哈尔滨 120 千米，北至"鹤城"齐齐哈尔 160 千米，与世界石油名城大庆毗邻接壤；周围与青冈、兰西、肇东、肇州、林甸 5 个县市为邻，位于哈大齐经济带上的黄金地段，是哈大齐工业走廊上的节点城市。滨洲铁路、哈大高速公路穿越市区，明沈、安昌、安绥、安兰等 10 余条国家级和省级公路网集城乡，大庆至广州的大广高速跨境而过，大庆机场咫尺可及，交通四通八达，方便快捷。

安达素有"牛城"之称。安达是中国著名的奶牛之乡和肉牛基地，是世界著名的奶牛带，素有"中国奶牛之乡"之称。草原面积 116 826.32 公顷，年产优质牧草 2 亿千克，是世界三大优质草场之一。草原植被以驰名中外的羊草为主，是亚洲东部特有的建群植物。全市总面积 3 586 平方千米，其中耕地面积 135 610 公顷。

（二）行政区划

安达市，黑龙江省辖县级市，绥化市代管。安达市辖 10 镇（安达镇、任民镇、升平镇、万宝山镇、羊草镇、中本镇、太平庄镇、老虎岗镇、昌德镇、吉星岗镇）、4 乡（青肯泡乡、卧里屯乡、火石山乡、先源乡）、3 个街道办事处（铁西街道办事处、新兴街道办事处、安虹街道办事处）。

二、自然与农村经济概况

（一）土地资源概况

安达市现有耕地面积 135 610.00 公顷，草原面积 116 826.32 公顷，湿地面积 25 333.30 公顷，林地面积 15 715.62 公顷，其他用地面积 65 124.76 公顷。安达拥有以东湖、红湖、北湖等为代表的大小湖泊泡泽上百处，湿地面积占总辖区面积的 7.06%。

（二）自然气候与水文地质条件

1. 气候条件　安达市属于北温带大陆性半干旱季风气候区，四季分明。冬季漫长，受蒙古冷高压控制，寒冷、少雪、多西北风；春季气旋活动频繁，短暂多风，低温易旱，春风次数多、干旱少雨；夏季受西太平洋副热带高压影响，盛行西南暖湿气流，温热多雨；秋季西南风南撤，冷暖交替，多秋高气爽天气，降温急剧，常受低温、早霜危害，属于半干旱农业区。1985—2011 年，年平均气温 4.3℃，活动积温 2 901.5℃，无霜期历年平均为 145 天，年均降水量 434.6 毫米，蒸发量 1 566.3 毫米，蒸发量为降水量的 3.6 倍，水质矿化度 0.15～0.3 克/升。

(1) 日照和太阳辐射：年日照 2 356.1～2 912.0 小时，年平均日照为 2 666.0 小时，日照率为 35%～65%。年太阳辐射率总量为 119.5 千卡/平方厘米，全年日照时数以春、夏、秋三季最多，冬季最少。春、秋日位虽低于夏季，但秋高气爽，大气透明度高，故日照时数不少于日位高、白昼长、雨水多的夏季；冬季太阳角度最低，昼短夜长，且多烟雾，大气混浊，所以，日照时数最少。见表 1-1、表 1-2。

表 1-1　1985—2011 年各月日照平均数

月份	1	2	3	4	5	6	7	8	9	10	11	12	年总量
日照时数（小时）	176.0	205.1	248.3	239.9	271.8	262.9	235.5	243.3	239.4	217.1	169.8	157.1	2 666.0
日照率（%）	63	71	67	59	59	56	50	56	64	64	60	59	60

表 1-2　1985—2011 年太阳总辐射平均月总量与日总量

月份	1	2	3	4	5	6	7	8	9	10	11	12	年总量
月总量（千卡*/平方厘米）	5.5	7.9	10.5	12.5	14.4	14.1	13.0	12.7	11.1	7.8	5.3	4.7	119.5
日总量（卡/平方厘米）	180.6	250.1	341.9	415.7	460.4	466.6	419.2	403.1	376.5	251.4	180.0	134.9	3 880.4

(2) 气温：年平均气温 4.3℃，7 月平均气温最高，为 23.1℃；1 月平均气温最低，为 -18.8℃；极端最高气温为 38.7℃，极端最低气温为 -37.9℃。2007 年属高温年，平均气温为 5.7℃。1985 年、1987 年为最低气温年，平均气温为 2.8℃。5～9 月，≥10℃ 活动积温 2 901℃。无霜期为 124～175 天，初霜期 9 月中下旬，终霜期 4 月下旬，解冻期 3 月中旬，冻结期 10 月下旬。初霜出现最早时期为 9 月 9 日（1997 年），终霜出现最晚日期为 5 月 27 日（1994 年）。见表 1-3。

表 1-3　1985—2011 年各月平均气温

月份	1	2	3	4	5	6	7	8	9	10	11	12	全年
温度（℃）	-18.8	-13.1	-3.7	7.0	15.1	21.1	23.1	21.5	14.9	6.1	-6.2	-15.8	-18.8

(3) 降水：常年平均降水量 434.6 毫米，最大降水量 600.5 毫米（1988 年），最少降水量 268.7 毫米（2000 年）。见表 1-4。

---

　* 卡为非法定计量单位，1 卡≈4.184 焦。

表 1-4　1985—2011 年降水量分布

单位：毫米

年份	1985	1986	1987	1988	1989	1990	1991	1992	1993
降水量	528.0	400.4	493.5	600.5	347.9	401.9	491.9	316.8	536.1
年份	1994	1995	1996	1997	1998	1999	2000	2001	2002
降水量	384.8	296.1	505.0	461.2	548.0	365.2	268.7	248.5	455.8
年份	2003	2004	2005	2006	2007	2008	2009	2010	2011
降水量	520.3	321.4	566.2	421.0	390.5	392.5	515.8	451.5	506.3

由于季风影响，降水主要集中在 4～10 月，降水量为 417.6 毫米，占全年降水量的 96.07%。雨热同季，适宜作物生长。见表 1-5。

表 1-5　1985—2011 年各月平均降水量

单位：毫米

月份	1	2	3	4	5	6	7	8	9	10	11	12	全年
降水量	1.9	1.4	6.0	15.9	35.0	77.9	143.3	95.8	34.7	15.0	4.8	3.0	434.7

2. 地貌与成土母质　安达市地貌属冲积冰水阶地和冲积洪积低漫滩。东部地区属小兴安岭山前冲积倾斜高平原区，中、西、南部地区属双阳河、乌裕尔河冲积泛滥低平原区。地形东高西低，变化平缓，为平展的大平原，但微地形变化较大，海拔高度为 134～212 米。境内无江无河，形成闭流区。局部有低洼地、碟形洼地、浅槽形宽谷，多沼、泡，地面比降为 1/1 000～1/3 00。

所有的土壤都是由岩石变化而来的。而土壤与岩石的本质区别就在于土壤有肥力，岩石没有肥力。岩石变成土壤是由风化过程和成土过程同时、同地作用下形成的，即岩石经过风化变成母质，母质经过生物作用才形成土壤。岩石经过风化作用的破坏，成为疏松的、大小不等的矿物质颗粒，成为母质。安达市土壤成土母质主要为第四纪（近 100 万年以内的地质年代）内海沉积物和冲积物，在此基础上发育起来的黄土状黏土母质。在 2 米左右土层下的母质层，土壤呈黄色或暗黄色，黄土层较厚，质地细而均匀，较黏，有直立性，富含碳酸钙，微碱性。

3. 水文地质条件

（1）地表水资源：境内有引嫩干渠和红旗泡、王花泡、青肯泡、黑鱼泡等大小泡泽 10 余个。但地表水可利用资源甚微，年平均径流深仅为 3.9 毫米，扣除蒸发、地面填洼和截流等损失后基本耗尽。由于微地形起伏不平，岗洼交错，大气降水后岗地跑水、洼地积水，造成了岗旱洼涝。

（2）地下水资源：安达市地下水资源也不丰富，且分布不均。地下水型分两种：一种是第四纪潜水，岩性为亚沙、细沙，含水层厚度 2～8 米，透水性弱，水力坡度小，埋藏浅，水量小，水质差；水位变化受季节影响，丰水期埋深 1～4 米，枯水期埋深 3～6 米；矿化度（以离子总量表示）1～8 克/升，水化学类型为碳酸氢钠型水，局部洼地为氯化钠型水，水质差；该水受大气降水补给，其流向由东向西，大体和地形高差走向一致。另一种是第四纪承压水，岩性为细粗沙、沙砾石，顶板埋深 40～60 米，含水层厚度 10～15 米，渗透系数为 20～40 米/天，水平径流慢；水位变化受季节性影响，枯水期埋深 6～13 米，丰水期埋深 4～11 米，单井涌水量 20～50 吨/天；水化学类型属重碳酸钙、碳酸钠型水，含氟量较小，补给源为双阳河和乌裕尔河，流向由东北向西南。

4. 植被　安达市草原辽阔，属于松嫩平原的一部分。全市植被分为两大类、4 个组、8 个型。

（1）草甸草原类；包括 3 个组、7 个型。一是草甸根茎禾苗草组，有羊草型、羊草＋杂草型、羊草＋野古草＋杂草型、野古草＋杂草型和马连杂草型；二是草甸丛生禾草组，有贝加尔针茅＋杂草型；三是草甸灌丛根茎禾草组，有蒙古柳型和羊草＋杂类草型。草甸草原类植被分布较广，各地均有分布，主要分布于岗地和平地上，湖泡岩上的洼地也有一定的分布。草甸草原植被的植物以中旱生、多年生和根生禾草类占优势，并存在 36%～51% 的杂草类，一年生植被较少，植被复合体比较明显。禾本科植物主要有羊草、野古草、贝加尔茅、拂子茅等，豆科植物主要有扁宿豆、野豌豆等，杂类草主要有兔毛蒿、蓬子菜、地榆、委陵菜等。总之，其植物种类丰富，草质优良。草层高一般在 30～50 厘米，覆盖度 50%～60%。

（2）草本沼泽类；包括 1 个组，即沼泽根茎禾草组，芦苇＋香蒲＋杂类草型。分布在河流冲积的低洼地和逐渐干涸的蓄水盆地，这些地方地表水滞流，地下水位接近地表，地面经常保持过度潮湿，氧化还原反应强烈。草本沼泽类主要是湿生的多年生草本植物，以蒲草科和禾本科植物为主，伴生一部分杂类草及一年生植物，有湿生、旱生，主要有芦苇、香蒲、乌拉草、拂子草和杂类草（如蒿草）等。草层较高，一般草高 70 厘米，覆盖度 70%～98%，鲜草产量比草甸草原类植物高。

综上所述，安达市自然土壤的形成主要是地形、气候、母质、生物、时间 5 个方面相互作用的结果。从地形上分析，地形起伏变化，高度不同，坡度、坡向不同导致土壤水分、可溶性盐分、热量条件发生差异，因此，在不同的地形部位上，则分布着不同的土壤。又由于大的地形为四周高，使安达市形成闭流区，"盐随水来，水去盐存"致使盐土、碱土分布较多，土壤含盐量较高。从气候上分析，由于寒冷干旱，岩石风化以物理风化为主，草甸草原等植物不繁茂，有机质合成较少，且分解慢，累积慢。蒸发大于降水，淋溶作用弱，土壤容易累积盐分，使土壤呈微碱或碱性反应。从母质上分析，成土母质矿物颗粒质地是比较细的，其土壤也因此比较黏重紧实。从生物上分析，生物是形成土壤的主要因素。土壤生长的植被随着时间的推移逐步积累，在微生物的作用下，通过有机质的合成和分解，实现了植物营养元素的集中和积累，创造了氮素，发展了土壤肥力。同时，由于土壤生长的植被有所不同，有机质合成与分解的特点也不同，便形成了不同的土壤。在时间上，任何土壤没有时间不可能发育，它体现了各种土壤及各种成土因素发展变化的过程。

（三）农村经济概况

安达市是典型的农牧业大市。2011 年统计局统计结果，全市总人口 50.91 万人。其中，城镇居民 25.01 万人，占总人口的 49.13%；农业人口 25.9 万人，占总人口的

50.87％；农村劳动力 15.27 万人，占农业人口的 59％。财政总收入 18 亿元，农牧林渔业总产值 850 573 万元。其中，农业产值 318 284 万元，占农牧林渔业总产值的 37.42％；林业产值 5 062 万元，占农牧林渔业总产值 0.6％；牧业产值 509 244 万元，占农牧林渔业总产值的 59.87％；渔业地区生产总值 13 890 万元，占农牧林渔业总值的 1.63％。农村人均纯收入 10 050 元。2011 年安达市农业总产值见表 1-6。

表 1-6　2011 年安达市农业总产值

类别	农牧林渔业总产值	农业产值	林业产值	牧业产值	渔业产值	农林牧渔服务业
产值（万元）	850 573	318 284	5 062	509 244	13 890	4 093
占农业总产值（％）	100	37.42	0.6	59.87	1.63	0.48

第二节　农业生产概况

一、农业发展历史

安达市驻地原名"谙达店"。安达是蒙古语"谙达"的音转，意为伙伴或朋友。清末修筑中东铁路时在此修建车站，因附近有"谙达店"，取其谐音，称安达站。设治时，因境内有安达站，故取名安达厅。清初，安达一带，为杜尔伯特旗游猎地。1912 年 10 月，于安达厅北境东集镇设东集镇稽垦局，办理荒务。1913 年 2 月，安达厅改为安达市，由黑龙江省直辖。1914 年 6 月，改隶龙江道。同年 11 月 1 日，将安达市所属东集镇稽垦局辖区划出，设置林甸设治局。1927 年 11 月，将安达市喇嘛甸子车站以西地区划归泰康设治局管辖。1929 年 2 月，改由黑龙江省直辖，时为二等市。1931 年，初隶黑龙江省，1934 年 12 月划归滨江省管辖，设安达县。1984 年 11 月 17 日，经国务院批准，撤销安达县，设立安达市（县级），以原安达县的行政区域为安达市的行政区域，隶属绥化地区。

安达市是全国 500 个商品粮大县（市）之一，是全国著名的奶牛之乡、肉牛基地及东北地区蔬菜生产基地，农村经济以种植业和养殖业为主。主要种植玉米、小麦、大豆、杂粮和薯类、蔬菜等作物，其中蔬菜已注册了太平乳芹、安鑫等品牌。历年农作物播种面积基本稳定在粮食作物 96 000 公顷，经济作物 18 666.67 公顷，饲料作物 6 000 公顷。粮、经、饲比例为 15：3：1。

安达市农业生产以玉米为主，杂粮作物、经济作物、蔬菜等为辅。1985 年，粮豆作物面积为 100 066.67 公顷，占当年总播种面积的 86.2％；1992 年，粮豆面积为 99 266.67 公顷，占当年总播种面积的 85.6％；2004 年，粮豆面积为 90 752 公顷，占当年总播种面积的 80.6％。2005—2011 年，蔬菜及其他经济作物面积有所上升，但粮豆面积仍然稳定在 80％以上。

安达市粮豆作物有玉米、小麦、高粱、谷子、水稻、糜子、大豆、小豆、绿豆等作物。20 世纪 80 年代以前，以玉米、谷子、小麦、大豆、高粱五大作物为主，玉米占粮豆作物总播种面积的55%以上；80年代以来，玉米、大豆、小麦面积逐年增加，形成了玉米、大豆、小麦新的三大作物；80年代末至90年代末，玉米、大豆、小麦三大作物占粮豆总面积的75%以上。2001年开始，玉米、大豆、小麦三大作物占粮豆总面积的75%以上；2011年，虽然经济作物及蔬菜播种面积增长较快，但安达市各作物播种面积已经趋于稳定，玉米仍是安达市第一大作物。玉米、大豆、杂粮比为7.9：1.1：1。

安达市一直是国家重要商品粮基地市，在国家及省、市的支持下，粮豆生产迅速发展，产量大幅度提高。1949年全市粮豆总产仅60 500吨；1970年粮食总产89 500吨，比1949年增加29 000吨，22年平均每年增加1 318.18吨；1980年粮食总产117 000吨；1992年粮食总产368 000吨，比1980年增加251 000吨，12年平均每年增加41 833吨；2011年粮食总产1 180 300吨，比1992年粮食总产增加812 300吨，20年平均每年增加40 615吨；粮豆总产连年跃上新台阶。2011年粮食单产达到9 568.8千克/公顷。

在种植业发展的同时，安达市牧业、林业、渔业也得到了长足发展。在红星、贝因美、迪龙等龙头企业拉动下，2011年，全市奶牛发展到19.86万头、黄牛发展到11.08万头、生猪发展到44.11万头、羊发展到22.15万只、家禽发展到461.03万只，畜牧业总产值达到50.92亿元。

1976年，安达市人工修建引嫩河，全长212千米，最大引用流量可达32立方米/秒，可灌溉面积22 666.7公顷。

二、农业发展现状

（一）农业生产水平

据安达市农业统计资料，2011年，安达市农业总产值318 284万元，农村人均产值12 288.96元。农作物总播种面积128 276公顷，粮豆总产1 178 523吨。其中，玉米119 219公顷，总产1 147 013吨；大豆319公顷，总产764吨；马铃薯330公顷，总产1 777吨（表1-7）。

表1-7　2011年安达市农作物播种面积及产量

农作物	播种面积（公顷）	占比（%）	总产量（吨）	占比（%）	公顷产量（千克）
各类作物	128 276	100	1 178 523	100	—
玉 米	119 219	92.94	1 147 013	97.33	9 621.06
大 豆	319	0.25	764	0.06	2 394.98
马铃薯	330	0.26	1 777	0.15	5 384.85
其他	8 408	6.55	28 969	2.46	—

安达市农业快速的发展，与农业科技成果推广应用密不可分。

1. 化肥的应用，大大提高了单产　目前，安达市的磷酸二铵、尿素、硫酸钾及各种复混肥每年施用7.7万吨左右，平均公顷0.60吨。与20世纪70年代比，通过化肥的应用平均可增产粮食78%以上。

2. 作物高产新品种的应用，大大提高了单产 尤其是玉米杂交种、大豆高产优质新品种的应用，小麦早熟品种进行复种。与 20 世纪 70 年代比，新品种的更换平均可提高粮食产量 55％以上。

3. 农机具的应用，提高了劳动效率和质量 安达市 98％以上的旱田实现了机灭茬、机播种，全部实行机械化。

4. 植保措施的应用，保证了农作物稳产、高产 20 世纪 80 年代末至今，安达市农作物没有遭受过严重的病、虫、草、鼠危害。

5. 栽培措施的改进，提高了单产 推广应用选用良种、配方施肥、深松整地起垄、催芽坐水、科学管理、地膜覆盖、病虫害防治、生长调节剂等技术。

6. 农田基础设施改善，大大提高了单产 20 世纪 80 年代末至今，安达市没有发生过大的自然灾害等因素，也是与安达市农业快速发展密不可分的。

（二）目前农业生产存在的主要问题

1. 单位产出低 安达市地处黑龙江省西南部，松嫩平原腹地，盐碱危害严重，耕地质量差；低产田占 28.31％，粮豆公顷产量只有 6 732 千克（2002 年），在低产田改良上有相当大的潜力可挖。

2. 农业生态有失衡趋势 农作物种类单一、品种单一，不能合理轮作，单靠化肥增产是导致土壤养分失衡的主要因素。另外，农药、化肥的大量应用，不同程度地造成了农业生产环境的污染。

3. 良种少 目前，粮豆没有革命性品种，产量、质量在国际市场上没有竞争力。

4. 农田基础设施薄弱 排涝、抗旱能力差，风蚀、水蚀也比较严重。

5. 机械化水平低 安达市现有大马力大型农机具不足，高质量农田作业和土地整理面积很小，秸秆还田能力较低。

6. 农业整体应对市场能力差 农产品数量、质量、信息以及市场组织能力等方面都较落后。

7. 农技服务能力有待提高 农业科技力量、服务手段以及管理满足不了当前生产的需要。

8. 农民科技素质、法律意识和市场意识有待加强。

三、耕地改良利用与生产现状

由于气候、地形和土壤等原因，安达市土壤仍存在盐碱、瘠薄、旱涝等问题。耕地土壤肥力低，土质瘠薄，中低产田比重大，农业抗御自然灾害能力弱，极端天气对农业生产和粮食安全生产有较大威胁。安达市委、市政府把改良盐碱土壤作为农田基本建设的重要内容，采取明沟排水，建立排水网。不但排除了农田积水，还能降低地下水位，冲洗掉土壤盐分；采取井灌井排与引嫩渠水灌溉相结合，综合治理旱、涝、盐碱灾害。

通过多年治理，土壤碱性明显下降，但由于中低产田量大面广及后续维护不善等原因，安达市实际中低产田面积所占比重仍然很大。排灌不畅，土壤肥力低下的局面仍然没有得到根本改变。农业综合生产能力仍然较低，这种状况远不能适应安达市农业、农村经济发展的需要。今后一个时期，应以增加农产品供给和保障国家粮食安全为目标，以增强农业综合生产能力和抗灾能力为重点，以提高水土资源利用效率和效益为中心，加大耕地地力建设力度，提高农业综合生产能力，特别是粮食生产能力。推进安达市农业结构调整、农村经济发展和农民增收，实现经济、社会、生态三大效益，为全市农民钱粮增收和实现全面小康奠定坚实的基础。

四、耕地保养管理的简要问题

根据第二次土壤普查结果，安达市土壤全氮、碱解氮有效含量中等水平，有效磷含量普遍偏低，速效钾含量丰富，土壤碱性较高，有机质含量中等水平。从 20 世纪 90 年代初开始，安达市开始实施中低产田改造，以农业综合开发、以工代赈、水土保持、现代化大农业建设等国家投入为主体的项目先后实施建设并持续至今，较大地改善了农业生产基本条件。与第二次土壤普查结果相比，安达市土壤全氮含量水平略有下降，一级、二级、三级和五级地全氮面积均略有下降，而四级地面积明显增加；土壤碱解氮水平大幅度下降，一级、二级地面积下降，三级地面积大幅度增加，四级、五级地面积略有上升；土壤有效磷含量大幅度增加，一级、二级、五级地面积略有下降，而三级、四级地面积明显增加；土壤速效钾含量略有降低，一级地面积略有下降，三级、四级地面积下降明显，而二级地面积却大幅度提高；土壤碱性整体降低；土壤有机质含量严重下降，一级、二级、五级地面积都明显下降，但三级、四级地面积却有显著增加。总体而言，安达市土壤碱性化明显降低，有效磷含量显著提高，达中上等水平，速效钾含量虽略有下降，但整体水平较高；全氮、碱解氮和有机质含量仍处于中等水平。

安达市认真贯彻执行《中华人民共和国农业法》《中华人民共和国土地管理法》《基本农田保护条例》等政策法规，通过农业综合开发，改造中低产田。通过以工代赈、兴修道路，改善生产、生活条件与生态环境；通过优质农产品基地建设、现代化大农业建设等，有效增加耕地面积；建设高标准农田，为安达市粮食生产连续多年丰收和农村经济持续发展作出了突出贡献。

第二章 耕地土壤、立地条件及农田基础设施建设

第一节 土壤的形成、分类及分布

一、土壤的形成

土壤是成土母质在各种自然条件综合作用下形成的。因而,土壤形成过程受当地的气候、植被、母质、地形地貌和水文地质等成土因素制约。

安达市土壤成土母质主要为第四纪(近100万年以内的地质年代)内海沉积物和冲积物,在此基础上发育起来的黄土状黏土母质。在2米左右土层下的母质层,土壤呈黄色或暗黄色,黄土层较厚,质地细而均匀,较黏,有直立性,富含碳酸钙,微碱性。安达市土壤呈复区分布,类型较多。群众所说的:"一步三换土"是因为土壤是在多种因素的作用下形成的,其中某个因素的微小变化都会引起土壤的变异。同一土壤上下各层之间质地有差异,产生多次分化,是由土壤在形成过程中发育而形成的。安达市所见到的土壤剖面层次及其代表符号:A 为腐殖质层,B_1(AB)为过渡层或碱化层,B_2 为淀积层或积盐层,B_3 为过渡层(BC),C 为母质层,G 为潜育层,AD 为泥炭层,ASC 为盐结皮层。

上述各土壤剖面层次的形成是在长期的成土过程中各种矛盾运动的结果。这些矛盾运动有淋溶和淀积,有机质的合成和分解、氧化和还原,盐化、碱化及脱盐,脱碱化等。

土壤里含有的水分一般都溶有各种物质,如磷、钾、钙、镁等盐类,因而称为土壤溶液。当土壤水分达到饱和状态时,由于受地心引力的作用,水分向下渗漏,就把土壤里的一部分物质带到下层,上边土层产生了淋溶,下边土层就发生了淀积。土壤中的各种物质都有一定的溶解度和活性,各种物质间的溶解度、活性的差异,淋溶和淀积就有先有后。溶解度高、活性大的物质,如氯化钠先淋溶,淀积得深;而溶解度低、活性小的物质,如碳酸盐后淋溶,淀积得浅,这就使各种物质元素在土壤剖面上发生分异。

安达市岗地土壤表层中的钙,大部分与植物残体在分解过程中所产生的碳酸结合成重碳酸钙向下移动,并以碳酸钙形式大量淀积于土层中,形成各种形式的碳酸钙聚积层。同时,因地下水位较高,可通过毛管水的蒸发,把下层土中的碳酸钙通过淋溶和聚积过程而分别存在假菌丝体、眼斑、结核及层状等形式的碳酸钙的聚积层。

低洼地的某些土壤经常处于干湿交替的状态,因而土壤在水分的影响下出现氧化还原交替。土壤有机质分解的中间产物也能使土壤里某些物质发生还原。这就使一些变价元素如铁锰等在氧化还原的影响下,发生淋溶和淀积,在土体里形成铁锰结核、斑点、条纹等新生体。根据这些新生体的形状、颜色、硬度、出现的部位等可以判断土壤的水分状况,它的形成促使土壤呈现层次性。

土壤有机质的合成和分解对土壤形成起着主导作用，它使土壤上层发生深刻的变化，形成 A 层的各个亚层，并对底土发生影响。

安达市的气候特点是春季干旱、夏季雨量集中、地下水位高、地下水中溶解了较多有害盐类，因此，使土壤产生盐化、碱化、脱盐脱碱化 3 个过程。盐化过程是地下水中的盐分随水上升，不断向上层土体内聚积，达到一定量而形成盐土；碱化过程是上层土壤中的水溶性盐分逐渐碱化，达到一定量的代换性钠残留在土体之中，使土壤逐渐碱化，达到一定量而形成柱状碱土；脱盐脱碱化过程是可溶性盐类和代换性钠同时被淋失，特别是在采取水利、农业、化学、生物等综合改良措施的条件下，淋失得更快而成为非盐渍化的正常土壤。土壤的多样性可从成土因素找根据，土壤层次的不同可从土壤矛盾运动中找原因。

安达市域内各种土壤的形成可概括为以下几个过程：

（一）碳酸钙的淋溶和累积过程

土壤中碳酸钙的淋溶和累积与大气降水、蒸发和植被类型密切相关，安达市岗地土壤在半干旱的气候条件下形成非淋溶型的土壤。在风化过程中，极易溶解的盐类，如氯、硫、钠、钾等碱金属的卤族元素化合物大部分淋失；而较难溶解的硅、铝等氧化物，在风化壳中基本上没有移动，而风化壳中的碱土金属钙，无论是在土壤溶液或土壤胶体表面及地下水溶液中，一般都含有致使土壤呈中性至碱性的反应。在土壤表层中的钙大部分与植物残体在分解过程中产生的碳酸结合成重碳酸钙向下移动，并以碳酸的形式大量淀积于土层下部，形成各种形式的碳酸钙聚积层。并因碳酸钙含量及不同土壤类型而分别以假菌丝体、眼斑、结核和层状等形式存在，钙积层的深度也因土壤类型而不同。黑钙土多出现在 50 厘米以下的层次，而草甸黑钙土因地下水位较高，可通过土体中毛管水的蒸发，下层土中的一部分碳酸钙移积于表土层中。

（二）苏打盐渍化过程

安达市普遍存在着苏打盐化的成土过程，原因是成土母质为湖积沉积物，地下水矿化度较高，盐分组成以碳酸氢钠和碳酸钠型水为主。土壤中的盐分含量，一般在 $0.2\%\sim3.0\%$，其盐分组成以苏打占绝对优势。在阴离子中的重碳酸根和碳酸根的和，占阴离子总量的 85% 左右；阳离子中钠离子和钾离子的和，占阳离子总量的 90% 左右；土壤中的碳酸氢钠和碳酸钠的含量占总量的 $80\%\sim90\%$，因而形成典型的苏打盐土。

从安达市开采的深层地下水的含盐状况来看，在白垩纪地层的深层地下水具有较高的矿化度，一般每升含盐量在 $3\sim8$ 克，最高的每升达 $20\sim30$ 克，其盐分组成以氯化物和苏打占优势，硫酸盐含量极少。第三纪和第四纪的深层地下水，虽然矿化度较低，但也含少量的盐分，其盐分组成仍以苏打为主，重碳酸根和碳酸根占阴离子总量的 $70\%\sim80\%$。由此可见，安达市平原地区苏打的形成受深层承压水的影响，使土壤有大量苏打累积。

安达市处于松嫩平原的低洼处，在松嫩平原四周山地多为花岗岩和玄武岩的风化物。在其组成的成分中有 $NaAlO_2$、Na_2SiO_2 及 $NaHSiO_2$ 的化合物在水和碳酸作用下即形成苏打，并随水流向平原低地而逐渐累积。在安达市的地下水中含有稳定的 SiO_2，可见土壤苏打的形成与硅酸化合物形成有一定关系。

（三）腐殖化过程

安达市土壤在草甸草原和沼泽植被的作用下发生腐殖化过程。草甸草原植被，以长芝羽茅为主的长芝羽茅-兔子毛群丛和羊草为主的羊草群丛，它们的产草量都较高，每公顷达 1 500～2 000 千克，根系干重每公顷达 9 000～10 000 千克。由于这些植被枝叶繁茂，根系发达，有利于土壤有机质的积累，从而形成较为丰富的腐殖质。据统计，安达市土壤有机质储量每公顷 200 吨左右。

分布在低洼积水沼泽地的芦苇群丛，草根层厚 20 厘米左右，覆盖度 50％～70％，每公顷产草量 3 000～6 000 千克。虽然积累的有机质数量较多，但是大部分均为未分解或分解不完全的草根层，仅黑土层中腐殖质含量稍高。

（四）草甸化过程

发生在低平地或碟形洼地的土壤，因土壤水分含量高，在草甸植被的影响下，并受地下水浸润，使土壤呈现明显的潜育过程和有机质的累积过程。在夏季草甸植被生长繁茂、局部低洼地区，地下水位距地表 1～3 米，能直接参与土壤形成过程。在降水季节，地下水位抬高，使受地下水浸润的底层土壤，氧化还原电位低，处于嫌气状态，三价氧化物还原成二价氧化物；在干旱季节，地下水位下降，土壤变干，二价氧化物又氧化成三价氧化物。这样在土壤干湿交替状况下使土壤发生铁、锰化合物的移动和局部淀积，在土壤剖面中出现锈色胶膜和铁锰结核。此外，还有较多数量硅酸和微量元素的累积。由于草甸植被生长繁茂，根系密集，有大量的腐殖质累积，形成较为良好的团粒结构，这是草甸化过程的另一特征。另外，由于安达市土壤质地黏重，土壤冻层深达 2.3 米左右，冻结时间较长，因此土壤中的融冻水也参与了土壤的形成过程。在较高的地形部位，也有草甸化过程，但不占主导地位，草甸化土过程不够明显。

（五）沼泽化过程

在沼泽低洼处长期积水的地方，生长着茂密的三棱草、芦苇等沼泽植物，这些植物的鲜草产量较高，因而每年为土壤积累大量的有机物。这些有机物在积水的嫌气条件下，不能充分地分解，于是在土壤的上部就积累厚度不等的泥炭，产生泥炭化过程。同时由于水分过多，不透空气，使土壤与空气隔绝，氧化还原电位低，氧化铁还原成氧化亚铁，呈灰蓝色。而部分氧化亚铁沿土体的毛细管上升，至上层被氧化形成锈斑。根据锈斑出现的部位可判断土壤沼泽化的程度。

二、土壤分类

（一）土壤分类的目的和意义

土壤分类是根据土壤的发生发展规律和自然性状，按照一定的分类标准，把自然界的土壤划分为不同的类别。它是土壤科学发展水平，尤其是土壤地理学和发生学发展水平的标志；是土壤调查的基础，是因地制宜地推广农业技术的依据，是国内外土壤科学信息交流的重要工具。

（二）土壤分类原则和标准

拟定的土壤分类原则和分类系统，是按照黑龙江省的统一规定，以土壤发生学分类的理论及原则为基础，自然土壤与耕作土壤统一分类。将安达市土壤分为土类、亚类、土属、土种 4 级分类单元。

1. 土壤分类单元划分的原则

（1）土类：土类是高级分类的基本单元。根据土壤的成土条件、成土过程、剖面形态特性和肥力特征等综合因素为依据，各土类间有质的差异。同一土类具有相似的发生阶段和主导的成土过程，包括明显的熟化过程，并且在土壤的剖面特征、理化及生物性状上具有相似特征的土壤系列，并具有相似的利用和发展方向。

（2）亚类：亚类是土类的续分单元。以附加的成土过程划分亚类，因为在同一地带的同一土类中，由于生物、气候和水分条件的不同，或不同的耕作熟化过程，可在相似的土壤发生阶段和主导的成土过程中，有几个发生分段和其他伴生的成土作用的影响，而形成不同的土壤亚类，各亚类的土壤性状也有质的差异。同一亚类的土壤系列，具有相似的农业利用方向、耕作制度和改良途径。例如，以草甸化过程为主导的称为草甸土类，如果草甸土附加有盐化过程者，就称为盐化草甸土。

（3）土属：土属是亚类和土种之间的分类单元，也是亚类的补充分类单元。根据成土母质来区分，也可根据土壤的重要性状进行区分，使分类体系更加完整明确。例如，草甸黑钙土可分为碳酸盐草甸黑钙土和盐化草甸黑钙土等土属。

（4）土种：土种是土壤分类的基层单元。每一个土层按肥力指标分为若干土种，因此，土种具有相似的利用特性，按腐殖质层的厚度、盐化程度和碱化层出现部位划分。盐土根据土壤所含盐分的当量比值来划分土种，但因分析资料少暂不能划分。

土类、亚类为高级分类单元，土属、土种为低级分类单元。

2. 土壤分类划分标准

（1）草甸黑钙土和碳酸盐草甸黑钙土按黑土层厚度划分：薄层草甸黑钙土 A_1 层＜20厘米，中层草甸黑钙土 A_1 层 20～40 厘米，厚层草甸黑钙土 A_1 层＞40 厘米。

（2）盐化草甸土按黑土层厚度划分：薄层盐化草甸土 A_1 层＜18 厘米，中层盐化草甸土 A_1 层 18～22 厘米，厚层盐化草甸土 A_1 层＞22 厘米。

（3）碳酸盐草甸土、碳酸盐潜育草甸土按黑土层厚度划分：薄层碳酸盐草甸土 A_1 层＜25 厘米，中层碳酸盐草甸土 A_1 层 25～40 厘米，厚层碳酸盐草甸土 A_1 层＞40 厘米。

（4）碱化草甸土按碱化层（B）出现深度划分：薄层碱化草甸土＜18 厘米，中层碱化草甸土 18～22 厘米，厚层碱化草甸土＞22 厘米。

（5）盐化草甸沼泽土按含盐量划分：轻盐化草甸沼泽土盐分含量 0.1％～0.2％，中盐化草甸沼泽土盐分含量 0.2％～0.4％，强盐化草甸沼泽土盐分含量＞0.4％。

（6）苏打碱化盐土按碱化层出现深度；草甸盐土按盐分类型划分：浅位苏打碱化盐土碱化层出现深度 2～7 厘米，中位苏打碱化盐土碱化层出现深度 7～15 厘米，深位苏打碱化盐土碱化层出现深度＞15 厘米。

（7）苏打草甸碱化按碱化层出现深度划分：结皮苏打草甸碱土碱化层出现在 1～2 厘米，浅位柱状苏打草甸碱土碱化层出现在 5～7 厘米，中位柱状苏打草甸碱土碱化层出现在 7～15 厘米，深位柱状苏打草甸碱土碱化层出现在 15 厘米以下。

（8）岗地黑钙土型沙土按黑土层厚度和颜色划分：岗地黑沙土 A_1 层＞20 厘米，岗地灰沙土 A_1 层 10～20 厘米，岗地黄沙土 A_1 层＜10 厘米。

（三）土壤命名法

按照黑龙江省统一规定，采用连续命名法：即用一个短句，把几个分类单元都概括进去，把土壤形成过程、主要特征与属性等都反映出来。这种命名法，连续的形容词可表示出土壤在分类系统中的位置，在发生分类学上既显示联系性和规律性，又便于确定利用方向和制订改良培肥措施。

（四）土壤分类系统

根据土壤分类原则和标准，第二次土壤普查时将安达市土壤共分 6 个土类，11 个亚类，14 个土属，32 个土种。安达市（第二次土壤普查）土壤分类统计见表 2-1。

表 2-1　安达市土壤分类统计（第二次土壤普查）

序号	土类	亚类	土属	土种	土壤代码
I	黑钙土	草甸黑钙土	黏底草甸黑钙土	中层黏底草甸黑钙土 厚层黏底草甸黑钙土	I_{1-103} I_{1-104}
			碳酸盐草甸黑钙土	薄层碳酸盐草甸黑钙土 中层碳酸盐草甸黑钙土 厚层碳酸盐草甸黑钙土	I_{3-101} I_{3-102} I_{3-103}
II	草甸土	碳酸盐草甸土	黏底碳酸盐草甸土	薄层黏底碳酸盐草甸土 中层黏底碳酸盐草甸土 厚层黏底碳酸盐草甸土	II_{1-101} II_{1-102} II_{1-103}
		碳酸盐潜育草甸土	碳酸盐潜育草甸土	薄层碳酸盐潜育草甸土 中层碳酸盐潜育草甸土 厚层碳酸盐潜育草甸土	II_{2-101} II_{2-102} II_{2-103}
		盐化草甸土	苏打盐化草甸土	薄层苏打盐化草甸土 中层苏打盐化草甸土 厚层苏打盐化草甸土	II_{3-101} II_{3-102} II_{3-103}
		碱化草甸土	苏打碱化草甸土	薄层苏打碱化草甸土 中层苏打碱化草甸土 厚层苏打碱化草甸土	II_{4-101} II_{4-102} II_{4-103}
III	沼泽土	草甸沼泽土	盐化草甸沼泽土	轻盐化草甸沼泽土 中盐化草甸沼泽土 强盐化草甸沼泽土	III_{1-101} III_{1-102} III_{1-103}
IV	盐土	草甸盐土	苏打草甸盐土	苏打草甸盐土	IV_{1-101}
			苏打-硫酸盐草甸盐土	苏打-硫酸盐草甸盐土	IV_{1-102}
			苏打-氯化物草甸盐土	苏打-氯化物草甸盐土	IV_{1-103}
		碱化盐土	苏打碱化盐土	浅位苏打碱化盐土 中位苏打碱化盐土 深位苏打碱化盐土	IV_{2-101} IV_{2-102} IV_{2-103}
		沼泽化盐土	积水沼泽化盐土	积水沼泽化苏打盐土	IV_{3-101}
V	碱土	草甸碱土	苏打盐化草甸碱土	结皮苏打草甸碱土 浅位柱状苏打草甸碱土 中位柱状苏打草甸碱土 深位柱状苏打草甸碱土	V_{1-101} V_{1-102} V_{1-103} V_{1-104}
VI	沙土	黑钙土型沙土	岗地黑钙土型沙土	岗地黑钙土型黑沙土	VI_{1-101}
合计	6	11	14	32	

　　本次耕地地力评价统一了土壤分类系统，与全国第二次土壤普查的土壤分类系统有较大的变化。按照现行的土壤分类标准划分，安达市土壤共分4个土纲（钙层土、半水成土、水成土和初育土），4个亚纲（半湿温钙层土、暗半水成土、矿质水成土和混合土质初育土），4个土类（黑钙土、草甸土、沼泽土和风沙土），7个亚类（草甸黑钙土、潜育草甸土、石灰性草甸土、盐化草甸土、碱化草甸土、盐化沼泽土和草甸风沙土），8个土属（黄土质草甸黑钙土、石灰性草甸黑钙土、石灰性潜育草甸土、黏壤质石灰性草甸土、苏打盐化草甸土、苏打碱化草甸土、苏打盐化沼泽土和固定草甸风沙土），19个土种（中层黄土质草甸黑钙土、厚层黄土质草甸黑钙土、薄层石灰性草甸黑钙土、中层石灰性草甸黑钙土、厚层石灰性草甸黑钙土、薄层石灰性潜育草甸土、中层石灰性潜育草甸土、厚层石灰性潜育草甸土、薄层黏壤质石灰性草甸土、中层黏壤质石灰性草甸土、厚层黏壤质石灰性草甸土、轻度苏打盐化草甸土、中度苏打盐化草甸土、重度苏打盐化草甸土、浅位苏打碱化草甸土、中位苏打碱化草甸土、深位苏打碱化草甸土、薄层苏打盐化沼泽土和固定草甸风沙土）。安达市土壤分类统计（新）见表2-2，土壤分类新旧对照明细见表2-3～表2-6。

表2-2　安达市土壤分类统计（新）

序号	土类	亚类	土属	土种	省土壤代码
Ⅰ	黑钙土	草甸黑钙土	黄土质草甸黑钙土	中层黄土质草甸黑钙土	06040302
				厚层黄土质草甸黑钙土	06040301
			石灰性草甸黑钙土	薄层石灰性草甸黑钙土	06040403
				中层石灰性草甸黑钙土	06040402
				厚层石灰性草甸黑钙土	06040401
Ⅱ	草甸土	潜育草甸土	石灰性潜育草甸土	薄层石灰性潜育草甸土	08040303
				中层石灰性潜育草甸土	08040302
				厚层石灰性潜育草甸土	08040301
		石灰性草甸土	黏壤质石灰性草甸土	薄层黏壤质石灰性草甸土	08040303
				中层黏壤质石灰性草甸土	08040302
				厚层黏壤质石灰性草甸土	08040301
		盐化草甸土	苏打盐化草甸土	轻度苏打盐化草甸土	08050101
				中度苏打盐化草甸土	08050102
				重度苏打盐化草甸土	08050103
		碱化草甸土	苏打碱化草甸土	浅位苏打碱化草甸土	08060103
				中位苏打碱化草甸土	08060102
				深位苏打碱化草甸土	08060101
Ⅲ	沼泽土	盐化沼泽土	苏打盐化沼泽土	薄层苏打盐化沼泽土	09040103
Ⅳ	风沙土	草甸风沙土	固定草甸风沙土	固定草甸风沙土	16010301
合计	4	7	8	19	19

表 2－3　安达市新旧土类对照

原土类名称	黑钙土	草甸土	沼泽土	盐土	碱土	沙土
新土类名称	黑钙土	草甸土	沼泽土	草甸土	草甸土	风沙土

表 2－4　安达市新旧亚类对照

土类	旧亚类	新亚类
黑钙土	草甸黑钙土	草甸黑钙土
草甸土	碳酸盐潜育草甸土	潜育草甸土
	碳酸盐草甸土	石灰性草甸土
	草甸碱土	碱化草甸土
	碱化草甸土	
	盐化草甸土	盐化草甸土
	草甸盐土	
	碱化盐土	
	积水沼泽化盐土	
沼泽土	草甸沼泽土	草甸沼泽土
风沙土	黑钙土型沙土	草甸风沙土

表 2－5　安达市新旧土属对照

土类	旧土属	新土属
黑钙土	碳酸盐草甸黑钙土	石灰性草甸黑钙土
	黏底草甸黑钙土	黄土质草甸黑钙土
草甸土	碳酸盐潜育草甸土	石灰性潜育草甸土
	黏底碳酸盐草甸土	黏壤质石灰性草甸土
	苏打碱化草甸土	苏打碱化草甸土
	苏打盐化草甸碱土	
	苏打盐化草甸土	苏打盐化草甸土
	苏打草甸盐土	
	苏打-硫酸盐草甸盐土	
	苏打-氯化物草甸盐土	
	苏打碱化盐土	
	积水沼泽化盐土	
沼泽土	盐化草甸沼泽土	石灰性草甸沼泽土
风沙土	岗地黑钙土型黑沙土	固定草甸风沙土

表 2-6 安达市新旧土类、亚类、土种、土壤代码对照

土类	新亚类	新土种	新代码	原代码	原土种
黑钙土 （06）	草甸黑钙土 （0604）	薄层石灰性草甸黑钙土	06040403	I₃-101	薄层碳酸盐草甸黑钙土
		中层石灰性草甸黑钙土	06040402	I₃-102	中层碳酸盐草甸黑钙土
		厚层石灰性草甸黑钙土	06040401	I₃-103	厚层碳酸盐草甸黑钙土
		中层黄土质草甸黑钙土	06040302	I₁-103	中层黏底草甸黑钙土
		厚层黄土质草甸黑钙土	06040301	I₁-104	厚层黏底草甸黑钙土
草甸土 （08）	潜育草甸土 （0804）	薄层石灰性潜育草甸土	08040303	II₂-101	薄层碳酸盐潜育草甸土
		中层石灰性潜育草甸土	08040302	II₂-102	中层碳酸盐潜育草甸土
		厚层石灰性潜育草甸土	08040301	II₂-103	厚层碳酸盐潜育草甸土
	石灰性草甸土 （0802）	薄层黏壤质石灰性草甸土	08040303	II₁-101	薄层黏壤碳酸盐草甸土
		中层黏壤质石灰性草甸	08040302	II₁-102	中层黏底碳酸盐草甸土
		厚层黏壤质石灰性草甸	08040301	II₁-103	厚层黏底碳酸盐草甸土
	碱化草甸土 （0806）	浅位苏打碱化草甸土	08060103	II₄-101	薄层苏打碱化草甸土
				V₁-101	结皮苏打草甸碱土
				V₁-102	浅位柱状苏打草甸碱土
		中位苏打碱化草甸土	08060102	II₄-102	中层苏打碱化草甸土
				V₁-103	中位柱状苏打草甸碱土
		深位苏打碱化草甸土	08060101	II₄-103	厚层苏打碱化草甸土
				V₁-104	深位柱状苏打草甸碱土
	盐化草甸土 （0805）	轻度苏打盐化草甸土	08050101	II₃-101	薄层苏打盐化草甸土
				IV₂-101	浅位苏打碱化盐土
				IV₁-101	苏打草甸盐土
				IV₁-102	苏打-硫酸盐草甸盐土
				IV₃-101	积水沼泽化盐土
		中度苏打盐化草甸土	08050102	II₃-102	中层苏打盐化草甸土
				IV₂-102	中位苏打碱化盐土
		重度苏打盐化草甸土	08050103	II₃-103	厚层苏打盐化草甸土
				IV₂-103	深位苏打碱化盐土
				IV₁-103	苏打-氯化物草甸盐土
沼泽土（09）	草甸沼泽土 （0903）	薄层石灰性草甸沼泽土	09030303	III₁-102	中盐化草甸沼泽土
				III₁-101	轻盐化草甸沼泽土
				III₁-103	强盐化草甸沼泽土
风沙土 （16）	草甸风沙土 （1601）	固定草甸风沙土	16010301	VI₁-101	岗地黑钙土型黑沙土

三、土壤分布

安达市土壤共分4个土类，7个亚类，8个土属，19个土种。这些土壤类型的分布，比较错综复杂。但事实上各种土壤的出现都具有一定的规律性，而且是同各种成土条件的变化相一致的。土壤的分布主要是随着生物气候、地貌水文以及微地形变化，而呈现出土壤的总体分布和微域分布规律。现就安达市土壤的总体分布和微域分布分别阐述如下：

（一）土壤总体分布概况

安达市属于低岗波状平原地貌类型，在平缓的低岗地上，分布着草甸黑钙土。

黑钙土是半干旱的气候条件和草原植被共同影响下的产物，由于本区雨量稀少，岗地自然植被比较稀疏，地温较高，有机质分解较快，因此，土壤有机质积累少，黑土层一般在15～30厘米，有机质含量在20～40克/千克。安达市降雨分布不平衡，4月、5月、6月降雨少，蒸发量大，因此，岗地地下水埋藏较深，一般4～6米。这个时期岗地土壤水分主要来自融冻水，在大风和强烈的蒸发情况下容易散失，不能保证幼苗对水分的需要，常造成春旱。而在夏秋季节，土壤常有过湿现象，由于地貌、水分条件和碳酸盐淋溶过程的不同，分布在低岗地上的草甸黑钙土，可分为黄土质草甸黑钙土和石灰性草甸黑钙土2个土属。在平缓岗地的下部为湖积低漫滩，由于地势低洼平坦，排水不畅，甚至有的是封闭地形，因而形成盐化草甸土、碱化草甸土和石灰性草甸土复区。最低洼处的闭流地区，形成大小不等的内陆湖（俗称碱水泡子），其边缘的土壤由于受地表水和地下水的影响，遭受不同程度的潜育化，而形成潜育草甸土。内陆湖因汇集四周高地来的地表水，使之处于终年积水状态，因而发育为沼泽土。

（二）土壤微域分布

综上所述，从大区地形来看，安达市平缓岗地分布着草甸黑钙土，低洼平坦处分布着草甸土，闭流区分布着潜育草甸土和沼泽土；但是从小区地形来看，面积从二三平方米到几十或几百平方米，相对高差在30～70厘米间的地形，称为微域地形，也叫小区地形。盐化草甸土、碱化草甸土和石灰性草甸土呈复区分布，"一步三换土"这是由微域地形而引起的。在某些微域地形的小岗丘上，水分活动的特点是不断上升和强烈蒸发，使盐分聚积在小丘下部的洼地，其水分活动是在下降的淋溶过程中，盐分被淋洗到地下水里，再随地下水沿坡往小丘顶部移动，使洼地免遭盐碱化或盐碱化较轻，因此形成"一步三换土"的景观。

盐分为什么首先在微域地形的小岗丘上聚积呢？这是由于植被参加作用的结果。在没有盐碱化以前，小岗丘的顶部也分布着繁茂的植被，土壤水分主要通过植物的蒸腾作用而散失，那时盐分不容易在地表聚积，主要聚积在植物根系层的下部。当盐分积累到一定数量时开始危害根系的生长，妨碍根系向下伸展而逐渐死亡，由量变到质变，原来小岗丘上草甸杂草类的植被开始衰退，逐渐被羊草等耐盐植被所代替，形成碱化草甸土。在小岗丘中部积盐最多，植被几乎全部破坏，形成寸草不长的盐化草甸土；在低洼地里盐分不易聚积，植被繁茂，土壤有机质含量高，黑土层厚，发育成石灰性草甸土和盐化草甸土。

本次耕地地力评价，安达市土壤土类、亚类、土种耕地面积分布见表2-7，各乡（镇）耕地土壤土类、土属、土种面积分布见表2-8～表2-10。

表2-7　安达市土壤土类、亚类、土种耕地面积分布

单位：公顷

土类	新亚类	新土种	面积	亚类面积	土类面积
黑钙土	草甸黑钙土	薄层石灰性草甸黑钙土	56 132.48	83 223.16	83 223.16
		中层石灰性草甸黑钙土	22 412.06		
		厚层石灰性草甸黑钙土	2 847.62		
		中层黄土质草甸黑钙土	1 798.15		
		厚层黄土质草甸黑钙土	32.85		
草甸土	潜育草甸土	薄层石灰性潜育草甸土	440.84	527.67	49 510.73
		中层石灰性潜育草甸土	82.69		
		厚层石灰性潜育草甸土	4.14		
	石灰性草甸土	薄层黏壤质石灰性草甸土	15 222.55	22 943.07	
		中层黏壤质石灰性草甸	3 372.95		
		厚层黏壤质石灰性草甸	4 347.57		
	碱化草甸土	浅位苏打碱化草甸土	1 279.9	2 385.83	
		中位苏打碱化草甸土	74.46		
		深位苏打碱化草甸土	1 031.47		
	盐化草甸土	轻度苏打盐化草甸土	7 099.21	23 654.16	
		中度苏打盐化草甸土	7 199.31		
		重度苏打盐化草甸土	9 355.64		
沼泽土	草甸沼泽土	薄层石灰性草甸沼泽土	113.02	113.02	113.02
风沙土	草甸风沙土	固定草甸风沙土	2 763.09	2 763.09	2 763.09
合计	7种	19种	135 610	135 610	135 610

表2-8　各乡（镇）耕地土壤土类面积分布

单位：公顷

乡（镇）	黑钙土	草甸土	沼泽土	沙土	总计
任民镇	7 367.73	995.27	—		8 363
万宝山镇	1 830.64	8 283.18	—	163.18	10 277
升平镇	8 561.60	3 094.40	—	—	11 656
昌德镇	4 237.07	6 546.87	—	872.06	11 656
安达镇	1 484.17	2 279.83	—		3 764
青肯泡乡	7 050.22	602.64	—	229.14	7 882
羊草镇	12 769.20	2 221.80	—	—	14 991

（续）

乡（镇）	黑钙土	草甸土	沼泽土	沙土	总计
吉星岗镇	14 122.11	2 191.89	—	—	16 314
火石山乡	5 952.99	2 456.01	—	—	8 409
老虎岗镇	12 886.38	817.62	—	—	13 704
卧里屯乡	542.54	4 802.67	3.09	1 359.70	6 708
中本镇	5 793.53	303.47	—	—	6 097
太平庄镇	—	9 090.60	43.40	—	9 134
先源乡	247.12	3 697.34	66.53	139.01	4 150
其他	377.86	2 127.14	—	—	2 505
总计	83 223.16	49 510.73	113.02	2 763.09	135 610

表 2-9　各乡（镇）耕地土壤亚类面积分布

单位：公顷

乡（镇）	草甸黑钙土	潜育草甸土	石灰性草甸土	碱化草甸土	盐化草甸土	盐化沼泽土	草甸风沙土
任民镇	7 367.73	—	940.65		54.62		—
万宝山镇	1 830.64	79.92	4 954.56	82.79	3 165.91	—	163.18
升平镇	8 561.60	315.3	375.38	11.88	2 391.84		—
昌德镇	4 237.07	—	3 774.62	587.31	2 184.94	—	872.06
安达镇	1 484.17	—	1 539.99	159.69	580.15		
青肯泡乡	7 050.22	0.01	88.46	—	514.17		229.14
羊草镇	12 769.2	8.17	1 498.2		715.43		
吉星岗镇	14 122.11		1 868.44		323.45		
火石山乡	5 952.99	—	1 476.52	52.75	926.74	—	
老虎岗镇	12 886.38	—	755.8	3.66	58.16		
卧里屯乡	542.54	4.66	1 274.81	374.86	3 148.34	3.09	1 359.7
中本镇	5 793.53	—	300.35		3.12		
太平庄镇	—	77.59	1 906.1		7 106.91	43.4	
先源乡	247.12	42.02	2 189.19	491.27	974.86	66.53	139.01
其他	377.86	—	—	621.62	1 505.52	—	—
总计	83 223.16	527.67	22 943.07	2 385.83	23 654.16	113.02	2 763.09

表 2-10　各乡（镇）耕地土壤土种面积分布

单位：公顷

土　种	任民镇	万宝山镇	升平镇	昌德镇	安达镇	青肯泡乡	羊草镇	吉星岗镇	火石山乡	老虎岗镇	卧里屯乡	中本镇	太平庄镇	先源乡	其他
薄层石灰性草甸黑钙土	6 371.18	1 762.66	8 232.21	4 053.34	1 105.89	5 183.65	9 841.65	7 156.55	2 051.13	5 526.75	358.75	4 025.81	—	85.05	377.86
中层石灰性草甸黑钙土	960.3	—	26.98	60.98	364.53	1 662.9	1 700.94	5 059.29	3 816.47	6 646.09	183.79	1 767.72	—	162.07	—
厚层石灰性草甸黑钙土	36.25	67.98	302.41	122.75	13.75	203.67	1 226.61	75.27	85.39	713.54					
中层黄土质草甸黑钙土	—							1 798.15	—						
厚层黄土质草甸黑钙土									32.85						
薄层石灰性潜育草甸土	—	47.43	315.3								4.66		73.45		
中层石灰性潜育草甸土	—	32.49				0.01	8.17							42.02	
厚层石灰性潜育草甸土													4.14		
薄层黏壤质石灰性草甸土	605.86	4 325.32	354.36	140.11	1 539.99	88.46	780.54	1 434.35	1 443.86	211.72	1 064.44	281.33	1 005.81	1 946.4	
中层黏壤质石灰性草甸土		629.24	21.02	999.01			434.09		32.66		210.37	19.02	828.95	198.59	
厚层黏壤质石灰性草甸土	334.79	—	—	2 635.5			717.66			544.08			71.34	44.2	
浅位苏打碱化草甸土	—	2.68	11.88	587.31					52.75	3.66			—	—	621.62
中位苏打碱化草甸土											74.32			0.14	
深位苏打碱化草甸土	—	80.11			159.69						300.54			491.13	
轻度苏打盐化草甸土	12.09	2 835.34	905.88	1 584.26	257.6	464.42	85.38		349.19		192.04			122.12	290.89
中度苏打盐化草甸土			312.26	1 485.96	321		260.08	248.43	124.9	3.04	2 956.3	3.12		269.59	1 214.63
重度苏打盐化草甸土	42.53	18.31	—	600.68	1.55	49.75	369.97	75.02	452.65	55.12	—	—	7 106.91	583.15	
薄层石灰性草甸沼泽土											3.09		43.4	66.53	
固定草甸风沙土	—	163.18	—	872.06		229.14					1 359.7			139.01	—
总计	8 363	10 277	11 656	11 656	3 764	7 882	14 991	16 314	8 409	13 704	6 708	6 097	9 134	4 150	2 505

第二节　土壤的性状特征

从安达市土壤分类系统表（新）来看，本次耕地地力评价全市分布的土壤有黑钙土、草甸土、沼泽土和风沙土 4 个土类，又续分为 7 个亚类，8 个土属，19 个土种。各种土壤的性状特征及分布情况分述如下。

一、黑　钙　土

黑钙土发育于温带半湿润、半干旱地区草甸草原和草原植被下的土壤。其主要特征是土壤中有机质的积累量大于分解量，土层上部有黑色或灰黑色肥沃的腐殖质层，在此层以下或土壤中下部有石灰富积的钙积层，故名黑钙土。安达市黑钙土的耕地面积为83 223.16公顷，占耕地总面积的 61.37%，是安达市主要的农业用地。该类土壤在安达市各乡（镇）均有分布，其中以青肯泡乡、羊草镇、吉星岗镇、老虎岗镇、火石山乡和中本镇分布较多。见表 2-11。

表 2-11　安达市各乡（镇）耕地黑钙土面积统计

乡（镇）	面积（公顷）	占本土壤耕地面积（%）	占总耕地面积（%）
任民镇	7 367.73	8.85	5.43
万宝山镇	1 830.64	2.20	1.35
升平镇	8 561.60	10.29	6.31
昌德镇	4 237.07	5.09	3.12
安达镇	1 484.17	1.78	1.09
青肯泡乡	7 050.22	8.47	5.20
羊草镇	12 769.20	15.34	9.42
吉星岗镇	14 122.11	16.97	10.41
火石山乡	5 952.99	7.15	4.39
老虎岗镇	12 886.38	15.48	9.50
卧里屯乡	542.54	0.65	0.40
中本镇	5 793.53	6.96	4.27
太平庄镇	0	0	0
先源乡	247.12	0.30	0.18
其他	377.86	0.45	0.28
总计	83 223.16	100.00	61.37

黑钙土是在温带半湿润、半干旱气候条件下，形成的半湿润钙层土。土壤的淋溶作用较弱，富含盐基物质，交换性盐基呈饱和状态，土体中有明显的钙积层发育，具有深厚的腐殖质层和钙积层。成土母质为黄土状沉积物和各种岩石风化残积、坡积物及沙性淤积物。

黑钙土形成主要有腐殖质累积和钙化 2 个过程。一是腐殖质累积过程。与黑土大体类似，但与黑土相比，其腐殖层的厚度较薄，一般为 30～40 厘米；0～60 厘米土层中腐殖质的储量也较低。二是钙化过程。由于半干旱、半湿润地区的年降水量不多，水分不足，钙、镁等盐类有一部分残留于土壤中，使土壤胶体表面和土壤溶液都为钙（或镁）所饱和，呈中性和碱性反应。土壤表层的钙离子与植物残体分解所产生的碳酸结合，形成重碳酸钙向下移动，并以碳酸钙的形式在腐殖质层以下淀积，形成钙积层。此外，由于本地区受季风气候的影响，在黑钙土的形成过程中尚有明显的草甸化过程特征（如土层中有铁锰结核）。

剖面构型为 A-AB-BCa-C。腐殖质层（A）（30～40 厘米），呈黑色或黑灰色，多为粒状和团粒状结构。腐殖质舌状淋溶层（AB）（20～50 厘米），呈灰棕夹暗灰色，腐殖质舌状下伸明显，并有暗色动物穴填充物，结构以团块状为主。钙积层（BCa）多出现在50～90 厘米处，碳酸钙淀积形态多呈粉末状、菌丝状或斑块状。母质层（C）主要为第四纪黄土状亚黏土，一般均有碳酸钙积累现象，但其新生体较上层少。

黑钙土性状由 4 个明显的土层组成：一是腐殖质层。一般厚 30～40 厘米，个别可达70～80 厘米，黑或灰黑色，多为团粒状结构。二是腐殖质过渡层。厚度 20～50 厘米，暗灰或灰棕色，腐殖质呈舌状下渗过渡，有暗色填土动物穴。三是钙积层。由于成土条件多出现在 50～90 厘米，厚 30～50 厘米，浅黄棕或乳黄色；碳酸盐钙积物（石灰）或呈粉末状，或呈假菌丝状，或呈斑状，或呈结核状。四是母质层。多为黄棕色黄土状壤土。

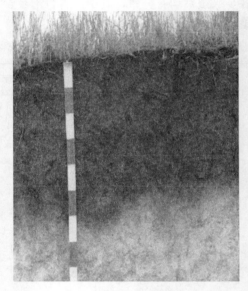

图 2-1 黑钙土剖面图

黑钙土的主要诊断特征为：具有暗色腐殖质表层，向下呈逐渐过渡；pH 呈碱性，盐基饱和度大于 90％；土层内有石灰反应或石灰淀积层；SiO_2、R_2O_3 剖面内无明显分异。

黑钙土分 4 个亚类：①淋溶黑钙土。是森林向草原过渡的土壤。表层腐殖质含量较高（5％～8％）；碳酸盐的淋溶作用较强，在 1 米以下才有石灰反应。②草甸黑钙土。是草甸向草原过渡的土壤。表层腐殖质含量比淋溶黑钙土稍低（3％～8％）；碳酸盐的淋溶作用强弱不一，有些已淋溶至底土，有些从表层就有石灰反应。③黑钙土。多见于大兴安岭东坡，是典型的黑钙土，表层腐殖质含量不高（2％～3％），碳酸盐有一定程度的淋溶，在心土可测到石灰反应。④石灰性黑钙土。表层腐殖质含量较低（1％～2％），碳酸盐淋溶程度小，从表层起即有石灰反应，腐殖质层下有明显的钙积层。分布在平地或岗地下部与盐碱土相邻的黑钙土还有不同程度的盐化或碱化。

根据新的土壤分类原则，黑钙土在安达市只有草甸黑钙土 1 个亚类。黄土质草甸黑钙土、石灰性草甸黑钙土 2 个土属，分别叙述如下。

（一）黄土质草甸黑钙土

黄土质草甸黑钙土土属分布在吉星岗镇东北部，耕地面积为 1 831 公顷，占黑钙土耕地面积的 2.20％，占安达市耕地总面积的 1.35％。

根据该土属土壤黑土层的薄厚和土壤肥力的高低又分为中层黄土质草甸黑钙土和厚层黄土质草甸黑钙土 2 个土种，所占比例分别为 98.21％和 1.79％。该土属土壤在开垦前生长针茅、兔毛蒿等草原植被，以大针茅和兔毛蒿为主，还有野毛草、断肠草、黄花苜蓿、防风和黄芩等，覆盖度为 45％～70％。现在几乎全部开垦为耕地或作建筑用地，所余荒地不多。分布地形属湖积低平原的漫岗地，一般地形切割程度大于石灰性草甸黑钙土，坡度多在 5°左右。成土母质主要为碳酸盐黏壤质湖积物。该土属土壤的主要特点是土体中盐分淋溶作用较强，不但水溶性被淋失，而且在表层也不出现碳酸盐。一般形态特征是表层腐殖质层的颜色较暗，呈棕灰色或暗棕灰色，具有团块状或粒状团块结构，不显石灰反应；从钙积层开始显石灰反应，棕色，有假菌丝体状的石灰集聚，并有铁锰结核。

典型剖面采自吉星岗镇明星村，距离清山屯西 300 米处，地势为平坦的岗地，玉米茬。剖面形态特征如下：

A_1 层：0～26 厘米，暗棕灰色，轻壤土，湿润，粒状结构，稍紧实，有大量的植物根系，没有石灰反应，向下过渡明显。

B_1 层：26～56 厘米，棕灰色，较上层颜色淡，黏壤土，湿润，稍紧实，粒状结构，有较多的植物根系，有铁锰结核，有假菌丝体，有石灰反应，过渡较明显。

B_2 层：56～98 厘米，浅棕黄色，核状结构，黏壤土，紧实，湿润，有假菌丝体，有铁锰结核，植物根系少，强石灰反应，过渡较明显。

C 层：98～200 厘米，棕黄色，块状结构，黏土，紧实，潮湿，有铁锰结核、石灰斑，强石灰反应。

分析结果表明，黄土质草甸黑钙土成黏重，小于 0.01 毫米的物理性黏粒为 62%～70%；黏粒没有移动现象。耕层容重为 1.04 克/立方厘米。因耕种年限较长，犁底层的容重较大，为 1.14 克/立方厘米，心土层的容重为 1.13 克/立方厘米。耕层总孔隙度为59.62%，耕层以下孔隙度为 48.83%～54.1%。见表 2-12。

表 2-12　黄土质草甸黑钙土的物理性状

采样点	层　次	物理性黏粒含量<0.01 毫米	容重（克/立方厘米）	孔隙度（%）
吉星岗	耕作层	70.64	1.041	59.62
	犁底层	71.14	1.449	54.1
	心土层	62.49	1.128	44.83

化验分析结果表明，黄土质草甸黑钙土全剖面均属碱性，耕作层 pH 稍低，为 8.4；淀积层和母质层 pH 较高，为 8.51～8.60。有机质含量耕层较高，为 30.2 克/千克。水溶性含量较低，耕层和母质层总盐量在 0.037%～0.039%，碳酸钙集聚层的总盐量在0.041%～0.047%。水溶性盐类组成中，阴离子以碳酸氢根为主，氯根次之，硫酸根最少，没有碳酸根；阳离子中钙的含量较多，镁次之，钠和钾的含量最低。见表 2-13。

表 2-13　黄土质草甸黑钙土化学性状分析

采样点	层次	深度（厘米）	有机质（克/千克）	pH	总盐（%）	水溶性盐类（毫克当量/百克土）						
						CO_3^{2-}	HCO_3^-	Cl^-	SO_4^{2-}	Ca^{2+}	Mg^{2+}	$Na^+ + K^+$
吉星岗明星大队	A	0～26	30.2	8.4	0.037	无	0.862	0.24	0.08	0.88	0.18	0.122
	B_1	26～56	19.98	8.48	0.047	无	0.597	0.33	0.02	0.62	0.14	0.187
	B_2	56～98	—	8.51	0.041	无	0.597	0.09	0.02	0.54	0.16	0.007
	C	98～200	—	8.6	0.039	无	0.619	0.12	—	0.52	0.12	0.099

（二）石灰性草甸黑钙土

石灰性草甸黑钙土土属所占面积很大，分布较广，是安达市的主要土壤，除太平庄镇，各乡（镇）都有分布。耕地面积为 81 392.16 公顷，占黑钙土耕地面积的 97.80%，占全市耕地总面积的 60.02%。

　　根据该土属土壤黑土层的薄厚和肥力状况，分为薄层石灰性草甸黑钙土、中层石灰性草甸黑钙土和厚层石灰性草甸黑钙土 3 个土种，所占的比例分别为 68.97%、27.53% 和 3.50%。

　　该土属土壤主要分布在平缓的低岗地上，地形切割程度比黄土质草甸黑钙土略小，坡度多为 2°～3°，垦前植被为长芝羽茅-兔子毛群丛，覆盖度 50%～60%；现在几乎全部被开垦为耕地或为建筑用地，所余荒地已不多，其母质为碳酸盐黏质湖积物。该土壤的剖面特征是耕地层为棕灰色，团粒状结构，稍显石灰反应，在 AB 层出现石灰假菌丝体；淀积层颜色较浅，棕色夹灰色，核状结构，有石灰质假菌丝体；母质层是棕色或棕带灰色，核状结构并有锈色斑纹。

　　典型剖面采自老虎岗镇向前村，距姜家屯北 250 米处，地势为平缓的低岗地，糜子茬。剖面形态特征如下：

　　A 层：0～29 厘米，浅棕灰色，中壤土，团块状结构，稍紧实，湿润，有多量根系，有石灰反应，过渡明显。

　　B_1 层：29～83 厘米，棕灰色，重壤土，核状结构，较紧实，湿润，有石灰斑，有少量假菌丝体，有少量根系，过渡明显。

　　B_2 层：83～121 厘米，黄棕色，核块状结构，重壤土，紧实，潮湿，有大量假菌丝体，有铁锰结核，有少量锈斑。

　　BC 层：121～163 厘米，黄棕色，核块状结构，重壤土，紧实，有少量假菌丝体，有少量铁锰结核，有少量锈斑。

　　分析结果表明，石灰性草甸黑钙土的机械组成较粗，小于 0.01 毫米的物理性黏粒为 40%～47%，黏粒没有移动现象，耕层容重 1.001～1.151 克/立方厘米，孔隙度 54.81%～66.4%。厚层石灰性草甸黑钙土的容重小，孔隙度高，中层次之，薄层的容重大，孔隙度低。从该土属中 3 个土种来看，犁底层的容重大、孔隙度低。见表 2-14。

表 2-14　石灰性草甸黑钙土的物理性状

采样点	土种	层次	物理性黏粒含量<0.01 毫米	容重（克/立方厘米）	孔隙度（%）
吉星岗镇金星村	厚层石灰性草甸黑钙土	耕作层	未测	1.001	66.4
		犁底层	未测	1.162	64.96
		心土层	未测	1.217	64.87
老虎岗镇永合村	中层石灰性草甸黑钙土	耕作层	40.74	1.113	47.52
		犁底层	47.7	1.206	46.46
		心土层	42.09	1.096	54.2
青肯泡乡正义村	薄层石灰性草甸黑钙土	耕作层	未测	1.151	54.81
		犁底层	未测	1.31	46.66
		心土层	未测	1.17	57.9

　　化学分析结果表明，石灰性草甸黑钙土全剖面呈碱性反应，耕作层 pH 稍低，为 8.3～8.7；母质层 pH 稍高，为 8.5～8.9。耕作层有机质含量较低，只有 20 克/千克左右；水溶性

盐类含量很低，总盐量全剖面各层在 0.06% 以下。在水溶性盐类组成中，阴离子都以碳酸氢根为主，氯根次之，硫酸根最少，没有碳酸根；阳离子中钙、镁离子含量多于钠和钾离子。说明该土壤所含的盐分都在作物的耐盐范围内，属于正常土壤。见表 2-15。

表 2-15　石灰性草甸黑钙土的化学性状

采样点	土种	层次	深度（厘米）	有机质（克/千克）	pH	总盐（%）	水溶性盐类（毫克当量/百克土）						
							CO_3^{2-}	HCO_3^-	Cl^-	SO_4^{2-}	Ca^{2+}	Mg^{2+}	Na^++K^+
吉星岗镇金星村	薄层石灰性草甸黑钙土	A	0～14	25.29	8.6	0.057	无	0.663	0.33	0.04	0.6	0.14	0.293
		B_1	14～36	—	8.5	0.053	无	0.619	0.24	0.04	0.62	0.1	0.179
		B_2	36～89	—	8.6	0.054	无	0.063	0.21	0.02	0.62	0.18	0.093
		C	89～160	—	8.6	0.049	无	0.619	0.18	0.06	0.48	0.3	0.185
老虎岗镇永合村	中层石灰性草甸黑钙土	A	0～26	32.41	8.3	0.053	无	0.553	0.15		0.5	0.14	0.063
		B	26～87	—	8.3	0.051	无	0.663	0.15		0.38	0.12	0.313
		C	87～173	—	8.5	0.056	无	0.575	0.12	0.02	0.3	0.38	0.313
青肯泡乡正义村	厚层石灰性草甸黑钙土	A	0～60	22.34	8.71	0.04	无	0.53	0.12	痕迹	0.44	0.08	0.13
		B_1	60～105	—	8.65	0.04	无	0.597	0.15		0.36	0.08	0.307
		B_2	105～160	—	8.8	0.049	无	0.641	0.18		0.24	0.22	0.361
		C	160～190	—	8.9	0.058	无	0.774	0.12	—	0.2	0.12	0.574

二、草　甸　土

草甸土发育于地势低平、受地下水或潜水的直接浸润并生长草甸植物的土壤，属半水成土。其主要特征是有机质含量较高，腐殖质层较厚，土壤团粒状结构较好，水分较充足。主要分布在冲积、湖积平原漫岗坡下的低平地，成土母质为近代河流冲积物或湖积物，具有明显的沉积层理。草甸土是在温带湿润、半湿润、半干旱季风气候下形成的。年平均气温 -4～10℃，年降水量 200～1 000 毫米，夏季降水量约占全年总量的 80% 左右，土壤冻结期长达 5～7 个月，冻深 1～2 米。春季干旱多风，夏季温暖多雨，秋季气温多变，冬季漫长寒冷，有利于草甸植物的生长和有机残体腐殖化，形成有机质含量较高的腐殖质层。所处地势低平，地下水位高，距地表一般在 1～3 米。自然植被以草甸植物为主，常与盐土、碱土呈复区分布。耕地面积为 49 510.73 公顷，占安达市耕地总面积的 36.51%。该土类在安达市各乡（镇）均有分布，其中以太平庄镇和万宝山镇的面积最大。见表 2-16。

表 2-16　安达市各乡（镇）耕地草甸土面积统计

乡（镇）	面积（公顷）	占本土壤耕地面积（%）	占总耕地面积（%）
任民镇	995.27	2.01	0.73
万宝山镇	8 283.18	16.73	6.11
升平镇	3 094.4	6.25	2.28
昌德镇	6 546.87	13.22	4.83

（续）

乡（镇）	面积（公顷）	占本土壤耕地面积（%）	占总耕地面积（%）
安达镇	2 279.83	4.60	1.68
青肯泡乡	602.64	1.22	0.44
羊草镇	2 221.8	4.49	1.64
吉星岗镇	2 191.89	4.43	1.62
火石山乡	2 456.01	4.96	1.81
老虎岗镇	817.62	1.65	0.60
卧里屯乡	4 802.67	9.70	3.54
中本镇	303.47	0.61	0.22
太平庄镇	9 090.6	18.36	6.70
先源乡	3 697.34	7.47	2.73
其他	2 127.14	4.30	1.57
总计	49 510.73	100.00	36.51

草甸土所处地势低平，由于地下水和地表水的汇集，排水不畅，地下水位浅（1～3米），矿化度大都小于0.5克/升，属于重碳酸型水和碳酸氢钠型水，土壤溶液中所含的矿质养分较丰富。

草甸土的形成特点主要表现为明显的腐殖质积累过程和季节性氧化还原过程。腐殖质的积累是草甸植被作用的结果。地下水位季节性升降使土壤中氧化、还原过程交替进行，铁、锰氧化物随之移动并局部聚积，在剖面中形成锈色斑纹和铁锰结核。

草甸土的形成主要有2个过程：一是潴育过程。在地下水或潜水（1～3米）的影响下，水分通过土壤毛细管作用，浸润土层上部。土壤中的氧化、还原过程也随水分的季节变化和干湿交替而交错进行，在土壤剖面上形成锈色斑纹和铁锰结核。由于各地气候以及母质和地下水的组成不同，在土壤剖面上有的出现白色二氧化硅粉末（SiO_2）；有的则有盐化现象，或有石灰反应和石灰结核。在接近地下水和潜水的地方，还可见到潜育层。二是腐殖质累积过程。由于草本植物生长茂盛和土壤水分较多，土壤的腐殖质积累过程较为明显，形成不同厚度的暗色腐殖质层。

图2-2 草甸土剖面图

草甸土有3个土层，即腐殖质层、腐殖质过渡层和潜育层。土壤的主要特性：一是有机质含量较高，腐殖质层也厚；二是土壤团粒结构较好；三是土壤水分较充分，因所在地区地势低平并有充足的地下水或潜水的供应，土壤含水量较高，有时过多；四是植物营养元素含量较高。

　　草甸土剖面由腐殖质层（A）和锈色斑纹层（Cu）2 个基本发生层组成。A 层颜色较暗，呈现暗灰色或棕灰色，质地随沉积层次而变化，根系多，湿润。Cu 层颜色变浅，呈现棕黄色或黄棕色，有明显的锈色斑纹和铁锰结核。在地下水位较高处、底部可出现潜育层（Cg 或 G）。见图 2-2。

　　根据新的土壤分类，草甸土在安达市分为石灰性草甸土、潜育草甸土、盐化草甸土和碱化草甸土 4 个亚类。黏壤质石灰性草甸土、石灰性潜育草甸土、苏打盐化草甸土和苏打碱化草甸土 4 个土属。分别叙述如下。

（一）石灰性草甸土

　　石灰性草甸土主要分布在石灰性草甸黑钙土区地势低洼的地方，常与盐化草甸土和碱化草甸土呈复区分布。该亚类土壤面积 22 943.07 公顷，占草甸土类面积的 46.34%，占安达市耕地总面积的 16.92%。根据该亚类土壤的黑土层厚度分为薄层黏壤质石灰性草甸土、中层黏壤质石灰性草甸土和厚层黏壤质石灰性草甸土 3 个土种，其比例分别为 66.35%、14.70% 和 18.95%。

　　石灰性草甸土的主要特征是黑土层深厚，从表层开始就有石灰反应，越往下反应越强烈，在腐殖质层下部有假菌丝体和石灰结核。土壤表层为黑灰色，有不明显的柱状结构，下层的母质是棕黄色，锈斑多，石灰反应强烈，有明显的核状结构。

　　典型剖面采自太平庄镇双兴村民主屯东北 2 800 米处，地下水位 1.7 米，植被是杂草类。剖面形态特征如下：

　　A 层：0～25 厘米，灰黑色，粒状结构，稍疏松，潮湿，黏壤土，有多量根系，有少量铁锰结核，有石灰反应。

　　AB 层：25～31 厘米，黑灰色，不明显的粒状结构，轻黏土，紧实，潮湿，有多量根系，有石灰反应，有少量的石灰结核及锈斑。

　　B 层：31～134 厘米，棕灰色，核状结构，轻黏土，紧实，湿润，有少量根系，有石灰反应，有石灰结核及锈斑。

　　C 层：134～190 厘米，棕黄色，核状结构，黏土，紧实，湿润，有大量的石灰结核，有锈斑，有锰结核，强石灰反应。

　　理化性状分析结果表明，石灰性草甸土的耕层容重较小，为 1.0～1.07 克/立方厘米，孔隙度为 40.9%～66.5%，犁底层和心土层的容重均较耕层大，孔隙度低。见表 2-17。

表 2-17　石灰性草甸土的容重、比重、孔隙度

采样点	土种	层次	比重	容重（克/立方厘米）	孔隙度（%）
升平镇	薄层石灰性草甸土	耕作层	2.703	1.02	62.26
		犁底层	2.582	1.105	57.2
		心土层	2.279	1.347	40.9
太平庄镇	中层石灰性草甸土	耕作层	3.198	1.071	66.51
		犁底层	2.513	1.15	54.24
		心土层	2.631	1.297	50.7

化学性状分析结果表明，石灰性草甸土有机质含量较高，表层有机质含量为31.4～48.6克/千克；含盐较少，表层总盐量0.05%左右，下层盐分含量较高。总盐量0.12%～0.152%，表层以$HCO_3^- - Ca^{2+}$为主，虽然一般作物生长较好，但需精耕细作，加强田间管理，防止底层盐分上升。见表2-18。

表2-18　石灰性草甸土的化学性状

采样点	土种	层次	深度（厘米）	有机质（克/千克）	总盐（%）	水溶性盐类（毫克当量/百克土）						
						CO_3^{2-}	HCO_3^-	Cl^-	SO_4^{2-}	Ca^{2+}	Mg^{2+}	Na^++K^+
升平镇	薄层石灰性草甸土	A	0～17	48.57	0.055	无	1.056	0.09	0.22	0.36	0.24	0.766
		B_1	17～34	21.18	0.098	无	1.98	0.09	无	0.24	0.22	1.61
		B_2	34～150	8.57	0.132	0.352	1.738	0.06	0.06	0.06	0.14	—
		C	150～200	4.25	0.152	无	—	—	—	—	—	—
太平庄镇	中层石灰性草甸土	A	0～25	31.43	0.053	无	0.707	0.21	0.02	0.34	0.1	0.497
		B	25～31	—	0.104	0.221	1.216	0.12	0.04	0.9	0.1	1.397
		C	31～134	—	0.133	0.265	1.525	0.27	0.02	0.06	0.12	0.9
太平庄镇	厚层石灰性草甸土	A_1	0～47	32.51	0.053	无	0.729	0.09	0.02	0.346	0.16	0.339
		B	47～64	—	0.12	0.133	1.348	0.17	0.12	0.06	0.26	1.401
		C	64～114	—	0.137	0.265	1.459	0.18	0.12	0.06	0.2	1.764

（二）潜育草甸土

潜育草甸土分布在内陆湖的边缘，是草甸土类的最低洼处，呈零星分布。除升平镇、安达镇、吉星岗镇、火石山乡、老虎岗镇、中本镇外，其他各乡（镇）都有分布。该亚类土壤的耕地面积为527.67公顷，占草甸土类耕地面积的1.07%，占安达市耕地总面积的0.39%。

该亚类土壤在自然状况下，生长三棱草、芦苇等喜湿性植物，并混有菊科、豆科及禾本科等杂类草。因植被被芦苇、三棱草所更替，土壤由潜育草甸土演变成为沼泽土，因此，潜育草甸土是草甸土向沼泽土过渡的土壤类型。

潜育草甸土因所处地势低洼，所以雨季地表常有积水，地下水位高，一般在1～1.5米。该亚类土壤除具有草甸土类的黑土层深厚的特征外，还因水分过多，在土壤A_1层下部既有潜育化征象，出现锈斑，在接近地下水面的地方，还可以见到蓝灰色的潜育层，大部分为中壤土至黏土，全剖面都有石灰反应。黑土层一般厚约60厘米。根据黑土层的厚度分为薄层石灰性潜育草甸土、中层石灰性潜育草甸土和厚层石灰性潜育草甸土3个土种，其面积比例分别为83.54%，15.67%和0.79%。

典型剖面采自太平庄镇双兴村马场东150米处，当年种小麦，基本上没有施过农家肥。剖面形态特征如下：

AP层：0～26厘米，灰黑色，小粒状结构，中壤土，较松，潮湿，有半泥炭化现象，有石灰反应，过渡明显。

A_1层：26～92厘米，暗灰色，粒状结构，中黏土，较紧实，有锈斑，有石灰结核及少量的假菌丝体，强石灰反应。

BC层：92～168厘米，蓝灰色，核状结构，重黏土，紧实，湿润，有少量铁锰结核及锈斑，并有蓝灰色的潜育化斑点，有石灰反应。

理化性状分析结果表明，潜育草甸土耕作层的容重为 1.001～1.151 克/立方厘米，犁底层孔隙度降至 51.58%～59.93%。见表 2-19。

表 2-19　石灰性潜育草甸土的比重、容重和孔隙度

采样点	土种	层次	比重	容重（克/立方厘米）	孔隙度（%）
辽源牧场	薄层石灰性潜育草甸土	耕作层	2.531	1.001	60.45
		犁底层	2.768	1.194	59.93
种畜场	厚层石灰性潜育草甸土	耕作层	3.191	1.151	63.93
		犁底层	2.501	1.211	51.58

化学性状分析结果表明，潜育草甸土耕层有机质含量为 29.07～33 克/千克；含盐不多，总盐量为 0.045%～0.051%，下层逐渐增加至 0.156%。虽然可以种植旱作作物及水稻，但需要稍加排水防治内涝并深耕增施有机肥料，以防止底层盐分上升，危害作物生长（表 2-20）。

表 2-20　石灰性潜育草甸土的化学性状

采样点	土种	层次	深度（厘米）	有机质（克/千克）	总盐（%）	CO_3^{2-}	HCO_3^-	Cl^-	SO_4^{2-}	Ca^{2+}	Mg^{2+}	Na^++K^+
辽源牧场	薄层石灰性潜育草甸土	AP	0～19	33	0.045	无	0.751	0.21	0.04	0.4	0.26	2.415
		A_1	19～50	10.07	0.101	0.354	2.21	0.3	无	0.2	0.2	2.464
		BC	50～120		0.156	无	1.547	0.24	0.48	0.08	0.16	2.11
种畜场	厚层石灰性潜育草甸土	A_1	0～75	29.07	0.051	无	0.818	0.15	无	0.12	0.12	0.628
		B	75～120		0.147	无	2.873	0.3	0.1	0.4	0.4	2.773
		BC	120～140		0.069	0.288	1.105	0.15	无	0.26	0.26	1.163

表头注：水溶性盐类（毫克当量/百克土）

（三）盐化草甸土

盐化草甸土分布在蝶形低洼地的边缘，与石灰性草甸土、碱化草甸土呈复区分。该亚类土壤的耕地面积为 23 654.16 公顷，占草甸土土类耕地面积的 47.78%，占安达市耕地总面积的 17.44%。

盐化草甸土因所处地势较低，所以地下水位高，一般在 1.5 米左右，矿化度 0.2～1.0 克/升。主要特点是土壤表层返盐，危害作物生育，全剖面强石灰反应，下层有小而软的铁锰结核。

根据本次土壤普查结果，只划分为苏打盐化草甸土 1 个土属。该亚类土壤各乡（镇）都有分布，其中以万宝山镇、昌德镇、升平镇所占面积较大。一般形态特征是表层黑灰色，亚表层出现核状或小核块状结构，有灰白斑状或层状积盐层。全剖面无明显层次，通体强石灰反应，下层有铁锰斑点或小而软的结核，C 层有较多的锈斑。剖面晒干后出现黄褐色的盐斑点。

典型剖面采自吉星岗镇和星村刘汗吉屯西 350 米处，植被为羊草群丛。剖面形态特征如下：

A_1 层：0～5 厘米，灰黑色，粒状结构，中壤土，稍疏松，湿润，强石灰反应，向下逐渐过渡。

A 层：5～17 厘米，黑灰色，粒块状结构，中壤土，稍紧实，湿润，有多量根系，强石灰反应，向下过渡明显。

B_1 层：17～35 厘米，黄棕色，核状结构，重黏土，紧实，潮湿，有灰白斑，强石灰反应，有根系，向下逐渐过渡。

B_2 层：35～89 厘米，灰黄色，核状结构，重黏土，紧实，湿润，有少量灰白斑，有少量根系，强石灰反应，向下过渡较明显。

C 层：89～168 厘米，黄色，块状结构，重黏土，紧实，湿，有锈斑和铁、锰结核。

苏打盐化草甸土划分为轻度苏打盐化草甸土、中度苏打盐化草甸土、重度苏打盐化草甸土 3 个土种，其面积比例分别为 30.01%、30.44%、39.55%。

理化性状分析结果表明，苏打盐化草甸土的比重和容重较大，孔隙度低。耕作层的比重 2.123～3.091，容重 1.069～1.231 克/立方厘米，孔隙度 44.74%～63.6%；下层的容重逐渐增大，孔隙度降低（表 2-21）。

表 2-21　苏打盐化草甸土的比重、容重和孔隙度

层次	土种	比重	容重（克/立方厘米）	孔隙度（%）
耕作层		2.123	1.069	49.65
犁底层	轻度苏打盐化草甸土	2.585	1.113	56.94
心土层		3.909	1.343	59.64
耕作层		3.091	1.125	63.6
犁底层	中度苏打盐化草甸土	2.787	1.157	58.49
心土层		2.917	1.139	60.95
耕作层		2.209	1.231	44.74
犁底层	重度苏打盐化草甸土	2.183	1.293	40.08
心土层		2.232	1.424	36.2

苏打盐化草甸土呈现盐分累积状态，总盐量 0.113%～0.897%，pH 9.3～9.75。水溶性盐类组成中阴离子以碳酸氢根为主，阳离子以钠离子（包括钾离子）为主，对农作物有明显的盐碱危害。耕地需要施加改良措施，才能获得农作物的较好收成。但是，羊草等天然草本植被，生长繁茂，腐殖质积累较多。见表 2-22。

表 2-22　苏打盐化草甸土的化学性状

采样点	层次	深度（厘米）	有机质（克/千克）	pH	总盐（%）	水溶性盐类（毫克当量/百克土）						
						CO_3^{2-}	HCO_3^-	Cl^-	SO_4^{2-}	Ca^{2+}	Mg^{2+}	Na^++K^+
万宝山镇	A	0～16	40.67	9.3	0.113	0.088	1.408	0.51	0.08	0.12	0.12	1.846
	B	16～82	21.6	9.35	0.897	0.22	0.946		0.96	0.14	0.48	1.506
	BC	82～130	7.64	9.75	0.449	0.572	1.342		2.46	0.04	0.24	4.094

（四）碱化草甸土

碱化草甸土除吉星岗镇、种畜场外，其他各乡（镇）都有分布。该亚类土壤耕地面积2 385.83公顷，占草甸土类耕地面积的4.82%，占全市耕地面积1.76%。

该亚类土壤无论是盐分在剖面中的分布或是土壤结构，都与盐化草甸土不同，全剖面含盐量不高，特别是表层很低，存在较明显的碱化特征，结构往往呈棱柱状或大块状结构。物理性状不良，透水性弱，由于所处地形部位及植被状况的不同，碱化层在剖面中出现的深度也不一样。根据表土层的厚度划分为浅位苏打碱化草甸土、中位苏打碱化草甸土和深位苏打碱化草甸土3个土种，其面积比例分别为53.65%、3.12%和43.23%。

典型剖面采自卧里屯乡东清村邵家屯北2 000米处，植被为羊草。剖面形态特征如下：

A层：0～26厘米，黑灰色，团块状结构，轻黏土，稍疏松，湿润，有较多根系，有石灰反应。

B_1层：26～45厘米，棕黑色，块状结构，重黏土，紧实，湿润，有少量根系，有石灰反应。

B_2层：45～82厘米，黑黄色，核块状结构，中黏土，紧实，潮湿，有少量石灰斑，强石灰反应。

B_3层：82～123厘米，灰黄色，核状结构，中黏土，紧实，潮湿，有石灰斑和锈斑，强石灰反应。

C层：123～187厘米，黄棕色，核块状结构，中黏土，紧实，有石灰斑和锈斑，强石灰反应。

理化性状分析结果表明，苏打碱化草甸土的比重和容重大，孔隙度低，耕作层的比重2.506～2.558，容重为1.08～1.165克/立方厘米，孔隙度53.51%～57.78%，由表层往下层的容重逐渐增大。见表2-23。

表2-23 苏打碱化草甸土的比重、容重和孔隙度

层次	土种	比重	容重（克/立方厘米）	孔隙度（%）
耕作层		2.558	1.08	57.78
犁底层	中位苏打盐化草甸土	2.494	1.084	56.54
心土层		2.271	1.162	48.83
耕作层		2.506	1.165	53.51
犁底层	深位苏打盐化草甸土	2.701	1.307	51.61
心土层		2.981	1.388	53.44

化学性状分析结果表明，碱化草甸土表层的有机质含量较高，为40.8克/千克；pH除耕作层偏低为8.85外，其余各层均较高，其中以碱化层（B_1）最高，达9.65。水溶性盐类总量0.073%～0.461%，以A层的含量最低，B_2层的含量最高。水溶性盐类组成：阳离子中钠离子大于钙、镁离子，阴离子中以碳酸氢根的含量最多，氯根和硫酸根的含量

少，碳酸根除碱化层（B_1）和母质层外，其他各层都没有（表2-24）。

表2-24 苏打碱化草甸土的化学性状

采样点	层次	深度（厘米）	有机质（克/千克）	pH	总盐（%）	水溶性盐类（毫克当量/百克土）						
						CO_3^{2-}	HCO_3^-	Cl^-	SO_4^{2-}	Ca^{2+}	Mg^{2+}	$Na^+ + K^+$
老虎岗镇	A	0～17	40.75	8.85	0.073	无	0.995	0.12	0.04	0.12	0.12	0.915
	B_1	17～65	13.23	9.65	0.228	1.437	1.437	0.075	0.35	0.1	0.16	1.602
	B_2	65～135	—	9.1	0.461	无	1.127	0.48	0.68	0.12	—	2.167
	C	135～165	—	9.4	0.213	0.221	1.492	0.075	1	0.1	0.15	2.638

碱化草甸土开垦后，对农作物有明显的盐碱危害，通过深耕施肥等措施改良，已经能获得较好收成。但是，该土壤适宜羊草等天然草本植物生长，产草量高，是较好的草场用土。

三、沼 泽 土

沼泽土是发育于长期积水并生长喜湿植物的低洼地土壤。其表层积聚大量分解程度低的有机质或泥炭，土壤呈微酸性至酸性反应；底层有低价铁、锰存在，属水成土。该土类耕地面积为113.02公顷，占安达市耕地面积的0.08%。多呈小片状零星分布，分布在4个畜牧场和4个乡（镇）的草原中，其中以辽原牧场、先锋牧场、太平庄镇分布面积较多。见表2-25。

表2-25 安达市各乡（镇）耕地沼泽土面积统计

乡（镇）	面积（公顷）	占本土壤耕地面积（%）	占总耕地面积（%）
任民镇	—	—	—
万宝山镇	—	—	—
升平镇	—	—	—
昌德镇	—	—	—
安达镇	—	—	—
青肯泡乡	—	—	—
羊草镇	—	—	—
吉星岗镇	—	—	—
火石山乡	—	—	—
老虎岗镇	—	—	—
卧里屯乡	3.09	2.73	—
中本镇	—	—	—
太平庄镇	43.40	38.40	0.03
先源乡	66.53	58.87	0.05
其他	—	—	—
总计	113.02	100.00	0.08

沼泽土大都分布在低洼地区，具有季节性或长年的停滞性积水，地下水位都在1米以上，并具有沼生植物的生长和有机质的嫌气分解而形成潜育化过程的生物化学过程。停滞性的高地下水位，一般是由于地势低平而滞水，但也有是由于永冻层渍水，或森林采伐后林水蒸发减少而滞水者。沼生植被一般是低地的低位沼泽植被，如芦苇、菖蒲、沼柳等，但在湿润地区也有高位沼泽植被，其代表为水藓、大灰藓等藓类植被。

沼泽土的形成包含两个成土过程：一是表层有机质的积聚过程。喜湿植物的残体因土壤水分过多、通气不良、土壤温度较低、微生物活动较弱而不能迅速彻底地分解，致使有机质的积聚量大于分解量，形成泥炭或腐殖质层。其厚度从0.5~1米到2~3米不等。有机质的含量一般为200~300克/千克，高的可达500~600克/千克。二是土层下部矿质部分的潜育化过程。由于土壤长期渍水，土壤矿质部分中的铁、锰呈还原状态，形成水溶性的低价铁锰化合物、氧化铁、氧化锰以及蓝铁矿和菱铁矿等，出现青灰色、灰色或蓝灰色的土层，即潜育层。

图2-3 沼泽土剖面图

沼泽土的剖面形态一般分2~3个层次，即泥炭层和潜育层（H-G），或腐殖质层（腐泥层）和潜育层（Hh-G），或泥炭层、腐殖质层和潜育层（H-Hh-G）。

1. 泥炭层（H） 位于沼泽土上部，也有呈厚度不等的埋藏层存在；泥炭层厚度10余厘米至数米，但超过50厘米时即为泥炭土（图2-3）。特征如下：

（1）泥炭常由半分解或未分解的有机残体组成，其中有的还保持着根、茎、叶等原形，颜色从未分解的黄棕色至半分解的棕褐色甚至黑色。泥炭的容重小，仅0.2~0.4克/立方厘米。

（2）泥炭中有机质含量多在500~870克/千克，其中腐殖酸含量可达300~500克/千克；全氮含量高，可达10~25克/千克；全磷含量变化大，为0.5~5.5克/千克；全钾量比较低，多在3~10克/千克。

（3）泥炭的吸持力强，阳离子交换量可达80~150厘摩尔/千克，吸氨力可达1%。持水力也很强，其最大吸持的水量可达300%~1 000%，水藓高位泥炭则更多。

（4）泥炭一般为微酸性至酸性。高位泥炭酸性强，低位泥炭为微酸性至中性。各地的泥炭性质差异较大，主要决定于形成泥炭的植物种类、所在的气候条件和地形特点。

2. 腐泥层（Hh） 即在低位泥炭阶段就与地表带来的细土粒进行充分混合，于每年的枯水期进行腐解，因而形成了一定分解的、含有一定胡敏酸物质的黑色腐泥。一般厚度在20~50厘米。

3. 潜育层（G） 位于沼泽土下部，呈青灰色、灰绿色或灰白色，有时有灰黄色铁锈斑块。土壤分散无结构，土壤质地不一，常为粉沙质壤土，有的偏黏。土壤有机质及养分含量极低,阳离子交换量也远较泥炭层为低,常常在 20 厘摩尔/千克以下。土壤 pH 则较高,为 6~7。

根据新的土壤分类,沼泽土在安达市只有草甸沼泽土 1 个亚类,石灰性草甸沼泽土 1 个土属。

石灰性草甸沼泽土主要分布在平原中的低洼地或水泡子周围的低地,常与盐渍化土壤呈复区。生长薹草、地榆、芦苇和草甸草本植物,地形低洼,地下水位高,雨季常有积水,排水不畅,盐分容易聚积。其特征是表层有 15 厘米左右厚灰黑色已泥炭化的有机质层,下层为腐殖质层,再往下即可见到潜育层。全剖面都有石灰反应,干旱期间地表往往有白色盐霜。

石灰性草甸沼泽土质地黏重,全剖面为中黏土。有机质含量稍高,为 31.6 克/千克;pH 为 9.31~9.75;水溶性总盐量为 0.057%~0.156%,表层含量高。水溶性盐类组成:阴离子以碳酸氢根的含量高,氯根和硫酸根次之,碳酸根除底层外,其他两层都没有;阳离子中钠、钾离子的含量高于钙、镁离子。见表 2-26。

表 2-26 石灰性草甸沼泽土的化学性状

采样点	层次	深度 (厘米)	有机质 (克/千克)	pH	总盐 (%)	水溶性盐类 (毫克当量/百克土)						
						CO_3^{2-}	HCO_3^-	Cl^-	SO_4^{2-}	Ca^{2+}	Mg^{2+}	$Na^+ + K^+$
辽源牧场	A	0~14	31.18	9.31	0.156	无	1.68	0.81	0.24	0.16	0.14	2.43
	B	14~43	2.95	9.35	0.057	无	0.922	0.15	0.16	0.15	0.16	0.922
	C	43~150	—	9.75	0.11	0.088	1.658	0.12	0.24	0.06	0.1	1.946

安达市石灰性草甸沼泽土只有薄层石灰性草甸沼泽土 1 个土种。石灰性草甸沼泽土的问题主要是水分过多,通气不良,含有一定数量的有害盐类,植物养分不平衡。为此,开垦后必须针对不同情况,采取相应的改良利用措施。在排除土壤多余水分以后即可种植旱作,但需要深耕施肥和压沙等措施,促进熟化和渗水淋盐;或在有完整的灌排工程的条件下,开垦种植水稻。

四、风 沙 土

安达市风沙土只有 1 个亚类——草甸风沙土,1 个土属——固定草甸风沙土,1 个土种——固定草甸风沙土。风沙土是一种地带不明显的幼年性土壤,安达市风沙土主要分布在万宝山镇、昌德镇、青肯泡乡、卧里屯乡和先源乡附近的内陆湖的边缘地带,耕地面积为 2 763.09 公顷,占全市耕地面积的 2.04%,以卧里屯乡和昌德镇分布面积大。

根据风沙土的发育程度和所处的地带性土壤发育方向,安达市的风沙土属于固定已久的沙丘,生长草甸草原植被。由于植物固定较久,土壤腐殖含量较高,并有明显的钙积层,已经显示地带性土壤特征。

典型剖面采自昌德镇立功村薛海田屯西 500 米处,高粱茬,全剖面有石灰反应。剖面形态特征如下:

A 层:0~18 厘米,黑灰色,粒状结构,轻壤土,疏松,湿润,有多量根系,弱石灰反应,向下过渡明显。

AB层:18～75厘米,灰黄色,核状结构,沙壤土,稍紧实,湿润,有少量假菌丝体,有少量根系,强石灰反应,向下逐渐过渡。

BC层:75～105厘米,黄色,核状结构,沙壤土,紧实,湿润,有少量假菌丝体,根系极少,强石灰反应,向下逐渐过渡。

C层:105～170厘米,黄棕色,沙壤土,紧实,层状结构,湿润,有少量假菌丝体,有石灰反应。

固定草甸风沙土已具有一定程度的剖面发育,有机质含量在5.65～29.95克/千克,淀积层石灰含量达1%～6%,pH 8.5左右,水溶性盐的含量较低,不及0.1%。水溶性盐分组成:阴离子以碳酸氢根的含量最多,氯离子次之,硫酸根的含量少,没有碳酸根;阳离子中钙离子的含量大于钠、钾离子。见表2-27。

表2-27　固定草甸风沙土的化学性状分析结果

采样点	深度(厘米)	有机质(克/千克)	pH	总盐(%)	水溶性盐类(毫克当量/百克土)						
					CO_3^{2-}	HCO_3^-	Cl^-	SO_4^{2-}	Ca^{2+}	Mg^{2+}	$Na^+ + K^+$
青肯泡乡	0～15	29.95	8.4	0.056	无	0.729	0.21	痕迹	0.6	0.1	0.239
	15～30	15.57	8.4	0.062	无	0.685	0.24	0.14	0.58	0.14	0.345
	30～85	5.65	8.5	0.051	无	0.663	0.12	0.14	0.52	0.2	0.203
	85～170	—	8.6	0.051	无	0.685	0.12	0.1	0.5	0.28	0.125

第三章 耕地地力调查

第一节 耕地地力调查方法、内容及步骤

一、调查方法

本次调查工作采取内业调查和外业调查相结合的方法。内业调查主要包括文字资料、数据资料、图件资料等相关的资料的收集；外业调查包括耕地的土壤调查、环境调查和农业生产情况的调查。

（一）内业调查

内业调查包括基础资料、参考资料和补充资料的搜集、查阅、整理等。

1. 基础资料准备 包括文字资料、数字资料和图件资料3种。

（1）文字资料：包括安达市第二次土壤普查报告、综合农业区划报告，其中有农业区划、林业区划、水利区划、渔业区划、气象区划、农业机械区划、土地资源调查报告、畜牧业区划等相关报告。

（2）数字资料：主要采用安达市统计局最近3年的统计数据资料和农业农村经济资料。

（3）图件资料：主要有第二次土壤普查绘制的土壤图，土地利用现状图，土壤氮、磷、钾养分分级图，地形图，行政区划图，水利工程现状图，机电井分级图，安达市交通图。

2. 参考资料 包括安达市农田水利建设资料、安达市农机具统计资料、安达市气象资料、安达市城乡建设总体规划、安达市乡（镇）村屯建设规划图等。

3. 电脑软件资料 采用江苏省扬州的软件（市域耕地资源管理信息系统 V3）、北京超图公司的软件（Supermap Deskpro 5）。

补充调查资料准备：对上述文献记载不够详尽，或因时间推移发生变化的相关资料，进行了专项的补充调查。包括：农业技术推广概况，如良种推广、科学施肥技术的推广、病虫草鼠害防治等；农业机械现状，如耕作机械的种类、数量、应用效果等；水田种植面积、产量等生产状况。

（二）外业调查

外业调查采用布点和采样进行土壤调查、环境调查和农户生产情况调查。

1. 布点 正确布点能保证获取信息的典型性和代表性；提高耕地地力评价成果的准确性和可靠性；提高工作效率，节省人力和资金。

（1）布点的原则：

① 代表性、兼顾均匀性。布点首先考虑对安达市耕地的土壤类型的分布和土地利用类型，尽可能地按照第二次土壤普查采样点布点，以便反映耕地地力的变化情况。保证在同一土类及土种上布点的均匀性，防止过稀或过密。根据土类或土种斑块面积的大小，首

先，确定每个大小斑块布点的数量，要实事求是地反映耕地地力现状，保证调查结果的真实性和准确性；其次，耕地地力调查布点要与土壤环境调查布点相结合。

② 典型性。样本的采集必须能够正确反映样点的土壤肥力变化和土地利用方式的变化。采样点应布设在利用方式相对稳定、避免各种非正常因素干扰的地块。

（2）布点的方法：专家经验法。聘请熟悉情况、参加过第二次土壤普查的有关技术人员和东北农业大学等有关院校的专家，依据布点原则，确定调查的采样点。具体方法如下：

① 修订土壤分类系统。为便于黑龙江省耕地地力调查工作汇总和评价工作的实际需要，把安达市第二次土壤普查确定土壤分类系统归并到省级分类系统，编绘土种图。在修订土种名称的基础上，对安达市土壤图进行了重新编绘。

② 土样养分采集调查点数的确定和布点。充分考虑各土壤类型所占耕地总面积的比例、耕地类型以及点位的均匀性等确定布点数量。将土地利用现状图、安达市土壤图和行政区划图 3 图叠加，在土壤类型和耕地利用类型相同的不同区域内确定调查点位，保证点位均匀。

③ 绘制调查点位图。把土地利用现状图利用栅格法在软件上进行网格化，把网格交叉点作为采样点，根据土地利用图上所标注的经度和纬度，计算出经纬度。采用目测法转绘到确定在 1∶35 000 编绘的行政区划图和 1∶50 000 的土壤图上并标注所确定的点位，逐一记录备案，以备外业时准确找到目标采样点。缩略 GPS 定位仪定位操作时间，提高工作效率，突出代表性，为规范采集土样做好准备工作。

2. 采样 大田土样在农作物收获后取样，包括野外采样田块确定和调查取样 2 个步骤。

（1）野外采样田块的确定：根据点位图，到点位所在的村屯。首先，向农民了解本村的农业生产情况，确定具有代表性的田块，每 6.67 公顷为一个取样单位；其次，依据田块的准确方位修正点位图上的点位位置，并用 GPS 定位仪进行定位。

（2）调查采样：对采样田块基本情况，按调查表的内容逐项进行调查填写，按 0～20 厘米土层采样；采用 X 法、S 法或者棋盘法，均匀随机取 15～20 个采样点，充分混合后，用四分法留取 1 千克。

二、调查内容

按照《耕地地力调查与质量评价技术规程》（以下简称《规程》）的要求，准确划分地力等级，客观评价耕地地力的质量状况，就需要对耕地地力的土壤属性、自然背景条件、耕作管理水平等要素进行全面细致地调查。

1. 耕地地力调查内容 包括立地条件理化性状、剖面性状等。

（1）立地条件：地貌类型、地形部位、地面坡度及坡向。

（2）土壤理化性状：根据现有的仪器设备主要能够调查项目为：土壤质地、有机质、容重、全氮、有效磷、速效钾、有效锌、pH 和部分微量元素等。

（3）剖面性状：耕层厚度、障碍类型、土壤质地、田间持水量等。

2. 生产管理调查的内容　种植制度、作物种类及产量、农药使用情况、化肥使用情况、灌溉方法等。

本次耕地地力调查是结合测土配方施肥这个项目，按照黑龙江省土壤肥料管理站总体要求和每次采集、检测土样点数统筹安排，分批次进行。在培训的基础上进行试点，按步骤逐项完成，做到综合统一，精准操作。

三、调查步骤

安达市耕地地力评价工作分为准备阶段、具体实施阶段和化验分析阶段。

1. 准备阶段　进行相关资料收集、整理、分析，研究确定具体实施的办法，制订实施方案。

（1）统一野外编号：安达市共14个乡（镇），编号为乡（镇）邮政编码加乡（镇）拼音首字母加调查点编号顺序排列。在乡（镇）内调查点编号从01开始顺序排列至99（01～99）。

（2）确定调查点数和布点：安达市确定调查点位1 832个。依据点位所在的乡（镇）、村为单位，填写调查点等级表，说明调查点地理位置、野外编号和土壤名称，为外业做好准备工作。

（3）外业准备：按照《规程》规定调查项目，设计制订野外调查表，统一技术操作规程、统一项目、统一标准、统一组织管理进行调查记载采样。包括采集土样、填写土样登记表、并用GPS卫星定位系统进行准确定位。

2. 具体实施阶段

（1）全面调查：调查组以1∶50 000土壤图和土地利用现状图为工作底图，确定被调查的具体地块所在区域及有关信息，有针对性地对分布点次逐一调查。填写采样点基本情况、采样点生产情况等调查的基础表格，保证土样采集所在乡村农户等相关信息翔实完整，填写好以乡（镇）、村、屯、户为单位的调查登记表，为数据统计分析做基础。

（2）审核调查：入户调查任务完成后，对各组填报的各种表格及调查登记表进行统一汇总，逐一审核。排除错误信息，补充缺少信息，保证地点准确、信息准确、布点结果的代表性，剔除地图与实地不符的点位并进行新点位补充调查，确保信息的有效性和完整性。

（3）调查和采样：

① 调查。补充调查所增加的点位，对所有确定为调查点位的地块采集耕层样本，按《规程》的要求，兼顾点位的均匀性及各土壤类型。

② 采样。对所有被确定为调查点位的田块，依据田块的具体位置，用GPS定位系统进行定位，记录准确的经、纬度。面积较小地块采用X法或棋盘法，面积较大的地块采用S法。根据农户地块大小，均匀并随机采集7～20个采样点，充分混合后用四分法留取1.0千克。每袋土样填写2张标签，内外各具1张。标签主要内容为样本野外编号、土壤类型、采样深度、采样地点、采样时间和采样人等。

（4）汇总整理：采样工作结束后，对采集的样本逐一进行检查和对照，并对调查表进行认真核对，无差错后统一汇总结束。

3. 化验分析阶段 本次耕地地力调查共化验了1 832个土壤样本，测定了土壤有机质、pH、全氮、全磷、全钾、碱解氮、有效磷、速效钾及有效铜、有效铁、有效锰、有效锌和有效硼13个项目的含量。对调查点资料和化验结果进行了系统的统计和分析。

安达市耕地地力调查工作流程见图3-1。

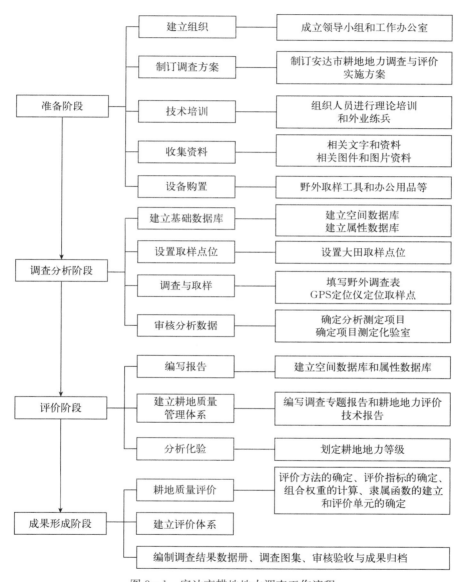

图3-1 安达市耕地地力调查工作流程

第二节 样品分析及质量控制

实验室的检测分析数据质量能客观地反映出测试人员的素质能力及工作态度、分析方法的科学性、实验室质量体系的有效性和符合性及实验室管理水平。耕地土样在检测过程中测定的结果与土壤养分含量符合程度主要受下列因素的影响：一是被检测样品（均匀性、代表性）；二是测量方法（检测条件、检测程序）；三是测量仪器（本身的分辨率）；四是测量环境（湿度、温度）；五是测量人员（分辨能力、习惯）；六是检测水平等。在检测过程中主要通过估计错误的大小，采取适当的、有效的、可行的措施加以控制，尽量使分析结果与客观实际相接近。只有采取科学的数据处理方法，才能获得满意的效果。

要保证分析化验质量控制，严格按照《测土配方施肥技术规范》（以下简称《规范》）所规定的化验室面积、布局、环境、仪器和人员素质的要求，加强化验室的基础设施建设，按要求配置化验仪器设备，严格培训化验人员，建立各项操作规程，严格执行化验室管理的规章制度。做好化验室环境条件的控制、人力资源的控制、计量器具的控制，按照《规范》做好标准物质和参比物质的购买、制备和保存。

一、化验室检测质量控制

1. 检测前

（1）样品确认（确保样品的唯一性、安全性）。

（2）检测方法确认（当同一项目有几种检测方法时）。

（3）检测环境确认（温度、湿度及其他干扰）。

（4）检测用仪器设备的状况确认（编制、使用记录）。

2. 检测中

（1）严格执行标准、《规程》和《规范》。

（2）坚持重复实验，控制精密度：在检测过程中随机误差是无法避免的，但根据统计学原理，通过增加测定次数可减少随机误差，提高平均值的精准度。在批量样品测定中每个项目首次分析时需做100%的重复实验，结果稳定后，重复次数可减少，但最少做10%～15%的重复样；5个样品以下的增加100%的平行样。重复测定结果的误差在规定允许范围内者为合格，否则应对该批样品增加重复测定比率进行复查，直至满足要求为止。

（3）坚持带标准样或参比样，判断检测结果是否存在系统误差：在重复测定的精密度（用极差、平均偏差、标准偏差、方差、变异系数表示）合格的前提下，标准样的测定值落在（$X=2\alpha$）（涵盖了全部测定值的95.5%）范围之内，则表示分析正常。

（4）标准加入法：当选测的项目无标准物质或参比样时，可用加标回收实验来检查测定准确度。按照《农田土壤环境质量监测技术规范》（NY/T 395—2000）的规定，加标量视被测组分的含量而定，含量高的加入测组分的含量0.5～1.0倍，含量低的加2～3倍，但加标后被测组分的总量不得超过方法的测定上限。

（5）注意空白实验：空白实验即在不加试样的情况下，按照分析试样完全相同的操作步骤和条件进行的实验。得到的结果称为空白值。它包括了试剂、蒸馏水中杂质带来的干扰。从待测试样的测定值中扣除，可消除上述因素带来的系统误差。

（6）做好校准曲线：为消除温度和其他因素影响，每批样品均需做校准曲线，与样品同条件操作。标准系列应设置6个以上浓度点，根据浓度和吸光度值绘制标准曲线或求出一元线性回归方程。计算其相关系数。当相关系数大于 0.999 时为通过。

（7）用标准物质校核实验室的标准溶液、标准滴定溶液。

3. 检测后　加强原始记录校核、审核、确保数据准确无误。原始记录的校核、审核，主要是核查：检验方法、计量单位、检验结果是否正确，重复实验结果是否超差、控制样的测定值是否准确，空白实验是否正常、校准曲线是否达到要求、检测条件是否满足、记录是否齐全、记录更改是否符合程序等。发现问题及时研究、解决或召开质量分析会议，达成共识。同时，进行异常值处理和复查等工作。

二、土壤化验项目

1. 物理性状　土壤容重、田间持水量采用环刀法测量；质地采用指测法测量。

2. 化学性状　土壤样品分析项目有 pH、有机质、全氮、全磷、全钾、碱解氮、有效磷、速效钾、有效锌、有效铁、有效铜、有效硼、有效锰。见表 3 - 1。

表 3 - 1　土壤样本化验项目及方法

分析项目	分析方法
有机质	重铬酸钾-硫酸容量分析法
全氮	凯氏蒸馏法
全磷	氢氧化钠-钼锑抗比色法
全钾	氢氧化钠-火焰分光光度计法
碱解氮	碱解扩散法
有效磷	碳酸氢钠浸提-钼锑抗比色法
速效钾	乙酸铵浸提-原子吸收分光光度计法
有效锌、有效铜、有效铁、有效锰	DTPA 提取原子吸收光谱法
有效硼	姜黄色比色法
pH	酸度计法

第三节　耕地资源管理信息系统建立

一、属性数据库的建立

属性数据库的建立与录入独立于空间数据库，全国统一的调查表录入系统。主要属性数据表及其包括的数据内容见表 3 - 2。

表 3 - 2　主要属性数据表及其包括的数据内容

编号	名称	内容
1	采样点基本情况表	采样点基本情况，化验数据
2	土壤属性数据表	土壤代码，土种名称，质地，耕层厚度
3	行政区划属性数据表	市［乡（镇）村］代码，乡（镇）名称

二、数据的审核、录入和处理

数据的审核、录入和处理包括基本统计量、计算方法、频数分布类型检验、异常值的判断与剔除以及所有调查数据的计算机处理等。

在数据录入前经过仔细审核，数据审核中包括：数值型数据资料量纲的统一，基本统计量的计算，异常值的判断与剔除，频数分布类型检验等工作。数据经过 2 次审核后进行录入；录入过程中两人一组，采用边录入边核实的方法分组录入。

三、空间数据库的建立

采用图件扫描后屏幕数据化的方法建立空间数据库。图件扫描的分辨率为 300 dpi，彩色图用 24 位真彩，单色图用黑白格式。数字化图件包括：土地利用现状图、土壤图、行政区划图等。采用矢量化方法配置主要图层，见表 3-3。

表 3-3　主要土层配置

序号	土层名称	土层属性	连接属性表
1	行政区划图	线层	连接属性表
2	土壤图	多边形	行政区划属性数据表
3	土地利用现状图	多边形	土地利用现状属性数据
4	土壤采样点位图	点层	采样点基本情况表
5	公路图	线层	

数字化软件统一采用 ArcView GIS，坐标系为 1954 北京坐标系，比例尺为 1∶100 000。应用 ArcInfo 及 ArcView GIS 软件进行评价单元图件的叠加、调查点点位图的生成、评价单元插值，文件保存格式为 .shp、.arc。

第四节　资料汇总与图件编制

一、资料汇总

对采样点基础情况调查表、农户调查表等野外调查表整理与录入，对全部数据资料分类汇总编码。采样点与土壤化验样点采用统一编码作为关键字段。

二、图件编制

1. 单元图斑的生成　耕地地力评价单元图斑是在矢量化土壤图、土地利用现状图、行政区划图的基础上，在 ArcView 中利用矢量图的叠加分析功能，将以上 3 个图件叠加，叠加后生成的图斑实体面积小于最小 5 000 平方米时，按照土地利用方式相同、土壤类型相近的原则将破碎图斑与相邻图斑进行合并，生成评价单元图斑。

2. 采样点位图的生成　采样点位的坐标用 GPS 定位仪定位进行野外采集，在 ArcInfo 中将采集的点位坐标转换成与矢量图一致的北京 1954 坐标系。将转换后的点位图转换成可以与 ArcView 进行交换的 . shp 格式。

3. 专题图的编制　利用 ArcInfo 将采样点位图在 ArcMap 中利用地理统计分析模块中，采用克立格插值法进行采样点数据的插值。生成土壤专题图件，包括全钾、全氮、速效钾、有效磷、有效锌、有机质等专题图。

4. 耕地地力等级图的编制　首先，利用 ArcMap 空间分析模块的区域统计方法，将生成的专题图件与评价单元图挂接；其次，在耕地资源管理信息系统中根据专家打分、层次分析模型与隶属函数模型进行耕地生产潜力评价，生成耕地地力等级图。

第四章 耕地土壤属性

土壤是人类最基本的生产资料，被称之为"衣食之源，生存之本"。它不仅是农业生产的基础、各种作物的生活基地、人类衣食住行所需物质和能量的主要来源，而且是物质和能量转化的场地。通过土壤物质和能量不断循环，从而满足作物和人类生活的需要。

耕地是保障各地区经济社会实现可持续发展的基础性、不可替代性的重要资源。耕地保护是一个综合性的问题，其目的是为了资源的永续利用，更好地为经济社会发展服务。

土壤是人类赖以生存的重要资源之一，土壤肥力是土壤的基本特征，在组成土壤肥力的水、肥、气、热四大要素中，土壤养分是重要组成部分之一。在作物栽培过程中，对土壤肥力控制程度较大的也是土壤养分含量，人们通过施肥来调整土壤养分的多少，尽可能地满足农作物生长的需要。因此，了解土壤养分的现状、合理划分养分等级、掌握本地各类土壤养分含量特征以及土壤养分变化趋势，对正确指导施肥具有重要的实际意义。

土壤肥力是指在作物生长发育过程中土壤供应和协调养分、水分、空气、热量的能力。因此，土壤肥力是土壤的基本属性和质的特征，是评价土壤生产力的重要依据。

第二次土壤普查的土壤养分分级标准是按照当时的耕地生产水平以及土壤养分状况制定的，从1982年至今已经经历了30多年。由于耕作制度的改变、农作物品种的更新、施肥水平的提高等农业生产条件的变化，土壤养分的分级标准需进行相应的修正。特别是多年来有机肥施用量的减少和氮肥施用量的增加，使土壤有机质、全氮、碱解氮养分含量也发生了很大的变化。随着农作物品种产量的提高、施肥结构的改变，原来的土壤养分标准已经不能完全反映土壤养分水平的高低了。因此，根据近年的肥效试验结果、土壤养分含量结构的变化以及当前实际生产条件的改变，有必要对第二次土壤普查的土壤养分分级标准进行修正。本次耕地地力评价参照2009年6月10日，经黑龙江省耕地地力评价领导小组第四次专家组会议审定并最终确定的黑龙江省耕地地力养分分级指标（试行）进行评价分级。见表4-1。

表4-1 黑龙江省耕地地力评价养分分级指标（试行）

项目	一级	二级	三级	四级	五级	六级
有机质（克/千克）	＞60	40～60	30～40	20～30	10～20	＜10
碱解氮（N）（毫克/千克）	＞250	180～250	150～180	120～150	80～120	＜80
全氮（N）（克/千克）	＞2.5	2～2.5	1.5～2	1～1.5	＜1	—
有效磷（P）（毫克/千克）	＞60	40～60	20～40	10～20	5～10	＜5
速效钾（K）（毫克/千克）	＞200	150～200	100～150	50～100	30～50	＜20
有效锰（Mn）（毫克/千克）	＞15	10～15	7.5～10	5～7.5	＜5	
有效铁（Fe）（毫克/千克）	＞4.5	3～4.5	2～3	＜2	—	

（续）

项目	一级	二级	三级	四级	五级	六级
有效硫（S）（毫克/千克）	>40	24～40	12～24	<12	—	—
有效铜（Cu）（毫克/千克）	>1.8	1～1.8	0.2～1	0.1～0.2	<0.1	—
有效锌（Zn）（毫克/千克）	>2	1.5～2	1～1.5	0.5～1	<0.5	—
有效硼（B）（毫克/千克）	>1	0.8～1	0.4～0.8	<0.4	—	—

安达市耕地土壤自第二次土壤普查以来，经过30余年的农事操作和各种自然因素的影响，土壤的基础肥力状况已发生了明显的变化。总的变化趋势是土壤有机质、碱解氮、速效钾呈下降趋势，土壤有效磷总体呈上升趋势，土壤pH略有下降。

本次耕地地力调查与评价工作，共采集土壤样品（采样深度为0～20厘米）1 832个。分析了pH、有机质、碱解氮、有效磷、速效钾、全氮、全磷、全钾、有效铜、有效铁、有效锌、有效锰和有效硼13项土壤理化性状。分析数据23 816个，根据"安达市县域耕地资源信息管理系统"，共确定评价单元数1 832个，并采用空间插值法所得数据。各乡（镇）耕地土壤养分化验结果见表4-2。

表4-2 安达市各乡（镇）耕地土壤养分化验结果统计

乡（镇）	有机质（克/千克）	碱解氮（毫克/千克）	有效磷（毫克/千克）	速效钾（毫克/千克）
老虎岗镇	34.59	178.1	25.60	217.85
吉星岗镇	34.81	175.8	25.01	244.91
任民镇	28.80	115.1	12.18	223.99
中本镇	28.49	126.0	14.43	185.26
火石山乡	31.12	133.9	15.16	202.18
青肯泡乡	28.16	134.8	22.18	178.79
安达镇	32.89	125.8	13.40	188.29
卧里屯乡	24.90	137.8	21.89	206.62
万宝山镇	28.31	108.8	12.52	187.63
羊草镇	29.04	118.8	13.55	198.59
升平镇	28.16	109.3	13.46	179.40
昌德镇	26.65	105.5	12.53	169.57
太平庄镇	28.12	123.0	13.58	184.41
先源乡	29.51	128.4	14.88	178.29

从安达市1 832个评价单元中可以看出，全市农田土壤养分水平呈区域性分布。老虎岗镇、吉星岗镇、羊草镇的土壤基础肥力较好，在安达市为高肥力土壤；任民镇、中本镇、火石山乡、青肯泡乡、安达镇、卧里屯乡、万宝山镇、升平镇的土壤基础肥力与上述

乡（镇）比较相对较差，为安达市的中肥力土壤；太平庄镇、先源乡、昌德镇的土壤基础肥力较差，为安达市的低肥力土壤。

第一节　土地利用情况

一、土壤利用

全国第二次土壤普查时，安达市土壤面积为 337 299.93 公顷，耕地面积 116 507.60 公顷，垦殖率 33.0%。但是，从土壤的适宜性来看，我们认为适宜耕作用地已全部开垦。适宜畜牧用地面积 181 380.33 公顷，草原仍要全部保留。适宜林业用地面积 35 036.53 公顷，已有林地 11 735.00 公顷，利用率 33%。全市总水面面积 15 977.93 公顷，适宜养芦苇的水面面积有 10 018.27 公顷，占总水面面积的 62.7%；现已产苇水面面积有 4 240.33 公顷，利用率 42.3%；养鱼的水库水面面积有 5 959.67 公顷，养鱼水面面积占调查养鱼水面面积（包括既可养苇又可养鱼水面面积）的 59.5%。按照现有的资源，今后的任务应是在种植业方面，要通过科学种田，千方百计地提高单位面积产量，而不是靠扩大耕地面积来提高产量。本市是牧业大市，不能开垦草原作为耕地，同时现有草原的土壤均有不同程度的盐渍化，不经改良不适于作为农业用地。现在宜林地多，有林面积小，森林覆盖率仅为 3.3%，人均有林面积只有 0.027 3 公顷，同世界平均森林覆盖率 22%，相差悬殊，林业生产是个薄弱环节。安达市由于森林覆盖率低，土地缺少屏障的保护，耕地和草原裸露，加之人为生产活动逐年增加，使原来为草原所覆盖而形成的自然生态平衡遭到破坏，地表水大量蒸发，加重了干旱，加剧了风蚀。据统计，风害严重的年份，风蚀严重的地块的表土被刮走 1 厘米厚，相当于每公顷耕地刮走 100 平方米肥沃的表土。当时提出没有造林的 23 301.47 公顷宜林地要在 1990 年以前尽可能地全部造林，使安达市森林覆被率达到 10% 左右。适于养芦苇的水面积较大，利用这个自然优势，逐年扩大产芦苇面积，并加强管理，提高芦苇产量。1982 年第二次土壤普查安达市适于养鱼水面积（主要是水库）有 68 000 公顷，而全市仅产商品鱼（包括捕捞的自然鱼）350 吨，按商品鱼生产面积平均公顷产鱼 155 千克，产鱼苗 2 625 万尾。可见，无论是水面利用，还是单位面积产量潜力很大。今后发展农业生产的重点应当放在提高单位面积产量和农、林、牧、副、渔业多种经营，全面发展，合理利用自然资源。

通过第二次土壤普查，已查清安达市绝大多数土壤均含有一定数量的有害盐类，草原上非盐渍化土壤仅 0.6%，易盐渍化土壤占 32.3%，盐渍化土壤占 67.1%。耕地非盐渍化土壤占 70.4%，易盐化土壤占 15.8%，盐渍化土壤占 13.8%。

对第二次土壤普查时期的耕地从生产性能和基础肥力来进行分级，安达市多数土壤的基础肥力偏低。属于肥力高的一级土壤占 3.7%，属于中等肥力的二级土壤占 22.7%，属于肥力低的三级土壤占 60.2%，属于肥力极低的四级土壤占 12.1%，不经改良无生产能力的五级土壤占 1.4%，可见改良土壤和培肥地力的任务是繁重而艰巨的。土壤是人们赖以生存的基础，必须加以保护，促进生态平衡，要为子孙后代着想，走改土、种地、养地相结合的道路。

二、土壤化学性状

（一）土壤有机质

土壤有机质是土壤肥力重要标志。安达市第二次土壤普查时土壤有机质含量偏低。从表层土壤有机质的平均水平来看，最低的是苏打草甸盐土，为 14.77 克/千克；其次是中层碱化草甸土、浅位柱状草甸碱土、黑钙土型黑沙土和薄层碳酸盐草甸黑钙土，分别为 21.64 克/千克、23.88 克/千克、26.70 克/千克和 29.40 克/千克，均低于 30.00 克/千克。除中层苏打盐化草甸土有机质平均含量最高为 41.5 克/千克外，其他土壤含量均在 30.00～38.41 克/千克，含量一般，需不断增施有机肥料，保持或增加土壤有机质含量。全市有机质含量最高 71.75 克/千克，最低 14.77 克/千克，平均值 31.04 克/千克。见表 4-3。

表 4-3　安达市土壤有机质含量统计（第二次土壤普查）

土壤类型	耕层土壤有机质					样品数（个）
	平均值（克/千克）	标准差	最大值（克/千克）	最小值（克/千克）	极差（克/千克）	
中层草甸黑钙土	30.37	0	30.54	30.20	0.34	2
薄层碳酸盐草甸黑钙土	29.40	4.3	39.19	20.50	18.69	27
中层碳酸盐草甸黑钙土	30.80	3.9	34.72	19.71	15.01	13
厚层碳酸盐草甸黑钙土	30.00	2.8	38.42	18.66	19.76	5
薄层碳酸盐草甸土	30.00	8.4	48.97	13.62	35.35	16
中层碳酸盐草甸土	32.60	14.5	54.75	3.19	51.65	7
厚层碳酸盐草甸土	34.00	3.6	37.51	30.40	7.11	2
薄层苏打盐化草甸土	34.10	12.6	46.67	21.46	25.21	2
中层苏打盐化草甸土	41.50	17.8	71.75	27.25	46.60	4
厚层苏打盐化草甸土	35.34	13.5	62.29	10.07	52.22	10
中层碱化草甸土	21.64	2.4	24.07	19.21	4.86	2
苏打草甸盐土	14.77	8.0	28.69	3.43	25.26	11
浅位柱状草甸碱土	23.88	5.5	29.95	16.70	13.25	3
深位柱状草甸碱土	38.41	17.4	55.84	20.97	34.87	2
黑钙土型黑沙土	26.70	3.9	31.43	20.38	11.05	7

在安达市土壤有机质分级面积统计中，表层有机质含量大于 60.00 克/千克，一级的占 0.43%；含量为 40～60 克/千克，二级的占 0.13%；含量为 30～40 克/千克，三级的占 38.79%；含量为 20～30 克/千克，四级的占 50.96%；含量为 10～20 克/千克，五级的占 8.9%；含量小于 10 克/千克，六级的占 0.35%。见表 4-4。

表 4-4　安达市土壤有机质分级面积统计（第二次土壤普查）

级别	有机质（克/千克）	面积（公顷）	占比例（%）
一	>60	501.00	0.43
二	40～60	151.47	0.13
三	30～40	45 193.27	38.79
四	20～30	59 372.26	50.96
五	10～20	10 881.80	9.34
六	<10	407.80	0.35
合计		116 507.60	100

（二）全氮和碱解氮

第二次土壤普查的化验结果表明，安达市主要土壤中的全氮含量和有机质的含量呈正相关。因此，含氮的规律和土壤有机质基本是一致的。从平均水平来看，含量最低的是中层碱化草甸土，为 1.282 克/千克；苏打草甸盐土、黑钙土型黑沙土和中层碳酸盐草甸黑钙土，含量分别是 1.400 克/千克、1.515 克/千克和 1.571 克/千克，属于中下等水平；其他土壤在 1.600～2.887 克/千克。全市土壤最小值不到 0.01 克/千克，最大值达 7.61 克/千克。含量低的土壤需要补充氮素，高的应该多施磷肥，增加磷素的比例。见表 4-5。

表 4-5　安达市土壤全氮含量统计（第二次土壤普查）

土壤类型	耕层土壤全氮含量					样品数（个）
	平均值（克/千克）	标准差	最大值（克/千克）	最小值（克/千克）	极差（克/千克）	
中层草甸黑钙土	1.734	0	1.789	1.679	0.11	2
薄层碳酸盐草甸黑钙土	1.700	0.3	2.140	0.880	1.26	27
中层碳酸盐草甸黑钙土	1.571	0.4	2.090	0.483	1.61	14
厚层碳酸盐草甸黑钙土	1.600	0.5	2.240	1.053	1.187	4
薄层碳酸盐草甸土	2.800	2.1	7.610	0.976	6.634	16
中层碳酸盐草甸土	2.000	0.9	3.407	0.253	3.154	7
薄层苏打盐化草甸土	1.790		2.240	1.340	0.900	2
中层苏打盐化草甸土	2.200	0.7	3.460	1.647	1.813	4
厚层苏打盐化草甸土	2.887	1.7	7.040	0.676	6.364	10
中层碱化草甸土	1.282	0.1	1.404	1.160	0.244	2
苏打草甸盐土	1.400	1.5	1.583	0.007	1.576	11
浅位柱状草甸碱土	1.740	0.9	3.210	0.862	2.348	4
黑钙土型黑沙土	1.515	0.4	1.915	0.894	1.021	7

从安达市各乡（镇）耕层土壤全氮含量平均水平来看，全氮含量平均值为 1.54～1.98 克/千克，属于中等水平；从最大值来看，各乡（镇）耕层土壤全氮含量的最大值为 2.29 克/千克，属于二级上等水平。见表 4-6。

表 4-6　安达市各乡（镇）土壤全氮含量统计（第二次土壤普查）

乡（镇）	各乡（镇）耕层土壤全氮含量					样品数（个）
	平均值（克/千克）	最大值（克/千克）	最小值（克/千克）	极差（克/千克）	标准差	
万宝山镇	1.82	2.16	1.48	0.68	0.19	12
任民镇	1.85	1.29	0.95	0.34	0.09	15
安达镇	1.54	0.18	1.88	1.16	0.72	10
老虎岗镇	1.95	2.03	1.68	0.35	0.16	16
卧里屯乡	1.71	2.20	1.44	0.76	0.23	9
羊草镇	1.79	2.47	1.57	0.39	0.19	18
吉星岗镇	1.98	2.29	1.80	0.49	0.20	10
太平庄镇	2.00	2.20	1.59	0.61	0.09	6
青肯泡乡	1.70	1.92	1.46	0.49	0.15	10
昌德镇	1.70	1.95	1.16	0.79	0.20	12
火石山乡	1.97	2.23	1.62	0.61	2.23	10
升平镇	1.60	1.81	1.46	0.41	0.12	11
中本镇	1.60	1.86	1.33	0.53	0.17	8
先源乡	1.81	2.20	1.40	0.57	0.29	12

　　第二次土壤普查安达市有 49.6％的土壤全氮含量在 1.5～2.0 克/千克，属三级水平；有 36.2％的土壤全氮含量在 2.0～4.0 克/千克，属二级水平；有 10.1％的土壤含量在 1.0～1.5 克/千克，属四级水平；有 3.5％的土壤全氮含量小于 1.0 克/千克，属五级水平；仅有 0.6％的土壤全氮含量大于 4.0 克/千克，属一级水平。从整体看，安达市土壤全氮含量属于中等水平。见表 4-7。

表 4-7　安达市土壤全氮分级面积统计（第二次土壤普查）

级别	全氮（克/千克）	面积（公顷）	占比例（％）
一	>4.0	699.07	0.6
二	2.0～4.0	42 175.73	36.2
三	1.5～2.0	57 787.80	49.6
四	1.0～1.5	11 767.27	10.1
五	<1.0	4 077.27	3.5
合计		116 507.60	100

　　第二次土壤普查化验了土壤中的碱解氮，用碱解扩散法测得土壤中可被植物吸收的氮量，包括铵态氮、硝态氮以及易被水解的氮素，统称为碱解氮。见表 4-8。

表 4-8　安达市土壤碱解氮含量统计（第二次土壤普查）

土壤类型	耕层碱解氮含量					样品数（个）
	平均值（毫克/千克）	标准差	最大值（毫克/千克）	最小值（毫克/千克）	极差（毫克/千克）	
中层草甸黑钙土	174.40	0	177.4	177.4	0	2
薄层碳酸盐草甸黑钙土	184.83	36.20	254.5	60.1	194.4	27
中层碳酸盐草甸黑钙土	178.29	28.21	218.4	109.0	109.4	14
厚层碳酸盐草甸黑钙土	168.40	25.15	207.5	138.3	69.2	5
薄层碳酸盐草甸土	162.94	36.44	211.0	87.3	123.7	14
中层碳酸盐草甸土	167.23	29.30	211.8	118.4	93.4	7
厚层碳酸盐草甸土	158.80	21.80	180.6	137.0	43.6	2
薄层苏打盐化草甸土	138.30	65.50	203.8	72.8	131.0	2
厚层苏打盐化草甸土	182.70	41.10	277.5	120.5	157.0	10
中层碱化草甸土	119.90	10.90	130.9	109.0	21.8	2
黑钙土型黑沙土	149.17	16.65	165.0	112.1	52.9	7

安达市第二次土壤普查时土壤的碱解氮的含量，一般都在119.90～184.83毫克/千克，属于上等水平。中层碱化草甸土、薄层苏打盐化草甸土和黑钙土型黑沙土的碱解氮的含量相对较低，分别是119.9毫克/千克、138.3毫克/千克和149.17毫克/千克，仍属中上等水平。

第二次土壤普查，安达市土壤碱解氮含量大于200毫克/千克的一级地占23.8%，碱解氮含量150～200毫克/千克的二级地占60.7%，碱解氮含量120～150毫克/千克的三级地占9.5%，碱解氮含量90～120毫克/千克的四级地占1.8%，碱解氮含量60～90毫克/千克的五级地占3.6%，碱解氮含量30～60毫克/千克的六级地占0.4%，碱解氮含量小于30毫克/千克的七级地占0.2%。说明本市绝大多数土壤碱解氮的含量较高，属于中上等水平。见表4-9。

表 4-9　安达市土壤碱解氮分级面积统计（第二次土壤普查）

级别	碱解氮（毫克/千克）	面积（公顷）	占比例（%）
一	>200	27 728.80	23.8
二	150～200	70 720.13	60.7
三	120～150	11 068.27	9.5
四	90～120	2 097.13	1.8
五	60～90	4 191.27	3.6
六	30～60	466.00	0.4
七	<30	233.00	0.2
合计		116 507.60	100

（三）全磷和有效磷

安达市第二次土壤普查时土壤中全磷含量较低，平均值为0.8～1.80克/千克，属于中下等水平。其中，平均值含量低于 1.0 克/千克的有中层碱化草甸土、苏打草甸盐土、厚层碳酸盐草甸黑钙土、中层碳酸盐草甸黑钙土和薄层苏打盐化草甸土。绝对值最小的是薄层碳酸盐草甸黑钙土，仅 0.12 克/千克，属于最低含量；含磷较高的薄层碳酸盐草甸土的全磷平均值为 1.40 克/千克。见表 4-10。

表 4-10 安达市土壤全磷含量统计（第二次土壤普查）

土壤类型	耕层土壤全磷含量					样品数（个）
	平均值（克/千克）	标准差	最大值（克/千克）	最小值（克/千克）	极差（克/千克）	
中层草甸黑钙土	1.051	0	1.058	1.043	0.015	2
薄层碳酸盐草甸黑钙土	1.000	0.2	1.23	0.120	1.102	27
中层碳酸盐草甸黑钙土	0.904	0.2	1.13	0.498	0.630	14
厚层碳酸盐草甸黑钙土	0.900	0.2	1.13	0.48	0.450	3
薄层碳酸盐草甸土	1.400	1.4	6.65	0.808	5.084 2	16
中层碳酸盐草甸土	1.200	0.4	1.90	0.550	1.350	7
厚层碳酸盐草甸土	1.800	0.1	1.915	1.72	1.095	2
薄层苏打盐化草甸土	0.923	0.05	0.968	0.878	0.090	2
中层苏打盐化草甸土	1.300	0.2	1.275	1.060	0.215	4
厚层苏打盐化草甸土	1.056	0.2	1.310	0.593	0.717	10
中层碱化草甸土	0.800	0.1	0.930	0.708	0.222	2
苏打草甸盐土	0.900	0.2	1.113	0.588	0.525	11
浅位柱状草甸碱土	1.090	0.28	1.440	0.673	0.677	4
深位柱状草甸碱土	1.080	0.01	1.090	1.070	0.020	2
黑钙土型黑沙土	1.000	0.2	1.268	0.605	0.663	7

第二次土壤普查，安达市各乡（镇）耕层土壤的全磷含量平均值为 0.83～1.17 克/千克。最大值为 1.96 克/千克，最小值为 0.68 克/千克，仍属中下等水平。见表 4-11。

表 4-11 安达市各乡（镇）土壤全磷含量统计（第二次土壤普查）

乡（镇）	耕层土壤全磷含量					样品数（个）
	平均值（克/千克）	最大值（克/千克）	最小值（克/千克）	极差（克/千克）	标准差	
老虎岗镇	1.17	1.29	1.04	0.25	0.08	7
任民镇	1.14	1.29	0.95	0.34	0.09	15
安达镇	0.99	1.30	0.77	0.53	0.18	10
万宝山镇	0.84	0.99	0.68	0.31	0.12	12
羊草镇	0.99	1.13	0.91	0.22	0.07	9
卧里屯乡	0.93	1.05	0.87	0.18	0.06	9
吉星岗镇	1.03	1.19	0.95	0.24	0.09	10
太平庄镇	0.91	1.03	0.82	0.21	0.09	6
青肯泡乡	0.89	1.17	0.76	0.41	0.13	10

（续）

乡（镇）	耕层土壤全磷含量					样品数（个）
	平均值 （克/千克）	最大值 （克/千克）	最小值 （克/千克）	极差 （克/千克）	标准差	
昌德镇	0.83	1.95	1.16	0.79	0.20	12
火石山乡	0.85	1.96	0.70	0.26	0.07	10
升平镇	0.90	1.03	0.80	0.23	0.7	11
中本镇	0.96	1.07	0.82	0.25	0.07	8
先源乡	0.84	1.04	0.76	0.28	0.11	7

　　第二次土壤普查时土壤中有效磷的含量普遍偏低，平均值低于10毫克/千克的土壤有薄层苏打盐化草甸土、苏打草甸盐土和浅位柱状草甸碱土；低于20毫克/千克的土壤有厚层苏打盐化草甸土、中层草甸黑钙土、中层碳酸盐草甸土、厚层碳酸盐草甸黑钙土、中层碳酸盐草甸土和薄层碳酸盐草甸黑钙土；中层碱化草甸土有效磷平均值最大，为42.75毫克/千克；其余土壤有效磷平均值为20~27毫克/千克。见表4-12。

表4-12　安达市土壤有效磷统计（第二次土壤普查）

土壤类型	耕层土壤有效磷含量					样品数（个）
	平均值 （毫克/千克）	标准差	最大值 （毫克/千克）	最小值 （毫克/千克）	极差 （毫克/千克）	
中层草甸黑钙土	11.25	0	11.25	11.25	0	2
薄层碳酸盐草甸黑钙土	18.73	17.29	95.00	0.79	94.21	27
中层碳酸盐草甸黑钙土	20.45	16.66	76.10	6.00	70.10	14
厚层碳酸盐草甸黑钙土	14.85	5.83	24.50	6.38	18.12	5
薄层碳酸盐草甸土	19.57	11.84	52.50	5.25	47.25	14
中层碳酸盐草甸土	16.49	16.57	54.00	0.88	53.12	7
厚层碳酸盐草甸土	27.00	5.50	32.50	21.50	11.00	2
薄层苏打盐化草甸土	4.25	2.50	6.75	1.75	5.00	2
厚层苏打盐化草甸土	10.53	6.77	28.25	1.77	26.73	10
中层碱化草甸土	42.75	18.75	61.50	24.00	37.50	2
苏打草甸盐土	7.03	6.20	15.47	0.77	14.71	3
浅位柱状草甸碱土	8.11	7.80	15.91	0.31	15.60	2
黑钙土型黑沙土	25.21	10.04	37.25	8.50	28.75	7

　　第二次土壤普查，安达市土壤有效磷含量大于100毫克/千克的一级地占0.23%，有效磷含量40~100毫克/千克的二级地占1.89%，有效磷含量20~40毫克/千克的三级地占15.8%，有效磷含量10~20毫克/千克的四级地占53.2%，有效磷含量5~10毫克/千克的五级地占25.3%，有效磷含量3~5毫克/千克的六级地占3.02%，有效磷含量小于3毫克/千克的七级地占0.56%。见表4-13。

表 4-13　安达市土壤有效磷分级面积统计（第二次土壤普查）

级别	有效磷（毫克/千克）	面积（公顷）	占比例（%）
一	>100	267.93	0.23
二	40～100	2 202.07	1.89
三	20～40	18 408.20	15.80
四	10～20	61 982.07	53.20
五	5～10	29 476.40	25.30
六	3～5	3 518.53	3.02
七	<3	652.40	0.56
合计		116 507.60	100.00

安达市土壤的供磷能力低，有效磷又只占全磷的 0.46%～2.5%，说明土壤中磷素大部分被固定，不能被作物吸收利用。为此，在本市农业生产中，磷素是农作物养分中的限制性因素，解决的主要途径是用磷素化学肥料来补充。全市施用磷肥的肥效显著，是黑龙江省磷肥的高效区。

（四）速效钾

第二次土壤普查时安达市土壤中速效钾的含量在 144～364 毫克/千克，低于200 毫克/千克的有薄层碳酸盐草甸土、中层碳酸盐草甸土，高于 300 毫克/千克的有中层草甸黑钙土、厚层苏打盐化草甸土、中层碳酸盐潜育草甸土和厚层碳酸盐潜育草甸土，其他土壤均在200～300 毫克/千克。速效钾的平均值为 260.4 毫克/千克。

第二次土壤普查，安达市土壤速效钾含量大于 200 毫克/千克的一级地占68.7%，速效钾含量 150～200 毫克/千克的二级地占 16.8%，速效钾含量 100～150 毫克/千克的三级地占12.4%，速效钾含量 50～100 毫克/千克的四级地占 2.1%，速效钾含量小于 50 毫克/千克的五级、六级地全市无分布。见表 4-14。全市土壤速效钾的含量比较丰富，是钾素供应水平高的地区之一，因此，一般作物不需要施用钾肥。

表 4-14　安达市土壤速效钾分级面积统计（第二次土壤普查）

级别	速效钾（毫克/千克）	面积（公顷）	占比例（%）
一	>200	80 040.72	68.7
二	150～200	19 573.28	16.8
三	100～150	14 446.94	12.4
四	50～100	2 446.66	2.1
五	30～50	——	——
六	<30	——	——
合计		116 507.60	100.0

（五）土壤酸碱度（pH）

土壤酸碱度用 pH 表示，是土壤溶液中氢离子浓度的负对数，是由土壤溶液中的碳酸盐类、水溶性有机酸和可水解的有机无机酸的盐类所引起的。pH7.0 为中性，小于 7.0 为酸性，大于 7.0 为碱性。pH 的大小，直接影响到农作物的生长，影响土壤微生物的活动、土壤各种养分元素的状态和可利用状况。

第二次土壤普查时安达市土壤耕层的 pH 在 8.47～10.1，微碱-碱性，各土壤之间，变化较大，pH 小于 8.6 的有薄、中、厚层的碳酸盐草甸黑钙土、厚层碳酸盐草甸土，中层潜育草甸土。pH 8.6～9.0 的有薄层苏打盐化草甸土、薄、中层碳酸盐草甸土，厚层苏打盐化草甸土、薄层碱化草甸土及黑钙土型黑沙土。pH 9.01～10.0 的有厚层苏打盐化草甸土，中、厚层碱化草甸土，轻盐化草甸沼泽土，苏打草甸盐土，苏打-氯化物草甸盐土，苏打-硫酸盐草甸盐土，浅、中、深位柱状草甸碱土。pH 大于 10 的有厚层碱化盐土，积水沼泽化苏打土及结皮碱土。pH 最大值 9.8，最小值 8.3，平均值 8.9（表 4-15）。

表 4-15　安达市土壤的 pH 统计（第二次土壤普查）

土壤名称	pH	土壤名称	pH	土壤名称	pH
薄层碳酸盐草甸黑钙土	8.57	薄层盐碱化草甸土	9.01	浅位柱状苏打草甸碱土	9.17
中层碳酸盐草甸黑钙土	8.48	中层盐碱化草甸土	9.01	中位柱状苏打草甸碱土	9.30
厚层碳酸盐草甸黑钙土	8.47	厚层盐碱化草甸土	8.80	深位柱状苏打草甸碱土	9.37
薄层碳酸盐草甸土	8.50	薄层盐化草甸土	8.85	黑钙土型黑沙土	8.72
中层碳酸盐草甸土	8.94	中层盐化草甸土	9.05		
厚层碳酸盐草甸土	8.58	厚层盐化草甸土	9.10		
薄层碳酸盐潜育草甸土	8.80	轻盐化草甸沼泽土	9.31		
中层碳酸盐潜育草甸土	8.50	苏打草甸盐土	9.80		
厚层碳酸盐潜育草甸土	8.75	苏打-氯化物草甸盐土	9.71		
薄层苏打盐化草甸土	9.00	苏打-硫酸盐草甸盐土	9.05		
中层苏打盐化草甸土	8.66	厚层碱化盐土	10.10		
厚层苏打盐化草甸土	9.01	积水沼泽化苏打盐土	10.05		
中层硫酸盐化草甸土	9.10	结皮苏打草甸碱土	10.10		

三、土壤物理性状

1. 土壤容重　自然土壤（即未被破坏结构的土壤）状态下单位容积土体的重量与同容积水重量的比值称为容重。容重一般为 1.0～1.6 克/立方厘米，主要看土壤的松紧而定，越是紧实的土壤，容重越大。根据容重能够推测出土壤质地、结构，保水能力和通气状况等。疏松的有机质含量高的土壤容重小于 1 克/立方厘米，熟化的耕作层容重为 1.0～1.1 克/立方厘米，板结的耕作层容重为 1.2～1.4 克/立方厘米，紧实的底土层容重可达 1.4～1.6 克/立方厘米或 1.8 克/立方厘米。土壤盐渍化、碱化和潜育化作用可使容重增大。第二次土壤普查时安达市土壤容重耕作层在 1.0～1.23 克/立方厘米，其中小于 1.08 克/立方厘米的有中层草甸黑钙土、厚层草甸黑钙土、薄层碳酸盐草甸黑钙土、薄层碳酸盐草甸土等，大于 1.1 克/立方厘米的有苏打草甸盐土、黑钙土型黑沙土等。犁底层一般较耕层紧实，容重变动在 1.044～1.365 克/立方厘米，说明在人为耕种的影响下形成较紧实的犁底层，影响作物根系伸展，需要进行深耕改土，否则难以获得高产。

2. 土壤孔隙度　土壤的孔隙度，表明土壤中的孔隙体积占全土体积的百分比。本地疏松的土壤孔隙度大于 65%，熟化的耕层隙度 55%～65%，一般耕层孔隙度 50%～55%，不良的耕作层的孔隙度小于 50%。第二次土壤普查时安达市耕层 0～10 厘米孔隙度适中，土壤疏松；中层（10～20 厘米）土体较紧实，土质黏重；下层（20～30 厘米）土体紧实，孔隙度小，通透性差。

3. 土壤含水量　1983 年 9 月，安达市统一测定土壤含水量，耕层 0～10 厘米土壤含水量为 11.2%～36.51%、10～20 厘米土壤含水量 18.99%～38.02%，20～30 厘米土壤含水量相对增加。总的看，表层（0～10 厘米）土壤含水量偏低，受降水量影响大，变化剧烈；中层（10～20 厘米）土壤含水量尚可，但仍偏低；下层（20～30 厘米）土壤含水量高于上两层，整个土壤含水量较少，经常处于干旱状态。

分析土壤的三相比例，即一般固相占 60%、液相占 20%、气相占 20%，固相多液相少。较为适于作物生长的土壤三相比应为 50∶30∶20。

第二次土壤普查安达市土壤物理性状统计见表 4-16。

表 4-16　安达市土壤物理性状统计（简表）（第二次土壤普查）

土壤类型	采样地点	采样深度（厘米）	容重（克/立方厘米）	比重	孔隙度（%）	含水量（%）
中层草甸黑钙土	吉兴岗镇李大姑娘屯	0～10	1.041	2.578	59.62	25.26
		10～20	1.149	2.503	54.10	26.27
		20～30	1.128	2.675	44.83	34.96
厚层草甸黑钙土	吉兴岗镇李大姑娘屯	0～10	1.053	2.81	62.53	27.45
		10～20	1.223	2.599	52.94	35.99
		20～30	1.28	2.06	37.86	31.02
薄层碳酸盐草甸黑钙土	安达镇吉利屯	0～10	1.049	2.786	62.35	14.75
		10～20	1.098	2.762	60.25	16.39
		20～30	1.347	2.279	40.90	22.49
中层碳酸盐草甸黑钙土	昌德乡孙家屯	0～10	1.192	2.816	57.67	17.87
		10～20	1.304	2.628	50.38	18.99
		20～30	1.116	2.773	59.75	27.54
厚层碳酸盐草甸黑钙土	升平乡升平屯	0～10	1.001	3.003	66.40	16.25
		10～20	1.162	3.316	64.96	20.44
		20～30	1.217	3.465	64.87	16.96
薄层碳酸盐草甸土	安达镇富来屯	0～10	1.02	2.703	62.26	16.42
		10～20	1.105	2.582	57.20	22.90
		20～30	1.347	2.279	40.90	22.49

（续）

土壤类型	采样地点	采样深度 （厘米）	容重（克/ 立方厘米）	比重	孔隙度 （%）	含水量 （%）
中层碳酸盐草甸土	太平庄乡四村（草原）	0～10	1.071	3.198	66.51	11.20
		10～20	1.150	2.513	54.24	34.13
		20～30	1.297	2.631	50.70	19.38
黑钙土型黑沙土	青肯泡乡刘马架子屯	0～10	1.118	2.822	60.38	25.73
		10～20	1.253	2.786	55.03	25.93
		20～30	1.007	2.729	63.10	31.53
结皮草甸碱土	青肯泡乡王马范屯（草原）	0～10	1.076	2.674	59.76	15.93
		10～20	1.044	2.818	62.95	26.53
		20～30	1.137	2.583	55.98	27.29
苏打草甸盐土	青肯泡乡刘广福屯（草原）	0～10	1.679	2.587	35.10	15.28
		31.30	19.54	10～20	1.484	2.15

鉴于以上土壤物理性状，应当加强深耕层，疏松土壤，采取综合措施进行抗旱保墒，以满足作物生长对水、肥、气、热的需要。

通过第二次土壤普查，已查清安达市绝大多数土壤均含有一定数量的有害盐类，草原上非盐渍化土壤仅占 0.6%，易盐渍化土壤占 32.3%，盐渍化土壤占 67.1%。耕地非盐渍化土壤占 70.4%，易盐化土壤占 15.8%，盐渍化土壤占 13.8%。见表 4-17。

表 4-17 安达市耕地土壤盐渍化程度调查（第二次土壤普查）

土壤盐渍化程度	草原		耕地	
	面积（公顷）	占草原面积（%）	面积（公顷）	占耕地面积（%）
非盐渍化土壤	1 107	0.6	81 984.80	70.4
易盐渍化土壤	58 539.87	32.3	18 359.33	15.8
盐渍化土壤	121 733.46	67.1	16 163.47	13.8
合计	181 380.33	100	116 507.60	100

第二次土壤普查时，根据生产性能和基础肥力对耕地进行分级，安达市多数土壤的基础肥力偏低。属于肥力高的一级耕地占 3.7%，属于中等肥力的二级耕地占 22.8%，属于低肥力的三级耕地占 60.6%，属于极低肥力的四级耕地占 11.5%，不经改良无生产能力的五级耕地占 1.4%。因此，改良土壤和培肥地力的任务是繁重而艰巨的。见表 4-18。

表 4-18 安达市耕地土壤分级（第二次土壤普查）

等级	面积 （公顷）	占耕地面积 （%）	主要土壤	说 明
一（高肥力）	4 304.67	3.6	各种厚层黑钙土	地形平坦，黑土层深厚，疏松，生产性能好，无限制因素
二（中等肥力）	26 579.26	22.8	各种中层黑钙土、厚层碳酸盐草甸土	有一定基础肥力，无盐碱危害

（续）

等级	面积 （公顷）	占耕地面积 （%）	主要土壤	说　明
三（低肥力）	70 664.20	60.6	碳酸盐潜育化草甸土、薄中层碳酸盐草甸土、薄层碳酸盐黑钙土、黑钙土型沙土	有一定基础肥力，无盐碱危害，但有的黑土层薄，有的地温低，有效养分少
四（极低肥力）	13 365.60	11.5	盐化草甸土、碱化草甸土、盐化草甸沼泽土、深位柱状碱土、深位苏打盐土	地形低洼，地温低，有轻度盐碱危害，作物生长不良，产量低
五（无生产能力）	1 593.87	1.4	草甸盐土、浅位及中位草甸碱土、浅位及中位碱化盐土、沼泽盐土	盐碱危害严重，需经改良后才能生长作物

第二节　土壤物理性状评价

　　土壤物理性状包括土壤的结构性、松紧度、孔隙度、保水性、通气性等，这些性状左右着土壤的水、肥、气、热状况，对土壤养分状况和耕性也有很大影响，并能反映出农业生产的综合性能。现总结归纳如下。

一、土壤容重

释　　义：在自然状态下单位容积土壤的烘干重量。

字段代码：SO120112

英文名称：Buik density

数据类型：数值

量　　纲：克/立方厘米

数据长度：4

小 数 位：2

极 小 值：0.8

极 大 值：1.8

　　容重是指自然状态下，单位容积土壤的干重，单位是克/立方厘米或吨/立方米。土壤容重通常采用环刀法测定，计算公式为：

$$d = g \times 100 / [V \times (100 + W)]$$

　　式中：d——土壤容重（克/立方厘米）；

　　　　　g——环刀内湿土重（克）；

　　　　　V——环刀容积（立方米）；

　　　　　W——样品含水量（%）。

可以直接用容重（d）通过经验公式计算出土壤总孔度 [Pt（％）]。Pt（％）$=$ 93.947—32.995d，含水量用（105±2）℃的烘箱烘干土壤，测量烘干前后的重量变化，减少的质量就是含水量。土壤容重受质地结构、松紧度和土壤有机质含量等影响而发生变化。疏松的、有机质含量高的土壤容重小，反之则大。根据容重，可以粗略地推知土壤松紧度、结构、保水能力和通气状况等。安达市土壤容重耕作层在 1.1～1.24 克/立方厘米，其中小于 1.08 克/立方厘米的有草甸黑钙土、碳酸盐草甸土等，大于 1.1 克/立方厘米的有盐化草甸土和黑钙土型沙土等。犁底层一般较耕作层紧实，容重变动在 1.044～1.365 克/立方厘米。土壤容重大于 1.20 克/立方厘米，土壤过于紧实，通气透水性明显变坏，应采取深翻、深松等措施改变土壤容重。

土壤容重和孔隙度可以反映土壤松紧状况，直接影响农作物生育期，土壤过松或过紧都不利于农作物正常生长和根系发育。土壤过松，根土不易密接，水分不易保存，水气不能协调，影响养分的保存和土壤温度的稳定；土壤过紧，通透性差，影响出苗，根系下扎。

不同含水量的土壤（容重为 1.30 克/立方厘米）在冻融交替作用后 20 厘米内土壤容重基本减小，但减小幅度与含水量之间不是完全的正比关系。不同深度土壤容重的变化规律是：高含水量时，表层容重减小幅度较大，下层减幅相对较小；低含水量时，则相反。冻融交替作用对不同容重土壤（含水量 30％）的表层容重影响较大，它使小容重土壤变得更加致密；使大容重土壤变得疏松。

二、土壤孔隙度

释　　义：多孔体中所有孔隙的体积与多孔体总体积之比。
英文名称：Porosity
数据类型：数值
量　　纲：％
数据长度：5
小 数 位：1
极 小 值：0
极 大 值：99.9

土粒或土团间存在的间隙称为土壤孔隙，它是土壤中水分和空气的通道和储存场所。因此，土壤孔隙的数量和质量对土壤肥力有直接影响。

土壤中孔隙的总量，用土壤孔隙的体积占整体体积的百分数表示，称为土壤总孔隙度。疏松土壤的总孔隙度＞70.0％，熟化的耕层总孔隙度 55.0％～65.0％，一般耕层孔隙度 50.0％～55.0％，不良耕层孔隙度小于 50.0％。

可见，土壤孔隙度是土壤的主要物理性状之一，对土壤肥力有多方面的影响。孔隙度良好的土壤，能够同时满足作物对水分和空气的要求，有利于养分状况调节和植物根系伸展。适于作物生长的土壤耕层总孔隙度为 50.0％～60.0％，通气孔隙在 10.0％以上。

毛管孔隙是具有毛管作用的孔隙，它保持的水分对作物是最有效的，通气孔隙，又称非毛管孔隙，不能保持水分，为通气、水的走廊，经常为空气所占据。从农业生产需要出发，通气孔隙要保持在 10.0% 以上为佳，通气孔隙与毛管孔隙之比在 1：（2～4），这样水、气配合较利于作物生长。

安达市有钙积层的黑钙土和草甸土型土壤因为有钙积层作为土壤中的隔水层，往往在接受自然降水时，主要储存在隔水层以上；而隔水层以下土壤水分较少，这种土壤有一定的储水能力，但安达市表土层一般较浅，往往储水能力有限。以草甸土、潜育草甸土、碳酸盐草甸土、沼泽土等为耕作土壤的地区，因多分布于低平地带，地下水位较高，尤其是在丰水期，地下水位提高很快，再加上自然降水，使土壤水库内水分经常处于丰水期，土壤经常水分饱和，形成渍水状态。

第三节　土壤化学性状评价

一、土壤有机质

释　　义：土壤中除碳酸盐以外的所有含碳的有机化合物的总含量

字段名称：有机质

英文名称：Organic matter

数据类型：数值

量　　纲：克/千克

小　数　位：1

极　小　值：0

极　大　值：500

（一）土壤有机质的重要性

土壤有机质是土壤固相物质组成之一，是土壤肥力的重要物质基础。尽管土壤有机质的含量只占土壤总量的很小一部分，但它对土壤的物理性状（如结构性、土壤容重、孔隙的量和质）、土壤化学性状（土壤的酸碱性、缓冲性、代换性等）以及土壤养分状况有重要的影响。土壤有机质含量的多少，是衡量土壤肥力高低的重要指标之一。土壤有机质在土壤肥力上的重要作用主要表现在以下几个方面：

1. 提供作物需要的各种养分　土壤有机质不仅是一种稳定而长效的氮源物质，而且它几乎含有作物和微生物所需要的各种营养元素。大量资料表明，我国主要土壤表土中大约 80% 以上的氮、20%～76% 的磷以有机态存在，在大多数非石灰性土壤中，有机态硫占全硫的 75%～95%。随着有机质的矿质化，这些养分都成为矿质盐类（如铵盐、硫酸盐、磷酸盐等），以一定的速率不断地释放出来，供作物和微生物利用。

据估计，土壤有机质的分解以及微生物和根系呼吸作用所产生的 CO_2，每年可达 1.35×10^{11} 吨，大致相当于陆地植物的需要量，可见土壤有机质的矿化分解是大气中 CO_2 的重要来源，也是植物碳素营养的重要来源。

此外，土壤有机质在分解过程中，还可产生多种有机酸（包括腐殖酸本身），这对土壤矿物部分有一定的溶解能力，可以促进矿物风化，有利于某些养分的有效化，还能络合一些多价金属离子，使之在土壤溶液中不致沉淀而增加了有效性。

2. 增强土壤的保水保肥能力和缓冲性　腐殖质疏松多孔，又是亲水胶体，能吸持大量水分，故能大大提高土壤的保水能力。此外，腐殖质改善了土壤渗透性，可减少水分的蒸发等，为作物提供更多的有效水。

腐殖质因带有正负两种电荷，故可吸附阴、阳离子；又因其所带电性以负电荷为主，所以它具有较强的吸附阳离子的能力，其中作为养料的 K^+、NH_4^+、Ca^{2+}、Mg^{2+} 等阳离子一旦被吸附后，就可避免随水流失，而且能随时被根系附近的其他阳离子交换出来，供作物吸收，不失其有效性。

腐殖质保存阳离子养分的能力，要比矿质胶体大许多倍至几十倍。一般腐殖质的吸收量为 150～400 摩尔/千克。因此，保肥力很弱的沙土增施有机肥料后，不仅增加了土壤中养分含量、改良了沙土的物理性状，还可提高其保肥能力。

腐殖质是一种含有多酸性功能团的弱酸，其盐类具有两性胶体的作用，因此，有很强的缓冲酸碱变化的能力。所以提高土壤腐殖质的质量分数，可增强土壤缓冲酸碱变化的性能。

3. 改善土壤的物理性状　腐殖质在土壤中主要以胶膜形式包被在矿质土粒的外表。由于它是一种胶体，黏结力和黏着力都大于沙粒，施于沙土后能增加沙土的黏性，可促进团粒结构的形成。由于它松软、絮状、多孔，黏结力又比黏粒强 11 倍，黏着力比黏粒小一半，所以黏粒被它包被后，易形成散碎的团粒，使土壤变得比较松软而不再结成硬块。表明有机质能使沙土变紧，黏土变松，土壤的保水、透水性以及通气性都有所改变。同时，使土壤耕性也得到改善，耕翻省力，适耕期长，耕作质量也相应地提高。

腐殖质对土壤的热状况也有一定影响。主要由于腐殖质是一种暗褐色的物质，它的存在能明显地加深土壤颜色，从而提高了土壤的吸热性。同时，腐殖质热容量比空气、水、矿物质小，导热性质居中。因此，在同样日照条件下，腐殖质质量分数高的土壤土温相对较高，且变幅不大，利于保温和春播作物的早发速长。

4. 促进土壤微生物活动　土壤微生物活动所需的能量物质和营养物质均直接和间接来自土壤有机质，并且腐殖质能调节土壤的酸碱反应，土壤结构等物理性状的改善，使之有利于微生物的活动，促进各种微生物对物质的转化能力。土壤微生物的生物量是随着土壤有机质质量分数的增加而增加，两者具有极显著的正相关。但因土壤有机质矿化率低，所以不像新鲜植物残体那样会对微生物产生迅猛的激发效应，而是持久稳定地向微生物提供能源。正因为如此，含有机质多的土壤肥力平稳而持久，不易产生作物速长或脱肥等现象。

5. 促进植物的生理活性　腐殖酸在一定浓度下可促进植物的生理活性。

（1）腐殖酸盐的稀溶液能改变植物体内糖类代谢，促进还原糖的积累，提高细胞的渗透压，从而增强了作物的抗旱能力。黄腐酸还是某些抗旱剂的主要成分。

（2）能提高过氧化氢酶的活性，加速种子发芽和养分吸收，从而增加生长速度。

（3）能加强作物的呼吸作用，增加细胞膜的通透性，从而提高其对养分的吸收能力，并加速细胞分裂，增强根系的发育。

6. 减少农药和重金属的污染　腐殖质有助于消除土壤中的农药残毒和重金属污染以

及酸性介质中 Al、Mn、Fe 的毒性。特别是褐腐酸能使残留在土壤中的某些农药，如 DDT、三氮杂苯等的溶解度增大，加速其淋出土体，减少污染和毒害。腐殖酸还能和某些金属离子络合，由于络合物的水溶性，而使有毒的金属离子有可能随水排出土体，减少对作物的危害和对土壤的污染。

综上可见，土壤有机质含量的多少，对土壤肥力的高低几乎有决定性作用。因此，正如《中国土壤》一书所说："事实上，除了某些土壤（如盐碱土、冷浸田、沤田等）有其特殊矛盾以外，对于大多数耕种土壤来说，培肥的中心环节就是保持、提高土壤有机质含量。"

土壤有机质的组成决定于进入土壤的有机质，进入土壤的有机质相当复杂。各种动、植物残体的化学成分和含量，因动、植物种类、器官、年龄等不同而有很大的差异。一般情况下，动、植物残体主要的有机化合物有碳水化合物、木质素、蛋白质、树脂、蜡质等。土壤有机质的主要元素组成是 C、O、H 和 N，分别占 52%～58%、3.4%～9%、3.3%～4.8%和 3.7%～4.1%。

（二）土壤有机质含量

1. 第二次土壤普查有机质含量　1982 年第二次土壤普查化验数据统计结果表明，安达市各种土壤有机质含量水平低。安达市第二次土壤普查土壤有机质统计见表 4－19。

表 4－19　安达市土壤有机质统计（第二次土壤普查）

原土壤名称	耕层土壤有机质						现土壤名称
	平均值（克/千克）	标准差	最大值（克/千克）	最小值（克/千克）	极差（克/千克）	样品数（个）	
中层草甸黑钙土	30.37	0	30.54	30.20	0.34	2	中层黄土质草甸黑钙土
薄层碳酸盐草甸黑钙土	29.40	0.43	39.19	20.50	18.70	27	薄层石灰性草甸黑钙土
中层碳酸盐草甸黑钙土	30.80	0.39	34.72	19.71	15.00	13	中层石灰性草甸黑钙土
厚层碳酸盐草甸黑钙土	30.00	0.28	38.42	18.66	19.80	5	厚层石灰性草甸黑钙土
薄层碳酸盐草甸土	30.00	0.84	48.97	13.62	35.40	16	薄层黏壤质石灰性草甸土
中层碳酸盐草甸土	32.60	1.45	54.75	3.19	51.70	7	中层黏壤质石灰性草甸土
厚层碳酸盐草甸土	34.00	0.36	37.51	30.40	7.11	2	厚层黏壤质石灰性草甸土
薄层苏打盐化草甸土	34.10	1.26	46.67	21.46	25.20	2	轻度苏打盐化草甸土
中层苏打盐化草甸土	41.50	1.78	71.75	27.25	46.60	4	中度苏打盐化草甸土
厚层苏打盐化草甸土	35.34	1.35	62.29	10.07	52.20	10	重度苏打盐化草甸土
中层碱化草甸土	21.64	0.24	24.07	19.21	4.86	2	中位苏打碱化草甸土
苏打草甸盐土	14.77	0.80	28.69	3.43	25.30	11	轻度苏打盐化草甸土
浅位柱状草甸碱土	23.88	0.55	29.95	16.70	13.30	3	浅位苏打碱化草甸土
深位柱状草甸碱土	38.41	1.74	55.84	20.97	34.90	2	深位苏打碱化草甸土
黑钙土型黑沙土	26.70	0.39	31.43	20.38	11.10	7	厚层沙壤质石灰性黑钙土

从表 4－19 可以看出，第二次土壤普查安达市土壤有机质含量较低，这与安达市东部地区处于小兴安岭山前冲积倾斜高平原区，中、西、南部地区处于双阳河、乌裕尔河冲积

泛滥低平原区,成土母质主要为第四纪内海沉积物和冲积物发育起来的黄土状黏土母质有关,因此土壤基础肥力低。另外,从直接影响土壤肥力的腐殖质层厚度来看,与黑龙江省其他地、市相比,安达市是比较薄的。安达市有机质含量最低的是苏打草甸盐土,其次是碱化草甸土、浅位柱状草甸碱土、黑钙土型黑沙土和薄层碳酸盐草甸黑钙土,含量分别是14.77 克/千克、21.64 克/千克、23.88 克/千克、26.7 克/千克和 29.4 克/千克,均低于30 克/千克。除中层苏打盐化草甸土含量较高为 41.5 克/千克外,其他均在 30~38 克/千克。

第二次土壤普查,安达市耕地土壤有机质含量大于 60 克/千克的一级地,占安达市耕地总面积的 0.43%;含量为 40~60 克/千克的二级地,占安达市耕地总面积的 0.13%;含量为 30~40 克/千克的三级地,占安达市耕地总面积的 38.79%;含量为 20~30 克/千克的四级地,占安达市耕地总面积的 50.96%;含量为 10~20 克/千克的五级地,占安达市耕地总面积的 9.34%;含量<10 克/千克的六级地,占安达市耕地总面积的 0.35%。说明安达市绝大多数土壤有机质含量在四级地以下,属于黑龙江省偏低地区。

2. 2011 年土壤有机质含量 土壤有机质是土壤系统的基础物质,影响土壤的理化性状,并通过所提供的碳、氮源控制微生物活性,从而在土壤肥力中发挥重要作用。良好的土壤的理化和生物学性状以及土壤的生产力都与土壤有机质的含量和特性密切相关,不同土类的土壤其有机质的含量是不同的。据 2006—2011 年 16 000 多个土样分析结果显示,安达市耕地土壤有机质平均含量为 29.43 克/千克,最小值为 18 克/千克,最大值为 46.3 克/千克,有机质总体居中下等水平,区域分布是东部高于西部。与 1982 年土壤普查时相比,有机质含量水平略有下降,平均每年下降 0.179 个百分点。1982 年与 2011 年有机质状况比较见表 4 - 20。

表 4 - 20 1982 年与 2011 年有机质状况比较

单位:克/千克

年份	平均数	最大值	最小值
1982	31.04	48.97	18.99
2011	29.43	46.30	18.00

1982 年与 2011 年各乡(镇)土壤有机质平均值对比,大部分乡(镇)的土壤有机质含量均在下降。安达镇由于经济作物面积较大,农肥投入大和太平庄乡、先源乡因奶牛存栏数量大,肥料的投入一直以农家肥为主的原因,所以这 3 个乡(镇)有机质均有不同程度的提高。见表 4 - 21。

表 4 - 21 1982 年与 2011 年各乡(镇)土壤有机质平均值对比

乡(镇)	有机质平均值(克/千克)		增减(克/千克)	增减(%)
	1982 年	2011 年		
老虎岗镇	37.26	34.59	-2.67	-7.17
吉星岗镇	34.96	34.83	-0.13	-0.37
任民镇	31.28	28.79	-2.49	-7.96
中本镇	31.19	28.45	-2.74	-8.78

（续）

乡（镇）	有机质平均值（克/千克）		增减（克/千克）	增减（%）
	1982 年	2011 年		
火石山乡	33.64	31.07	−2.57	−7.64
青肯泡乡	31.09	28.11	−2.98	−9.59
安达镇	31.34	32.93	+1.59	+5.07
卧里屯乡	26.32	24.85	−1.47	−5.59
万宝山镇	30.56	28.28	−2.28	−7.46
羊草镇	31.62	28.75	−2.87	−9.08
升平镇	31.22	28.23	−2.99	−9.58
昌德镇	28.67	26.64	−2.03	−7.08
太平庄镇	27.66	28.04	+0.38	+1.37
先源乡	27.75	29.42	+1.67	+6.02
其他	—	30.82	—	—
平　均	31.04	29.43	−1.61	−5.19

在安达市各土壤类型有机质含量统计中，黑钙土、草甸土和风沙土有机质含量较高，沼泽土有机质含量最低。见表 4 - 22。

表 4 - 22　安达市各土壤类型有机质统计

单位：克/千克

土壤类型	黑钙土	草甸土	沼泽土	风沙土
平均值	29.95	29.06	26.40	27.9
最大值	38.8	46.3	27.9	34.4
最小值	18	18.4	25	21.4

土壤质地对土壤的通气性能和土温变化以及土壤微生物的活动有着深刻的影响，与土壤有机质的分解和积累有着密切的关系。土壤通气不良，会影响微生物活动，降低有机质的分解速度及养分的有效性，是造成安达市沼泽土有机质含量低的原因。

根据本次耕地地力调查，将有机质分为 6 级。一级地全市无分布；二级地面积为86.18 公顷，占全市耕地总面积的 0.06%；三级地面积为 53 592.76 公顷，占全市耕地面积的 39.52%；四级地面积为 80 999.85 公顷，占全市耕地面积的 59.73%；五级地面积为 931.21 公顷，占全市耕地面积的 0.69%；六级地全市无分布。与 1982 年相比较，有机质总体略有下降。1982 年一级地已经全部降为二级地及以下，二级地也有所下降；占土壤面积最大的三级、四级地较 1982 年大幅度提升，五级地大部分提升为三级、四级地，六级地已全部提升为四级、五级地。见表 4 - 23。

表 4 - 23　1982 年与 2011 年有机质分级统计比较

级别	有机质（克/千克）	2011 年		1982 年	
		本级耕地面积（公顷）	占全市耕地面积（%）	本级耕地面积（公顷）	占全市耕地面积（%）
一	≥60.0	0	0	500.98	0.43
二	40.0～60.0	86.18	0.06	151.49	0.13
三	30.0～40.0	53 592.76	39.52	45 193.27	38.79
四	20.0～30.0	80 999.85	59.73	59 372.26	50.96
五	10.0～20.0	931.21	0.69	10 881.80	9.34
六	≤10	0	0	407.80	0.35

2011 年安达市各乡（镇）耕地有机质分级面积及占全市耕地面积比例统计见表 4 - 24，各乡（镇）耕地有机质分级面积及占该乡（镇）耕地面积比例统计见表 4 - 25，各乡（镇）耕地有机质分级面积及占该等级面积比例统计 4 - 26，各土壤有机质分级面积及比例统计见表 4 - 27。

表 4 - 24　各乡（镇）耕地有机质分级面积及占全市耕地面积比例统计

乡（镇）	面积（公顷）	二级		三级		四级		五级	
		面积（公顷）	占全市面积比（%）	面积（公顷）	占全市面积比（%）	面积（公顷）	占全市面积比（%）	面积（公顷）	占全市面积比（%）
安达镇	3 764	45.79	0.03	3 561.09	2.63	157.12	0.12	—	—
昌德镇	11 656	—	—	—	—	11 656.00	8.60	—	—
火石山乡	8 409	—	—	4 386.88	3.23	4 022.12	2.97	—	—
吉星岗镇	16 314	—	—	16 314.00	12.03	—	—	—	—
老虎岗镇	13 704	—	—	13 704.00	10.11	—	—	—	—
青肯泡乡	7 882	—	—	414.87	0.31	7 467.13	5.51	—	—
任民镇	8 363	—	—	1 198.16	0.88	7 164.84	5.28	—	—
升平镇	11 656	—	—	1 324.55	0.98	10 331.45	7.62	—	—
太平庄镇	9 134	—	—	1 459.06	1.08	7 674.94	5.66	—	—
万宝山镇	10 277	—	—	1 737.50	1.28	8 539.50	6.30	—	—
卧里屯乡	6 708	—	—	221.83	0.16	5 554.96	4.10	931.21	0.69
先源乡	4 150	—	—	1 379.04	1.02	2 770.96	2.04	—	—
羊草镇	14 991	40.39	0.03	6 512.74	4.80	8 437.87	6.22	—	—
中本镇	6 097	—	—	74.44	0.05	6 022.56	4.44	—	—
其他	2 505	—	—	1 304.60	0.96	1 200.40	0.89	—	—
总计	135 610	86.18	0.06	53 592.76	39.52	80 999.85	59.73	931.21	0.69

表 4-25 各乡（镇）耕地有机质分级面积及占该乡（镇）耕地面积比例统计

乡（镇）	面积（公顷）	二级		三级		四级		五级	
		面积（公顷）	占乡（镇）面积比（%）	面积（公顷）	占乡（镇）面积比（%）	面积（公顷）	占乡（镇）面积比（%）	面积（公顷）	占乡（镇）面积比（%）
安达镇	3 764	45.79	1.22	3 561.09	94.61	157.12	4.17	—	—
昌德镇	11 656	—	—	—	—	11 656.00	100.00	—	—
火石山乡	8 409	—	—	4 386.88	52.17	4 022.12	47.83	—	—
吉星岗镇	16 314	—	—	16 314.00	100.00	—	—	—	—
老虎岗镇	13 704	—	—	13 704.00	100.00	—	—	—	—
青肯泡乡	7 882	—	—	414.87	5.26	7 467.13	94.74	—	—
任民镇	8 363	—	—	1 198.16	14.33	7 164.84	85.67	—	—
升平镇	11 656	—	—	1 324.55	11.36	10 331.45	88.64	—	—
太平庄镇	9 134	—	—	1 459.06	15.97	7 674.94	84.03	—	—
万宝山镇	10 277	—	—	1 737.50	16.91	8 539.50	83.09	—	—
卧里屯乡	6 708	—	—	221.83	3.31	5 554.96	82.81	931.21	13.88
先源乡	4 150	—	—	1 379.04	33.23	2 770.96	66.77	—	—
羊草镇	14 991	40.39	0.27	6 512.74	43.44	8 437.87	56.29	—	—
中本镇	6 097	—	—	74.44	1.22	6 022.56	98.78	—	—
其他	2 505	—	—	1 304.60	52.08	1 200.40	47.92	—	—
总计	135 610	86.18	0.06	53 592.76	39.52	80 999.85	59.73	931.21	0.69

表 4-26 各乡（镇）耕地有机质分级面积及占该等级面积比例统计

乡（镇）	二级		三级		四级		五级	
	面积（公顷）	占该等级面积比（%）	面积（公顷）	占该等级面积比（%）	面积（公顷）	占该等级面积比（%）	面积（公顷）	占该等级面积比（%）
安达镇	45.79	53.13	3 561.09	6.64	157.12	0.19		
昌德镇	—	—	—	—	11 656.00	14.39		
火石山乡	—	—	4 386.88	8.19	4 022.12	4.97		
吉星岗镇	—	—	16 314.00	30.44	—	—		
老虎岗镇	—	—	13 704.00	25.57	—	—		
青肯泡乡	—	—	414.87	0.77	7 467.13	9.22		
任民镇	—	—	1 198.16	2.24	7 164.84	8.85		
升平镇	—	—	1 324.55	2.47	10 331.45	12.75		
太平庄镇	—	—	1 459.06	2.72	7 674.94	9.48		
万宝山镇	—	—	1 737.50	3.24	8 539.50	10.54		
卧里屯乡	—	—	221.83	0.41	5 554.96	6.86	931.21	100.00
先源乡			1 379.04	2.57	2 770.96	3.42		

（续）

乡（镇）	二级		三级		四级		五级	
	面积（公顷）	占该等级面积比（%）	面积（公顷）	占该等级面积比（%）	面积（公顷）	占该等级面积比（%）	面积（公顷）	占该等级面积比（%）
羊草镇	40.39	46.87	6 512.74	12.15	8 437.87	10.42	—	—
中本镇			74.44	0.14	6 022.56	7.44		
其他	—	—	1 304.60	2.43	1 200.40	1.48	—	—
总计	86.18	100.00	53 592.76	100.00	80 999.85	100.00	931.21	100.00

表 4 - 27　各土壤有机质分级面积及比例统计

土类	二级			三级			四级			五级		
	面积（公顷）	占土类（%）	占该级（%）	面积（公顷）	占土类（%）	占该级（%）	面积（公顷）	占土类（%）	占该级（%）	面积（公顷）	占土类（%）	占该级（%）
黑钙土	—	—	—	40 304.75	48.43	75.21	42 852.48	51.49	52.9	65.80	0.08	7.07
草甸土	86.18	0.17	100.00	13 288.01	26.84	24.79	35 672.35	72.05	44.04	464.21	0.94	49.85
沼泽土	—	—	—	—	—	—	113.02	100.00	0.14	—	—	—
风沙土	—	—	—	—	—	—	2 361.90	85.48	2.92	401.20	14.52	43.08
总计	86.18	—	100.00	53 592.76	—	100.00	80 999.85	—	100.00	931.21	—	100.00

从表 4 - 27 可以看出，三级地主要是黑钙土和草甸土各占 75.21% 和 24.79%；四级地各土类均有分布，所占比例分别为：黑钙土占 52.9%，草甸土占 44.04%，沼泽土占 0.14%，风沙土占 2.92%；五级地主要由黑钙土、草甸土和风沙土组成，其中黑钙土仅占 7.07%、草甸土占 49.85%、风沙土占 43.08%；只有极少数的草甸土为二级地，面积仅为 86.18 公顷。

安达市耕地土种有机质分级面积统计见表 4 - 28。

表 4 - 28　安达市耕地土种有机质分级面积统计

单位：公顷

土种	二级	三级	四级	五级
薄层石灰性草甸黑钙土	—	22 428.69	33 667.19	36.60
中层石灰性草甸黑钙土	—	14 623.25	7 759.59	29.20
厚层石灰性草甸黑钙土	—	1 421.81	1 425.80	—
中层黄土质草甸黑钙土	—	1 798.15	—	
厚层黄土质草甸黑钙土	—	32.85		
薄层石灰性潜育草甸土	—	—	440.84	
中层石灰性潜育草甸土	—	32.49	50.20	
厚层石灰性潜育草甸土	—		4.15	
薄层黏壤质石灰性草甸土	42.25	6 130.42	8 851.40	198.48

（续）

土种	二级	三级	四级	五级
中层黏壤质石灰性草甸土	—	471.41	2 143.94	—
厚层黏壤质石灰性草甸土	—	549.46	4 555.69	—
浅位苏打碱化草甸土	—	3.67	1 276.25	—
中位苏打碱化草甸土	—	—	74.47	—
深位苏打碱化草甸土	—	655.56	352.99	22.93
轻度苏打盐化草甸土	28.71	777.36	6 250.92	42.21
中度苏打盐化草甸土	15.22	2 392.05	4 591.44	200.59
重度苏打盐化草甸土	—	2 275.59	7 080.06	—
薄层石灰性草甸沼泽土	—	—	113.02	—
固定草甸风沙土	—	—	2 361.90	401.20
总计	86.18	53 592.76	80 999.85	931.21

通过对安达市 1 832 个样本进行调查测试统计，中层石灰性草甸黑钙土、薄层黏壤质石灰性草甸土、中位苏打碱化草甸土和重度苏打盐化草甸土的有机质平均含量水平较高，含量在 30.0 克/千克以上；安达市有机质最低的土种为中层黄土质草甸黑钙土，达 27.0 克/千克。见表 4 - 29。

表 4 - 29　安达市土种有机质含量统计

单位：克/千克

土种	平均值	最大值	最小值
薄层石灰性草甸黑钙土	29.1	46.3	20.6
中层石灰性草甸黑钙土	30.3	46.3	21.8
厚层石灰性草甸黑钙土	27.8	34.4	21.8
中层黄土质草甸黑钙土	27.0	31.3	20.6
厚层黄土质草甸黑钙土	30.0	45.9	21.4
薄层石灰性潜育草甸土	27.2	34.1	22.7
中层石灰性潜育草甸土	27.3	29.6	22.7
厚层石灰性潜育草甸土	28.6	28.6	28.6
薄层黏壤质石灰性草甸土	30.3	57.8	16.1
中层黏壤质石灰性草甸土	27.4	34.1	22.7
厚层黏壤质石灰性草甸土	30.3	57.3	16.1
浅位苏打碱化草甸土	28.0	29.2	26.7
中位苏打碱化草甸土	31.3	33.8	29.4
深位苏打碱化草甸土	30.7	45.2	24.8
轻度苏打盐化草甸土	28.2	42.8	17.2
中度苏打盐化草甸土	28.2	42.0	21.9
重度苏打盐化草甸土	30.1	46.3	20.6
薄层石灰性草甸沼泽土	27.3	31.4	22.7
固定草甸风沙土	27.9	34.4	21.4

二、土壤酸碱度（pH）

释　　义：土壤酸碱度，代表土壤溶液中氢离子活度的负对数。

英文名称：Soil acidity

数据类型：数值

量　　纲：无

小 数 位：2

极 小 值：0

极 大 值：14

土壤酸碱度是土壤的一个重要属性，是影响植物生长、微生物活动、土壤养分转化与供给的重要因素。

土壤酸碱度，是土壤溶液中氢离子浓度的大小，是由土壤溶液中的铵酸及其盐类，可溶性有机酸和水解的有机无机酸的盐类所引起的。在耕地土壤中受施肥、耕作、灌溉、排水等一系列因素的影响而发生变化，与土壤生物活性有重要关系。酸碱度是土壤的基本性质之一，也是影响土壤肥力的重要因素之一。土壤酸碱度变化分类见表4-30。

表 4-30　土壤酸碱度变化分类

酸碱度	强酸	酸性	中性	碱性	强碱性
pH	<5.0	5.0~6.5	6.5~7.5	7.5~8.5	>8.5

1. 第二次土壤普查酸碱度　1982年，第二次土壤普查安达市各土壤类型酸碱度统计见表4-31。

表 4-31　安达市土壤的 pH 统计（第二次土壤普查）

土壤名称	pH	土壤名称	pH	土壤名称	pH
薄层碳酸盐草甸黑钙土	8.57	薄层盐碱化草甸土	9.01	浅位柱状苏打草甸碱土	9.17
中层碳酸盐草甸黑钙土	8.48	中层盐碱化草甸土	9.01	中位柱状苏打草甸碱土	9.30
厚层碳酸盐草甸黑钙土	8.47	厚层盐碱化草甸土	8.80	深位柱状苏打草甸碱土	9.37
薄层碳酸盐草甸土	8.50	薄层盐化草甸土	8.85	黑钙土型黑沙土	8.72
中层碳酸盐草甸土	8.94	中层盐化草甸土	9.05		
厚层碳酸盐草甸土	8.58	厚层盐化草甸土	9.10		
薄层碳酸盐潜育草甸土	8.80	轻盐化草甸沼泽土	9.31		
中层碳酸盐潜育草甸土	8.50	苏打草甸盐土	9.80		
厚层碳酸盐潜育草甸土	8.75	苏打-氯化物草甸盐土	9.71		
薄层苏打盐化草甸土	9.00	苏打-硫酸盐草甸盐土	9.05		
中层苏打盐化草甸土	8.66	厚层碱化盐土	10.10		
厚层苏打盐化草甸土	9.01	积水沼泽化苏打盐土	10.05		
中层硫酸盐化草甸土	9.10	结皮苏打草甸碱土	10.10		

2. 2011 年土壤酸碱度 通过数据库筛选分析，耕地土壤 pH 大于 8.5 的区域分布在安达市的北部和西部部分乡（镇），如太平庄镇、万宝山镇、任民镇、昌德镇等。pH 小于 8 的区域主要是火石山乡。pH 在 8～8.5 的区域最大，分布在全市大部分地区。见表 4-32。

表 4-32 安达市各乡（镇）土壤 pH 统计

乡（镇）	平均值	最大值	最小值
老虎岗镇	8.2	8.9	7.9
吉星岗镇	8.3	8.5	7.8
任民镇	8.6	8.9	7.8
中本镇	8.3	8.7	8.1
火石山乡	7.8	8.4	7.6
青肯泡乡	8.3	8.8	7.8
安达镇	8.3	8.9	7.6
卧里屯乡	8.2	8.8	7.7
万宝山镇	8.8	9.3	8.0
羊草镇	8.2	8.8	7.9
升平镇	8.3	9.7	8.0
昌德镇	8.6	9.0	8.0
太平庄镇	9.0	9.2	8.3
先源乡	8.3	9.1	8.0
其他	8.2	8.4	8.1

本次耕地地力评价，安达市土壤 pH 最大值为 9.7，最小值为 7.6，平均值为 8.4，与 1982 年相比 pH 降低了 0.5。见表 4-33。

表 4-33 安达市 2011 年与 1982 年土壤 pH 比较

项 目	1982 年	2011 年
平均值	8.9	8.4
最小值	8.3	7.6
最大值	9.8	9.7

本次耕地地力评价，黑钙土和草甸土 pH 较低，沼泽土 pH 较高。见表 4-34。

表 4-34 安达市 2011 年各土壤类型 pH 统计

土壤类型	黑钙土	草甸土	沼泽土	风沙土
平均值	8.3	8.4	8.6	8.3
最大值	9.2	9.7	8.7	8.6
最小值	7.7	7.6	8.3	7.8

第二次土壤普查与本次耕地地力评价相比，各土类土壤 pH 均有不同程度的降低，沼泽土降得最多。见表 4-35。

表 4-35 2011 年与 1982 年各土壤类型 pH 平均值比较

年份	黑钙土	草甸土	沼泽土	风沙土
1982	8.51	8.85	9.55	8.72
2011	8.30	8.42	8.57	8.30

土壤 pH 碱性下降的原因，一是生理酸性肥料的施用，硫酸钾和氯化钾都是生理酸性肥，长期施用会使土壤的碱性被中和；二是与大量施用复合肥有关；三是安达市长期以来玉米连作，受玉米根系吸收与分泌的影响，使土壤碱性下降；四是种植年限的增多，土壤受雨水冲刷，也会使土壤中可溶性钠离子和盐分受到冲刷，使 pH 下降。

安达市各乡（镇）土壤 pH 分类面积及占耕地面积比统计见表 4-36，各乡（镇）pH 分类面积及占该乡（镇）面积比统计见表 4-37，各乡（镇）分类面积及占该类面积比统计见表 4-38，各土壤类型 pH 分类面积及占该土类、该类面积比例统计见表 4-39。

表 4-36 各乡（镇）土壤 pH 分类面积及占耕地面积比统计

乡（镇）	面积（公顷）	碱性		强碱性	
		面积（公顷）	占耕地面积比（%）	面积（公顷）	占耕地面积比（%）
安达镇	3 764	2 798.91	2.06	965.09	0.71
昌德镇	11 656	6 088.13	4.49	5 567.87	4.11
火石山乡	8 409	8 409.00	6.20	—	—
吉星岗镇	16 314	16 314.00	12.03	—	—
老虎岗镇	13 704	13 456.38	9.92	247.62	0.18
青肯泡乡	7 882	7 872.39	5.81	9.61	0.01
任民镇	8 363	1 233.90	0.91	7 129.10	5.26
升平镇	11 656	10 190.26	7.51	1 465.74	1.08
太平庄镇	9 134	1 228.79	0.91	7 905.21	5.83
万宝山镇	10 277	4 137.83	3.05	6 139.17	4.53
卧里屯乡	6 708	6 405.98	4.72	302.02	0.22
先源乡	4 150	3 267.21	2.41	882.79	0.65
羊草镇	14 991	14 929.69	11.01	61.31	0.05
中本镇	6 097	6 070.44	4.48	26.56	0.02
其他	2 505	2 505.00	1.85	—	—
总计	135 610	104 907.91	77.36	30 702.09	22.64

表 4 - 37　各乡（镇）土壤 pH 分类面积及占该乡（镇）面积比统计

乡（镇）	面积（公顷）	碱　性		强碱性	
		面积（公顷）	占该乡（镇）面积比（%）	面积（公顷）	占该乡（镇）面积比（%）
安达镇	3 764.00	2 798.91	74.36	965.09	25.64
昌德镇	11 656.00	6 088.13	52.23	5 567.87	47.77
火石山乡	8 409.00	8 409.00	100.00	—	—
吉星岗镇	16 314.00	16 314.00	100.00	—	—
老虎岗镇	13 704.00	13 456.38	98.19	247.62	1.81
青肯泡乡	7 882.00	7 872.39	99.88	9.61	0.12
任民镇	8 363.00	1 233.90	14.75	7 129.10	85.25
升平镇	11 656.00	10 190.26	87.42	1 465.74	12.58
太平庄镇	9 134.00	1 228.79	13.45	7 905.21	86.55
万宝山镇	10 277.00	4 137.83	40.26	6 139.17	59.74
卧里屯乡	6 708.00	6 405.98	95.50	302.02	4.50
先源乡	4 150.00	3 267.21	78.73	882.79	21.27
羊草镇	14 991.00	14 929.69	99.59	61.31	0.41
中本镇	6 097.00	6 070.44	99.56	26.56	0.44
其他	2 505.00	2 505.00	100.00	—	—
总计	135 610.00	104 907.91	77.36	30 702.09	22.64

表 4 - 38　各乡（镇）pH 分类面积及占该类面积比统计

乡（镇）	碱　性		强碱性	
	面积（公顷）	占该类面积比（%）	面积（公顷）	占该类面积比（%）
安达镇	2 798.91	2.67	965.09	3.14
昌德镇	6 088.13	5.80	5 567.87	18.14
火石山乡	8 409.00	8.02	—	—
吉星岗镇	16 314.00	15.55	—	—
老虎岗镇	13 456.38	12.83	247.62	0.81
青肯泡乡	7 872.39	7.50	9.61	0.03
任民镇	1 233.90	1.18	7 129.10	23.22
升平镇	10 190.26	9.71	1 465.74	4.77
太平庄镇	1 228.79	1.17	7 905.21	25.75
万宝山镇	4 137.83	3.94	6 139.17	20.00
卧里屯乡	6 405.98	6.11	302.02	0.98
先源乡	3 267.21	3.11	882.79	2.88

（续）

乡（镇）	碱　性		强碱性	
	面积 （公顷）	占该类 面积比（%）	面积 （公顷）	占该类 面积比（%）
羊草镇	14 929.69	14.23	61.31	0.20
中本镇	6 070.44	5.79	26.56	0.09
其他	2 505.00	2.39	—	—
总计	104 907.91	100.00	30 702.09	100.00

表 4 - 39　安达市各土壤类型 pH 分类面积及占该土类、该类面积比统计

土　类	碱　性			强碱性		
	面积 （公顷）	占该土类 （%）	占该类 （%）	面积 （公顷）	占该土类 （%）	占该类 （%）
黑钙土	72 149.81	86.69	68.77	11 073.34	13.31	36.07
草甸土	30 974.19	62.56	29.53	18 536.55	37.44	60.37
沼泽土	43.40	38.40	0.04	69.62	61.60	0.23
风沙土	1 740.51	63.00	1.66	1 022.58	37.00	3.33
合计	104 907.91	77.36	100	30 702.09	22.64	100.00

安达市耕地 pH 为碱性面积最大的是黑钙土，占碱性土面积的 68.77%；其次是草甸土，占碱性土面积的 29.53%；再次是风沙土，占碱性土面积的 1.66%；最后是沼泽土，占碱性土面积的 0.04%。pH 强碱性面积较大的是草甸土，占该级面积的 60.37%；其次是黑钙土，占该级面积的 36.07%；再次是风沙土，占该级面积的 3.33%；最后是沼泽土，占该级面积的 0.23%。

按土类分，黑钙土中 86.69% 的土壤呈碱性，13.31% 的土壤呈强碱性；草甸土中 62.56% 的土壤呈碱性，37.44% 的土壤呈强碱性；沼泽土中 38.4% 的土壤呈碱性，61.60% 的土壤呈强碱性；风沙土中 63.0% 的土壤呈碱性，37.0% 的土壤呈强碱性。从各土类的面积比例来看安达市各土类的大多数土壤呈碱性，占总耕地面积的 77.36%，22.64% 的土壤呈强碱。见表 4 - 40。

表 4 - 40　安达市耕地各土种 pH 分类面积统计

单位：公顷

土种	碱性	强碱性
薄层石灰性草甸黑钙土	46 369.42	9 763.08
中层石灰性草甸黑钙土	21 354.40	1 057.65
厚层石灰性草甸黑钙土	2 595.00	252.61
中层黄土质草甸黑钙土	1 798.15	—
厚层黄土质草甸黑钙土	32.85	—

（续）

土种	碱性	强碱性
薄层石灰性潜育草甸土	250.66	190.18
中层石灰性潜育草甸土	82.69	—
厚层石灰性潜育草甸土	—	4.14
薄层黏壤质石灰性草甸土	10 591.64	4 630.91
中层黏壤质石灰性草甸土	1 789.80	825.55
厚层黏壤质石灰性草甸土	3 824.56	1 280.60
浅位苏打碱化草甸土	1 046.05	233.86
中位苏打碱化草甸土	74.47	—
深位苏打碱化草甸土	933.44	98.05
轻度苏打盐化草甸土	4 089.56	3 009.64
中度苏打盐化草甸土	6 530.42	668.89
重度苏打盐化草甸土	1 760.90	7 594.75
薄层石灰性草甸沼泽土	43.40	69.62
固定草甸风沙土	1 740.51	1 022.58
总计	104 907.91	30 702.09

综上所述，安达市土壤多为盐碱土，通过近30年的耕作与治理，与第二次土壤普查时比，耕地土壤平均pH由8.9降为8.4。虽有所降低，但从各乡（镇）所占分类面积比例来看，安达市耕地土壤pH为强碱性的耕地，除吉星岗镇和火石山乡以外的其他乡（镇）均有分布，占全市耕地面积的22.64%，今后应特别注意对这部分土壤的改良与治理。

2011年安达市各土种pH统计见表4-41。

表4-41 安达市各土种pH统计（2011年）

土种	平均值	最大值	最小值
薄层石灰性草甸黑钙土	8.3	9.2	7.7
中层石灰性草甸黑钙土	8.2	8.9	7.7
厚层石灰性草甸黑钙土	8.3	8.9	7.9
中层黄土质草甸黑钙土	8.1	8.4	7.9
厚层黄土质草甸黑钙土	8.1	9.0	7.6
薄层石灰性潜育草甸土	8.5	9.1	8.0
中层石灰性潜育草甸土	8.3	8.3	8.2
厚层石灰性潜育草甸土	9.2	9.2	9.1
薄层黏壤质石灰性草甸土	8.3	9.3	7.7

（续）

土种	平均值	最大值	最小值
中层黏壤质石灰性草甸土	8.6	9.2	7.7
厚层黏壤质石灰性草甸土	8.5	9.2	8.0
浅位苏打碱化草甸土	8.5	8.9	7.9
中位苏打碱化草甸土	8.2	8.3	8.1
深位苏打碱化草甸土	8.2	9.2	7.8
轻度苏打盐化草甸土	8.5	9.7	7.7
中度苏打盐化草甸土	8.3	9.2	7.7
重度苏打盐化草甸土	8.5	9.2	7.7
薄层石灰性草甸沼泽土	8.7	8.7	8.7
固定草甸风沙土	8.3	8.6	7.8

从表4-41的数据分析得出，草甸土盐碱化较严重。与第二次土壤普查比盐土和碱土的 pH 变化较大，尤其是苏打碱化草甸土和苏打盐化草甸土变幅最大。

安达市土壤 pH 平均值，在不同区域、不同地形条件下其变幅有差异，这是由于土壤有机质含量不同、土壤缓冲能力差异造成的。大量使用生理酸性的低含量复合肥及酸性降雨是造成土壤 pH 变化的主要因素。目前土壤酸碱度对养分的有效性影响也很大，如中性土壤中磷的有效性大，碱性土壤中中微量元素（锰、铜、锌等）的有效性小。在农业生产中应该注意土壤的酸碱度，积极采取措施，加以调节。

三、土壤全氮

释　　义：土壤中的全氮含量，表示氮素的供应容量，是土壤中无机态氮和有机态氮的总和。

英文名称：Total nitrogen

数据类型：数值

量　　纲：克/千克

小　数　位：3

极　小　值：0

极　大　值：20

土壤中的氮素是作物营养中最主要的元素，土壤碱解氮是土壤供氮能力的重要指标，在测土配方施肥的实践中有重要的意义。

1. 第二次土壤普查全氮含量　第二次土壤普查化验数据统计结果表明，安达市全氮平均值为 1.540～1.980 克/千克，属于中等水平；从最大值来看最高的 2.290 克/千克，属于二级上等水平。安达市第二次土壤普查各乡（镇）土壤全氮量统计见表4-42。

表 4－42　安达市各乡（镇）土壤全氮量统计（第二次土壤普查）

乡（镇）	耕层土壤全氮含量					样品数（个）
	平均值（克/千克）	最大值（克/千克）	最小值（克/千克）	极差（克/千克）	标准差	
万宝山镇	1.82	2.16	1.48	0.68	0.19	12
任民镇	1.85	1.29	0.95	0.34	0.09	15
安达镇	1.54	0.18	1.88	1.16	0.72	10
老虎岗镇	1.95	2.03	1.68	0.35	0.16	16
卧里屯乡	1.71	2.20	1.44	0.76	0.23	9
羊草镇	1.79	2.47	1.57	0.39	0.19	18
吉星岗镇	1.98	2.29	1.80	0.49	0.20	10
太平庄镇	2.00	2.20	1.59	0.61	0.09	6
青肯泡乡	1.70	1.92	1.46	0.49	0.15	10
昌德镇	1.70	1.95	1.16	0.79	0.20	12
火石山乡	1.97	2.23	1.62	0.61	2.23	10
升平镇	1.60	1.81	1.46	0.41	0.12	11
中本镇	1.60	1.86	1.33	0.53	0.17	8
先源乡	1.81	2.20	1.40	0.57	0.29	12

2. 2011 年土壤全氮含量　安达市耕地土壤中全氮含量平均值为 1.824 克/千克，最小值为 1.100 克/千克，最大值为 9.800 克/千克。全氮总体居中等水平，区域分布是东、中部高于西部。与 1982 年土壤普查时相比，全氮含量水平略有下降，平均每年下降 0.22 个百分点。1982 年与 2011 年全氮含量比较见表 4－43。

表 4－43　1982 年与 2011 年全氮含量比较

单位：克/千克

年份	平均值	最大值	最小值
1982	1.938	7.040	0.030
2011	1.824	9.800	1.100

在安达市各土类全氮含量中，草甸土全氮含量最高，黑钙土和沼泽土全氮含量较高，风沙土全氮含量最低。见表 4－44。

表 4－44　安达市各土壤类型全氮统计（2011 年）

单位：克/千克

土壤类型	黑钙土	草甸土	沼泽土	风沙土
平均值	1.804	1.839	1.833	1.468
最大值	9.800	9.800	2.200	1.800
最小值	1.100	1.100	1.600	1.300

全国、黑龙江省全氮含量分级标准对照见表4-45，2011年安达市各乡（镇）土壤全氮分级面积及占耕地地面积比例统计见表4-46～表4-48，2011年安达市各土类土壤全氮分级面积及比例统计见表4-49，2011年各土种全氮分级面积统计见表4-50。

表4-45　全国、黑龙江省全氮含量分级标准对照

单位：克/千克

单位	一级	二级	三级	四级	五级
全国	>2.0	1.5～2.0	1.0～1.5	0.75～1.0	0.5～0.75
黑龙江省	>4.0	2.0～4.0	1.5～2.0	1.0～1.5	<1.0

表4-46　各乡（镇）土壤全氮分级面积及占耕地面积比例统计（2011年）

乡（镇）	面积（公顷）	一级		二级		三级		四级	
		面积（公顷）	占耕地面积比（%）	面积（公顷）	占耕地面积比（%）	面积（公顷）	占耕地面积比（%）	面积（公顷）	占耕地面积比（%）
安达镇	3 764	—	—	—	—	3 207.97	2.37	556.03	0.41
昌德镇	11 656	—	—	952.50	0.70	5 234.74	3.86	5 468.76	4.03
火石山乡	8 409	—	—	2 100.12	1.55	6 308.88	4.65	—	—
吉星岗镇	16 314	—	—	10 847.04	8.00	5 466.96	4.03	—	—
老虎岗镇	13 704	—	—	8 155.57	6.01	4 849.99	3.58	698.44	0.52
青肯泡乡	7 882	—	—	3.90	0.00	7 878.10	5.81	—	—
任民镇	8 363	—	—	1 029.86	0.76	2 121.72	1.56	5 211.42	3.84
升平镇	11 656	3 590.94	2.65	6 302.49	4.65	1 248.13	0.92	514.44	0.38
太平庄镇	9 134	—	—	8 329.20	6.14	804.80	0.59	—	—
万宝山镇	10 277	935.72	0.69	295.36	0.22	6 746.87	4.98	2 299.05	1.70
卧里屯乡	6 708	—	—	30.48	0.02	6 292.82	4.64	384.70	0.28
先源乡	4 150	—	—	145.48	0.11	1 505.33	1.11	2 499.19	1.84
羊草镇	14 991	—	—	896.64	0.66	10 648.87	7.85	3 445.49	2.54
中本镇	6 097	—	—	—	—	2 903.93	2.14	3 193.07	2.35
其他	2 505	—	—	1 502.52	1.11	1 002.48	0.74	—	—
总计	135 610	4 526.66	3.34	40 591.16	29.93	66 221.59	48.83	24 270.59	17.90

表4-47　各乡（镇）土壤全氮分级面积及占该乡（镇）耕地面积比例统计（2011年）

乡（镇）	面积（公顷）	一级		二级		三级		四级	
		面积（公顷）	占该乡（镇）耕地面积比（%）	面积（公顷）	占该乡（镇）耕地面积比（%）	面积（公顷）	占该乡（镇）耕地面积比（%）	面积（公顷）	占该乡（镇）耕地面积比（%）
安达镇	3 764	—	—	—	—	3 207.97	85.23	556.03	14.77
昌德镇	11 656	—	—	952.50	8.17	5 234.74	44.91	5 468.76	46.92
火石山乡	8 409	—	—	2 100.12	24.97	6 308.88	75.03	—	—

（续）

乡（镇）	面积（公顷）	一级		二级		三级		四级	
		面积（公顷）	占该乡（镇）耕地面积比（%）	面积（公顷）	占该乡（镇）耕地面积比（%）	面积（公顷）	占该乡（镇）耕地面积比（%）	面积（公顷）	占该乡（镇）耕地面积比（%）
吉星岗镇	16 314	—	—	10 847.04	66.49	5 466.96	33.51	—	—
老虎岗乡	13 704			8 155.57	59.51	4 849.99	35.39	698.44	5.10
青肯泡乡	7 882			3.90	0.05	7 878.10	99.95	—	—
任民镇	8 363			1 029.86	12.31	2 121.72	25.37	5 211.42	62.32
升平镇	11 656	3 590.94	30.81	6 302.49	54.07	1 248.13	10.71	514.44	4.41
太平庄镇	9 134			8 329.20	91.19	804.80	8.81		
万宝山镇	10 277	935.72	9.10	295.36	2.87	6 746.87	65.65	2 299.05	22.37
卧里屯乡	6 708			30.48	0.45	6 292.82	93.81	384.70	5.74
先源乡	4 150			145.48	3.51	1 505.33	36.27	2 499.19	60.22
羊草镇	14 991			896.64	5.98	10 648.87	71.04	3 445.49	22.98
中本镇	6 097	—	—			2 903.93	47.63	3 193.07	52.37
其他	2 505	—	—	1 502.52	59.98	1 002.48	40.02	—	—
总计	135 610	4 526.66	3.34	40 591.16	29.93	66 221.59	48.83	24 270.59	17.90

表 4-48　各乡（镇）土壤全氮分级面积及占该级耕地面积比例统计（2011 年）

乡（镇）	面积（公顷）	一级		二级		三级		四级	
		面积（公顷）	占该级耕地面积比（%）	面积（公顷）	占该级耕地面积比（%）	面积（公顷）	占该级耕地面积比（%）	面积（公顷）	占该级耕地面积比（%）
安达镇	3 764	—	—	—	—	3 207.97	4.84	556.03	2.29
昌德镇	11 656	—	—	952.50	2.35	5 234.74	7.90	5 468.76	22.53
火石山乡	8 409	—	—	2 100.12	5.17	6 308.88	9.53		
吉星岗镇	16 314	—	—	10 847.04	26.72	5 466.96	8.26		
老虎岗镇	13 704	—	—	8 155.57	20.09	4 849.99	7.32	698.44	2.88
青肯泡乡	7 882	—	—	3.90	0.01	7 878.10	11.90		
任民镇	8 363	—	—	1 029.86	2.54	2 121.72	3.20	5 211.42	21.47
升平镇	11 656	3 590.94	79.33	6 302.49	15.53	1 248.13	1.88	514.44	2.12
太平庄镇	9 134	—	—	8 329.20	20.52	804.80	1.22		
万宝山镇	10 277	935.72	20.67	295.36	0.73	6 746.87	10.19	2 299.05	9.47
卧里屯乡	6 708			30.48	0.08	6 292.82	9.50	384.70	1.59
先源乡	4 150			145.48	0.36	1 505.33	2.27	2 499.19	10.30
羊草镇	14 991	—	—	896.64	2.21	10 648.87	16.08	3 445.49	14.20
中本镇	6 097					2 903.93	4.39	3 193.07	13.16
其他	2 505	—	—	1 502.52	3.70	1 002.48	1.51	—	—
总计	135 610	4 526.66	100.00	40 591.16	100.00	66 221.59	100.00	24 270.59	100.00

表 4-49　安达市各土类土壤全氮分级面积及比例统计（2011 年）

土类	一级			二级			三级			四级		
	面积（公顷）	占土类（%）	占该级（%）	面积（公顷）	占土类（%）	占该级（%）	面积（公顷）	占土类（%）	占该级（%）	面积（公顷）	占土类（%）	占该级（%）
黑钙土	2 338.01	3.5	51.65	11 202.53	16.76	27.6	40 820.1	61.06	61.64	12 493.98	18.69	51.48
草甸土	2 188.65	4.42	48.35	12 976.7	26.21	31.97	23 602.18	47.67	35.64	10 743.21	21.7	44.26
沼泽土	—	—	—	43.4	38.4	0.11	69.62	61.6	0.11	—	—	—
风沙土	—	—	—	16 368.53	85.56	40.32	1 729.69	9.04	2.61	1 033.4	5.4	4.26
合计	4 526.66	—	100	40 591.16	—	100	66 221.59	—	100	24 270.59	—	100

表 4-50　安达市耕地土种全氮分级面积统计（2011 年）

单位：公顷

土种	一级	二级	三级	四级
薄层石灰性草甸黑钙土	2 262.76	8 696.94	28 318.51	9 182.69
中层石灰性草甸黑钙土	—	674.59	10 564.31	3 150.80
厚层石灰性草甸黑钙土	75.25	1 798.15	1 937.27	160.49
中层黄土质草甸黑钙土	—	32.85	—	—
厚层黄土质草甸黑钙土	—	187.93		
薄层石灰性潜育草甸土	139.72	42.02	80.06	33.13
中层石灰性潜育草甸土	—	0.65	38.25	2.42
厚层石灰性潜育草甸土	—	2 502.78	3.49	—
薄层黏壤质石灰性草甸土	442.68	225.41	8 751.67	3 525.42
中层黏壤质石灰性草甸土	64.41	1 499.03	1 568.67	756.87
厚层黏壤质石灰性草甸土	—	16.10	1 498.35	2 107.78
浅位苏打碱化草甸土	—	—	1 135.15	128.65
中位苏打碱化草甸土	—	63.83	22.65	51.82
深位苏打碱化草甸土	16.28	256.77	304.29	647.08
轻度苏打盐化草甸土	462.45	1 609.67	4 031.80	2 348.18
中度苏打盐化草甸土	1 063.11	6 572.51	4 301.91	224.62
重度苏打盐化草甸土	—	43.40	1 865.90	917.24
薄层石灰性草甸沼泽土			69.62	
固定草甸风沙土	—	16 368.53	1 729.69	1 033.40
总计	4 526.66	40 591.16	66 221.59	24 270.59

从表 4-45～表 4-50 可以看出，安达市耕地全氮各级养分含量水平均为黑钙土分布面积最大，其次是草甸土，沼泽土集中分布于二级、三级；风沙土分布于二级、三级和四级。

按土类分，黑钙土中 61.06% 的土壤为三级，16.76% 的土壤为二级，18.69% 的土壤为四级，3.49% 的土壤为一级；草甸土中 47.67% 的土壤为三级，26.21% 的土壤为二级，21.70% 为四级，4.42% 的土壤为一级；沼泽土中 61.60% 的土壤为三级，38.40% 为二级；风沙土中 85.56% 的土壤为二级，9.04% 的土壤为三级，5.4% 的土壤为四级。从各土类的面积比例来看，各土类大面积土壤处于二级、三级水平。

从各乡（镇）土壤全氮分级面积比例来看，安达市耕地全氮养分含量水平为一级的面积较大的是升平镇，占该级耕地面积的 79.33%；其次是万宝山镇，占该级耕地面积的 20.67%。二级中面积较大的是吉星岗镇，占该级耕地面积的 26.72%；其次是太平庄镇，占该级耕地面积的 20.52%；再次是老虎岗镇，占该级耕地面积的 20.09%。三级中面积较大的是羊草镇，占该级耕地面积的 16.08%；其次是青肯泡乡，占该级耕地面积的 11.9%；再次是万宝山镇，占该级耕地面积的 10.19%。四级中面积较大的是昌德镇，占该级耕地面积的 22.53%；其次是任民镇，占该级耕地面积的 21.47%；再次是羊草镇，占该级耕地面积的 14.2%。

安达市各土种全氮测试含量统计见表 4-51，安达市各乡（镇）全氮测试含量统计见表 4-52。

表 4-51　安达市各土种全氮测试含量统计

单位：克/千克

土种	平均值	最大值	最小值
薄层石灰性草甸黑钙土	1.799	8.200	1.100
中层石灰性草甸黑钙土	1.762	3.600	1.200
厚层石灰性草甸黑钙土	2.073	8.200	1.200
中层黄土质草甸黑钙土	2.150	2.300	2.000
厚层黄土质草甸黑钙土	2.100	2.100	2.100
薄层石灰性潜育草甸土	3.692	6.900	1.400
中层石灰性潜育草甸土	1.686	2.000	1.400
厚层石灰性潜育草甸土	1.950	2.100	1.800
薄层黏壤质石灰性草甸土	1.717	6.800	1.100
中层黏壤质石灰性草甸土	1.999	2.100	1.800
厚层黏壤质石灰性草甸土	1.468	1.800	1.300
浅位苏打碱化草甸土	1.544	2.000	1.400
中位苏打碱化草甸土	1.450	1.500	1.400
深位苏打碱化草甸土	1.608	4.800	1.300
轻度苏打盐化草甸土	1.918	9.800	1.300
中度苏打盐化草甸土	2.125	8.000	1.300
重度苏打盐化草甸土	1.764	3.000	1.300
薄层石灰性草甸沼泽土	1.833	2.200	1.600
固定草甸风沙土	1.468	1.800	1.300

表 4 - 52　安达市各乡（镇）全氮测试含量统计

乡（镇）	平均值	最大值	最小值
老虎岗镇	2.042	3.600	1.200
吉星岗镇	1.975	2.700	1.600
任民镇	1.627	2.600	1.100
中本镇	1.433	1.800	1.300
火石山乡	1.884	3.100	1.500
青肯泡乡	1.629	2.000	1.500
安达镇	1.562	1.800	1.300
卧里屯乡	1.577	2.000	1.400
万宝山镇	2.213	9.800	1.300
羊草镇	1.556	2.400	1.300
升平镇	3.089	8.200	1.300
昌德镇	1.507	2.200	1.300
太平庄镇	2.114	2.800	1.700
先源乡	1.574	2.100	1.100
其他	2.188	3.340	1.700

以上调查数据结果表明，安达市的全氮含量无论是按土壤类别划分还是按照行政区域划分，大多数土壤全氮处于二级、三级，土壤全氮含量属于中等水平。

四、土壤碱解氮

释　　义：用碱解扩散法测得的土壤中可被植物吸收的氮量。

英文名称：Alkali‐hydrolysabie nitrogen

数据类型：数值

量　　纲：毫克/千克

小 数 位：1

极 小 值：0

极 大 值：999.9

备　　注：1 摩尔/NaOH 碱解扩散法

土壤中水解性氮或称碱解氮，也叫有效氮，能反映土壤近期内氮素供应情况，包括无机态氮（铵态氮、硝态氮）及易水解的有机态氮（氨基酸、酰胺和易水解蛋白质）。土壤有效氮量与作物生长关系密切，因此它在推荐施肥中意义更大。

1. 第二次土壤普查碱解氮含量　不同土壤的有机质和全氮含量不同，所处环境条件不同，故碱解氮含量也有差异。安达市第二次土壤普查主要土壤类型碱解氮含量见表 4 - 53。

表 4-53　安达市土壤碱解氮统计（第二次土壤普查）

土壤类型	耕层碱解氮含量					样品数（个）
	平均值（毫克/千克）	标准差	最大值（毫克/千克）	最小值（毫克/千克）	极差（毫克/千克）	
中层草甸黑钙土	174.40	0	177.4	177.4	0	2
薄层碳酸盐草甸黑钙土	184.83	36.20	254.5	60.1	194.4	27
中层碳酸盐草甸黑钙土	178.29	28.21	218.4	109.0	109.4	14
厚层碳酸盐草甸黑钙土	168.40	25.15	207.5	138.3	69.2	5
薄层碳酸盐草甸土	162.94	36.44	211.0	87.3	123.7	14
中层碳酸盐草甸土	167.23	29.30	211.8	118.4	93.4	7
厚层碳酸盐草甸土	158.80	21.80	180.6	137.0	43.6	2
薄层苏打盐化草甸土	138.30	65.50	203.8	72.8	131.0	2
厚层苏打盐化草甸土	182.70	41.10	277.5	120.5	157.0	10
中层碱化草甸土	119.90	10.90	130.8	109.0	21.8	2
黑钙土型黑沙土	149.17	16.65	165.0	112.1	52.9	7

　　第二次土壤普查安达市主要土壤的碱解氮的含量，一般都在150～185毫克/千克，说明安达市绝大多数地块的碱解氮含量较高，属于中上等水平。从安达市土壤碱解氮不同等级面积比例来看，碱解氮含量大于200毫克/千克的一级地占总耕地面积的23.8%，碱解氮含量为150～200毫克/千克的二级地占总耕地面积的60.7%，碱解氮含量为120～150毫克/千克的三级地占总耕地面积的9.5%，碱解氮含量为90～120毫克/千克的四级地占总耕地面积的1.8%，碱解氮含量为60～90毫克/千克的五级地占总耕地面积的3.6%，碱解氮含量为30～60毫克/千克的六级地占总耕地面积的0.4%，碱解氮含量小于30毫克/千克的七级地占总耕地面积的0.2%，说明安达市绝大多数地块的碱解氮的含量较高，属于中上等水平。见表4-54。

表 4-54　安达市土壤碱解氮分级面积统计（第二次土壤普查）

级别	碱解氮（毫克/千克）	面积（公顷）	占比（%）
一	＞200	27 728.80	23.8
二	150～200	70 720.13	60.7
三	120～150	11 068.27	9.5
四	90～120	2 097.13	1.8
五	60～90	4 191.27	3.6
六	30～60	466.00	0.4
七	＜30	233.00	0.2
合计		116 507.60	100

　　2. 2011 年土壤碱解氮含量　根据2011年化验数据分析，安达市土壤碱解氮平均值为

131.7毫克/千克，最大值为284.7毫克/千克，最小值为30.2毫克/千克。根据碱解氮数据库及分级标准汇总得出，全市耕地土壤碱解氮为一级水平的面积11 458.22公顷，占耕地总面积的8.45%；碱解氮为二级水平的面积35 635.70公顷，占耕地总面积的26.28%；碱解氮含量为三级水平的面积80 532.82公顷，占耕地总面积的59.39%；碱解氮含量为四级水平的面积6 305.40公顷，占耕地总面积的4.65%；碱解氮含量为五级水平的面积1 667.86公顷，占耕地总面积的1.23%。碱解氮分级标准见表4-55，安达市2011年与1982年碱解氮分级统计见表4-56。

表4-55　碱解氮分级标准

单位：毫克/千克

单位	一级	二级	三级	四级	五级	六级
全国	>150	120～150	90～120	60～90	30～60	≤30
黑龙江省	>200	150～200	120～150	90～120	60～90	≤60

表4-56　2011年与1982年碱解氮分级统计

级别	碱解氮（毫克/千克）	2011年		1982年	
		耕地面积（公顷）	占总耕地面积（%）	耕地面积（公顷）	占总耕地面积（%）
一	≥200	11 459.06	8.45	27 728.81	23.8
二	150～200	35 638.33	26.28	70 720.11	60.7
三	100～150	80 538.77	59.39	13 165.35	11.3
四	50～100	6 305.86	4.65	4 194.27	3.6
五	≤50	1 667.98	1.23	699.06	0.6

本次耕地地力评价，安达市土壤碱解氮含量均在131.7毫克/千克以上，与第二次土壤普查结果比较，土壤中碱解氮水平大幅度下降。全市碱解氮含量水平平均下降了40.94毫克/千克，平均下降了23.71%。1982年与2011年各乡（镇）土壤碱解氮平均值对比见表4-57，安达市1982年与2011年土壤碱解氮含量对比见表4-58。

表4-57　1982与2011年各乡（镇）土壤碱解氮平均值对比

乡（镇）	碱解氮平均值（毫克/千克）		增减（毫克/千克）	增减（%）
	1982年	2011年		
老虎岗镇	190.05	178.1	−11.95	−6.29
吉星岗镇	192.56	175.8	−16.76	−8.7
任民镇	180.38	115.1	−75.28	−39.1
中本镇	156.00	126.0	−30.00	−19.23
火石山乡	192.08	133.9	−68.18	−35.5
青肯泡乡	165.75	134.8	−30.95	−18.67

（续）

乡（镇）	碱解氮平均值（毫克/千克）		增 减 （毫克/千克）	增 减 （%）
	1982 年	2011 年		
安达镇	150.15	125.8	−24.35	−16.22
卧里屯乡	166.73	137.6	−31.13	−18.67
万宝山镇	177.45	108.8	−68.65	−38.69
羊草镇	152.10	118.8	−33.38	−21.4
升平镇	156.00	109.3	−46.70	−29.94
昌德镇	165.75	105.5	−60.25	−36.35
太平庄镇	195.00	123.0	−72.00	−36.92
先源乡	176.96	128.4	−48.56	−27.44
平均值	172.64	131.7	−40.94	−23.71

表 4-58　安达市 1982 年与 2011 年土壤碱解氮含量对比

单位：毫克/千克

项目	1982 年	2011 年
平均值	172.64	131.7
最小值	60.1	30.2
最大值	277.5	284.7

根据以上数据分析表明，安达市碱解氮整体含量水平下降。与第二次土壤普查时期相比，一级、二级碱解氮占耕地面积比例明显降低；三级占耕地面积比例大幅度增加；四级、五级地占耕地比例略有增长。可以看出安达市现有耕地碱解氮水平处于中等水平。

五、土壤有效磷

释　　义：耕层土壤中能供作物吸收的磷元素的含量。以每千克干土中所含磷的毫克数计。

英文名称：Available phosphorus

数据类型：数值

量　　纲：毫克/千克

小 数 位：1

极 小 值：0

极 大 值：999.9

备　　注：碳酸氢钠（石灰性土、水稻土）或氟化铵—盐酸（红壤、红黄壤）提取—钼锑抗比色法。

土壤有效磷，也称为速效磷，是土壤中可被植物吸收的磷的组分，包括全部水溶性磷、部分吸附态磷及有机态磷，有的土壤中还包括某些沉淀态磷。

土壤中有效磷含量状态指能被当季作物吸收的磷量。了解土壤有效磷的供应状况，对于施肥有着直接的意义。在有效磷的测定上，生物方法测定被认为是最可靠的，本次采用的是最普遍的化学速测法。所谓化学速测法，即利用提取土壤中的有效磷。提取剂采用0.5摩尔/升的 $NaHCO_3$（即 Olsen）。

在农业生产中一般采用土壤有效磷的指标来指导使用磷肥。土壤有效磷含量是决定磷肥有无效果以及效果大小的主要因素。所以能否用好磷肥必须根据土壤有效磷的含量区别对待。

1. 第二次土壤普查土壤有效磷含量　不同土壤的全磷含量不同，所处环境条件不同，故有效磷含量也有差异。安达市第二次土壤普查主要土壤耕层有效磷含量见表4-59，第二次土壤普查黑龙江省土壤有效磷分级标准见表4-60，安达市第二次土壤普查有效磷分级面积统计见表4-61。

表4-59　安达市土壤耕层有效磷含量统计（第二次土壤普查）

土壤类型	耕层有效磷含量					样品数（个）
	平均值（毫克/千克）	标准差	最大值（毫克/千克）	最小值（毫克/千克）	极差（毫克/千克）	
中层草甸黑钙土	11.25	0	11.25	11.25	0	2
薄层碳酸盐草甸黑钙土	18.73	17.29	95.00	0.79	94.21	27
中层碳酸盐草甸黑钙土	20.45	16.66	76.10	6.00	70.10	14
厚层碳酸盐草甸黑钙土	14.85	5.83	24.50	6.38	18.12	5
薄层碳酸盐草甸土	19.57	11.84	52.50	5.25	47.25	14
中层碳酸盐草甸土	16.49	16.57	54.00	0.88	53.12	7
厚层碳酸盐草甸土	27.00	5.50	32.50	21.50	11.00	2
薄层苏打盐化草甸土	4.25	2.50	6.75	1.75	5.00	2
厚层苏打盐化草甸土	10.53	6.77	28.25	1.77	26.73	10
中层碱化草甸土	42.75	18.75	61.50	24.00	37.50	2
苏打草甸盐土	7.03	6.20	15.47	0.77	14.71	3
浅位柱状草甸碱土	8.11	7.80	15.91	0.31	15.60	2
黑钙土型黑沙土	25.21	10.04	37.25	8.50	28.75	7

表4-60　黑龙江省土壤有效磷分级标准（第二次土壤普查）

单位：毫克/千克

分级	一级	二级	三级	四级	五级	六级	七级
有效磷	>100	40～100	20～40	10～20	5～10	3～5	<3

表4-61　安达市土壤有效磷分级面积统计（第二次土壤普查）

级别	有效磷（毫克/千克）	面积（公顷）	占比例（%）
一	>100	267.93	0.23
二	40～100	2 202.07	1.89

（续）

级别	有效磷（毫克/千克）	面积（公顷）	占比例（%）
三	20～40	18 408.20	15.8
四	10～20	61 982.07	53.2
五	5～10	29 476.40	25.3
六	3～5	3 518.53	3.02
七	<3	652.40	0.56
合计		116 507.60	100

综上所述，第二次土壤普查时安达市土壤有效磷的含量较低，绝大部分土壤处于四至五级的低水平。当时的普查成果证明向土壤中投入磷肥是急需的也是必要的。

2. 2011 年土壤有效磷含量　根据 2011 年土壤化验分析结果表明，安达市土壤有效磷平均值为 15.54 毫克/千克，最大值为 34.10 毫克/千克，最小值为 8.10 毫克/千克。1982 年全市有效磷平均值为 13.67 毫克/千克，与 2011 年全市耕地土壤有效磷平均值相比，增加了 1.87 毫克/千克。安达市 2011 年与 1982 年土壤有效磷含量对比见表 4 - 62。

表 4 - 62　安达市 2011 年与 1982 年土壤有效磷含量对比

单位：毫克/千克

项目	1982 年	2011 年
平均值	13.67	15.54
最小值	0.80	8.10
最大值	95.00	34.10

安达市各乡（镇）2011 年有效磷平均值均比 1982 年有效磷平均值有大幅度增加，平均增加了 13.68%，平均每年以 6.4 个百分点增加（表 4 - 63）。由于十几年来化肥施用量逐年增加，特别是农民普遍重视高浓度磷素肥料的投入，以磷酸二铵为代表的高浓度磷肥的连年大量施入，是导致安达市耕地土壤有效磷水平迅速上升的主要原因。

表 4 - 63　1982 和 2011 年各乡（镇）土壤有效磷平均值对比

乡（镇）	有效磷平均值（毫克/千克）		增减（毫克/千克）	增减（%）
	1982 年	2011 年		
老虎岗镇	15.66	14.84	−0.82	−5.24
吉星岗镇	14.94	15.18	+0.24	1.61
任民镇	16.53	11.32	−5.21	−31.52
中本镇	13.92	14.34	+0.42	3.02
火石山乡	12.32	13.26	+0.94	7.63
青肯泡乡	12.91	19.05	+6.14	47.56
安达镇	13.05	13.64	+0.59	4.52

（续）

乡（镇）	有效磷平均值（毫克/千克）		增减（毫克/千克）	增减（%）
	1982 年	2011 年		
卧里屯乡	13.49	24.31	＋10.82	80.21
万宝山镇	12.18	11.10	−1.08	−8.87
羊草镇	14.35	12.46	−1.89	−13.17
升平镇	13.05	12.33	−0.72	−5.52
昌德镇	12.04	10.74	−1.3	−10.80
太平庄镇	14.50	12.24	−2.26	−15.59
先源乡	12.47	14.95	＋2.48	19.89
平　均	13.67	15.54	＋1.87	13.68

　　本次耕地地力评价，安达市土壤中黑钙土土壤有效磷平均含量水平最高，草甸土和沼泽土土壤有效磷偏低，风沙土有效磷含量最低，见表 4 - 64。黑龙江省有效磷分级标准见表 4 - 65。

表 4 - 64　安达市各土壤类型有效磷含量统计（2011 年）

单位：毫克/千克

土壤类型	黑钙土	草甸土	沼泽土	风沙土
平均值	16.49	14.80	15.23	13.86
最大值	34.10	30.70	19.0	33.20
最小值	8.70	8.10	13.20	4.00

表 4 - 65　黑龙江省有效磷分级标准

单位：毫克/千克

分级	一级	二级	三级	四级	五级	六级	七级
有效磷	＞100	40～100	20～40	10～20	5～10	3～5	＜3

　　从安达市土壤有效磷不同等级面积比例来看，本次耕地地力评价，有效磷含量大于 100 毫克/千克的一级地、含量为 40～100 毫克/千克的二级地全市无分布，有效磷含量为 20～40 毫克/千克的三级地占总耕地面积的 29.76%，有效磷含量为 10～20 毫克/千克的四级地占总耕地面积的 69.36%，有效磷含量小于等于 10 毫克/千克的五级地占总耕地面积的 0.88%，说明安达市绝大多数地块的有效磷的含量基本属于三级、四级。

　　与第二次土壤普查结果比较，土壤有效磷增长较快。按黑龙江省有效磷分级标准，全市耕地土壤有效磷分为 7 个级别。其中 1982 年＞100 毫克/千克的占耕地总面积的 0.23% 的一级地和 1982 年 40～100 毫克/千克的占耕地总面积的 1.89% 的二级地，在本次调查中都下降为三级地；20～40 毫克/千克的三级地面积大幅度增加，由 1982 年占耕地总面积的 15.8% 提高到 29.76%；10～20 毫克/千克的四级地的面积增幅也很大，由 1982 年的占耕地总面积的 53.2％提高到 69.36％；5～10 毫克/千克的五级地面积减少，由 1982 年的占耕地总面积的 25.3％降至 0.88％；而 1982 年 3～5 毫克/千克的占耕地总面积 3.02％的六级地和＜3 毫克/千克的占耕地总面积的 0.56％的七级地，全部提高到五级地及以上。虽然一级、二级地土壤有效磷下降为三级，但从全市整体土壤有效磷含量水平来看，安达市土壤有效磷处于增长状态。2011 年与 1982 年安达市土壤有效磷分级见表 4－66。

表 4－66　2011 年与 1982 年安达市土壤有效磷分级

级别	有效磷（毫克/千克）	2011 年		1982 年	
		本级耕地面积（公顷）	占总耕地面积（％）	本级耕地面积（公顷）	占总耕地面积（％）
一	≥100	0	0	267.97	0.23
二	40～100	0	0	2 202	1.89
三	20～40	40 363.25	29.76	18 408.2	15.8
四	10～20	94 058.70	69.36	61 982.04	53.2
五	5～10	1 188.05	0.88	29 476.42	25.3
六	3～5	0	0	3 518.53	3.02
七	＜3	0	0	652.44	0.56

安达市各乡（镇）土壤有效磷分级面积及比例统计见表 4－67～表 4－69。

表 4－67　各乡（镇）土壤有效磷分级面积及占总耕地面积比例统计（2011 年）

乡（镇）	面积（公顷）	三级		四级		五级	
		面积（公顷）	占总耕地面积比（％）	面积（公顷）	占总耕地面积比（％）	面积（公顷）	占总耕地面积比（％）
安达镇	3 764	122.99	0.09	3 080.17	2.27	560.84	0.41
昌德镇	11 656	—	—	11 656.00	8.60	—	—
火石山乡	8 409	—	—	8 409.00	6.20	—	—
吉星岗镇	16 314	16 254.79	11.99	59.21	0.04	—	—
老虎岗镇	13 704	13 047.16	9.62	656.84	0.48	—	—
青肯泡乡	7 882	4 882.80	3.60	2 999.20	2.21	—	—
任民镇	8 363	—	—	8 363.00	6.17	—	—
升平镇	11 656	0.80	0	11 329.90	8.35	325.30	0.24
太平庄镇	9 134	—	—	9 134.00	6.74	—	—
万宝山镇	10 277	—	—	10 055.05	7.41	221.95	0.16
卧里屯乡	6 708	4 264.10	3.14	2 443.90	1.80	—	—
先源乡	4 150	253.91	0.19	3 816.13	2.81	79.96	0.06
羊草镇	14 991	31.18	0.02	14 959.82	11.03	—	—
中本镇	6 097	—	—	6 097.00	4.50	—	—
其他	2 505	1 505.52	1.11	999.48	0.74	—	—
总计	135 610	40 363.25	29.76	94 058.70	69.36	1 188.05	0.88

表 4-68 各乡（镇）土壤有效磷分级面积及占该乡（镇）耕地面积比例统计（2011 年）

乡（镇）	面积（公顷）	三级		四级		五级	
		面积（公顷）	占该乡（镇）耕地面积比（%）	面积（公顷）	占该乡（镇）耕地面积比（%）	面积（公顷）	占该乡（镇）耕地面积比（%）
安达镇	3 764	122.99	3.27	3 080.17	81.83	560.84	14.90
昌德镇	11 656	—		11 656.00	100.00		
火石山乡	8 409	—		8 409.00	100.00	—	—
吉星岗镇	16 314	16 254.79	99.64	59.21	0.36		
老虎岗镇	13 704	13 047.16	95.21	656.84	4.79		
青肯泡乡	7 882	4 882.80	61.95	2 999.20	38.05		
任民镇	8 363	—		8 363.00	100.00		
升平镇	11 656	0.80	0.01	11 329.90	97.20	325.30	2.79
太平庄镇	9 134	—		9 134.00	100.00		
万宝山镇	10 277	—		10 055.05	97.84	221.95	2.16
卧里屯乡	6 708	4 264.10	63.57	2 443.90	36.43	—	—
先源乡	4 150	253.91	6.12	3 816.13	91.95	79.96	1.93
羊草镇	14 991	31.18	0.21	14 959.82	99.79		
中本镇	6 097			6 097.00	100.00		
其他	2 505	1 505.52	60.10	999.48	39.90	—	—
总计	135 610	40 363.25	29.76	94 058.70	69.36	1 188.05	0.88

表 4-69 各乡（镇）土壤有效磷分级面积及占该等级面积比例统计（2011 年）

乡（镇）	三级		四级		五级	
	面积（公顷）	占该等级面积比（%）	面积（公顷）	占该等级面积比（%）	面积（公顷）	占该等级面积比（%）
安达镇	122.99	0.30	3 080.17	3.27	560.84	47.21
昌德镇	—		11 656.00	12.39	—	
火石山乡	—		8 409.00	8.94	—	
吉星岗镇	16 254.79	40.27	59.21	0.06		
老虎岗镇	13 047.16	32.32	656.84	0.70		
青肯泡乡	4 882.80	12.10	2 999.20	3.19		
任民镇	—		8 363.00	8.89		
升平镇	0.80	0	11 329.90	12.05	325.30	27.38
太平庄镇	—		9 134.00	9.71	—	
万宝山镇	—		10 055.05	10.69	221.95	18.68
卧里屯乡	4 264.10	10.56	2 443.90	2.60		
先源乡	253.91	0.63	3 816.13	4.06	79.96	6.73
羊草镇	31.18	0.08	14 959.82	15.90	—	
中本镇	—		6 097.00	6.48		
其他	1 505.52	3.73	999.48	1.06		
总计	40 363.25	100.00	94 058.70	100.00	1 188.05	100.00

2011 年，安达市各土壤类型有效磷分级面积及比例统计见表 4 - 70，各土壤有效磷分级面积统计见表 4 - 71。

表 4 - 70　安达市各土壤类型有效磷分级面积及比例统计（2011 年）

土类	三级			四级			五级		
	面积（公顷）	占土类（%）	占该级（%）	面积（公顷）	占土类（%）	占该级（%）	面积（公顷）	占土类（%）	占该级（%）
黑钙土	30 857.90	37.08	76.45	52 323.85	62.87	55.63	41.40	0.05	3.48
草甸土	8 132.88	16.43	20.15	40 231.21	81.26	42.77	1 146.65	2.32	96.52
沼泽土	—	—	—	113.02	100	0.12			
风沙土	1 372.47	49.67	3.40	1 390.62	50.33	1.48			
合计	40 363.25	—	100.00	94 058.70	—	100.00	1 188.05	—	100.00

表 4 - 71　安达市耕地各土种有效磷分级面积统计（2011 年）

单位：公顷

土种	三级	四级	五级
薄层石灰性草甸黑钙土	14 996.42	41 133.36	2.69
中层石灰性草甸黑钙土	13 092.00	9 320.05	—
厚层石灰性草甸黑钙土	938.47	1 870.43	38.71
中层黄土质草甸黑钙土	1 798.15		
厚层黄土质草甸黑钙土	32.85		
薄层石灰性潜育草甸土	—	440.84	
中层石灰性潜育草甸土	42.03	40.66	
厚层石灰性潜育草甸土	—	4.14	
薄层黏壤质石灰性草甸土	2 688.19	12 229.66	304.70
中层黏壤质石灰性草甸土	685.69	1 734.56	195.10
厚层黏壤质石灰性草甸土	544.08	4 561.08	
浅位苏打碱化草甸土	—	1 279.91	
中位苏打碱化草甸土	74.47		
深位苏打碱化草甸土	152.99	878.49	
轻度苏打盐化草甸土	927.59	5 990.50	181.12
中度苏打盐化草甸土	2 889.23	3 845.90	464.18
重度苏打盐化草甸土	128.62	9 225.48	1.55
薄层石灰性草甸沼泽土	—	113.02	—
固定草甸风沙土	1 372.47	1 390.62	
总计	40 363.25	94 058.70	1 188.05

综上所述，安达市东部乡（镇）（吉星岗镇、老虎岗镇）土壤有效磷含量较高，多数土壤有效磷含量为三级；西部乡（镇）（昌德镇、升平镇、万宝山镇、羊草镇）土壤有效

磷含量相对偏低，其耕地土壤有效磷含量多数为四级；安达镇、升平镇、万宝山镇、先源乡的极少部分耕地土壤为五级。按照土壤类别分析，安达市耕地有效磷养分含量为三级的土类有黑钙土、草甸土和风沙土，占该级面积比例分别为76.45％、20.15％和3.40％。可以看出养分含量为三级的土壤主要是黑钙土。养分含量为四级的安达市土壤，4个土类均有分布，占该级面积比例分别为黑钙土占55.63％、草甸土占42.77％、沼泽土占0.12％、风沙土占1.48％。在此指出全市耕地沼泽土有效磷养分含量均处于四级水平。有效磷养分含量为五级的黑钙土，仅占黑钙土耕地面积的0.05％；草甸土为五级的，占草甸土耕地面积的2.32％。因此可以得出，安达市黑钙土的有效磷养分含量最高。

本次耕地地力评价，土壤有效磷平均含量较第二次土壤普查时有大幅度提升。主要是由于近十几年来化肥施用量逐年增加，特别是农民普遍重视高浓度磷素肥料的投入，以磷酸二铵为代表的高浓度磷肥的连年大量施入，是导致部分耕地土壤有效磷水平上升的主要原因。第二次土壤普查时有效磷一级、二级土壤现今已降至三级、四级，其主要原因为一级、二级土壤为石灰性土壤，土壤中水溶性磷与钙、镁等发生离子反应，生成难溶性磷酸盐，在土壤中被氧化固定，土壤中有效磷浓度降低。安达市各土种有效磷含量统计见表4-72，各乡（镇）土壤有效磷含量统计见表4-73。

表4-72 安达市各土种有效磷含量统计（2011年）

单位：毫克/千克

土种	平均值	最大值	最小值
薄层石灰性草甸黑钙土	14.15	20.50	9.40
中层石灰性草甸黑钙土	14.89	22.60	11.20
厚层石灰性草甸黑钙土	13.00	35.90	7.80
中层黄土质草甸黑钙土	10.60	22.30	10.60
厚层黄土质草甸黑钙土	14.89	22.60	11.20
薄层石灰性潜育草甸土	12.98	17.10	11.40
中层石灰性潜育草甸土	18.75	25.40	9.60
厚层石灰性潜育草甸土	17.60	17.60	17.60
薄层黏壤质石灰性草甸土	13.59	31.60	2.80
中层黏壤质石灰性草甸土	14.12	25.40	5.80
厚层黏壤质石灰性草甸土	10.21	19.20	4.00
浅位苏打碱化草甸土	13.30	14.40	12.20
中位苏打碱化草甸土	13.02	31.20	3.80
深位苏打碱化草甸土	11.69	18.00	2.80
轻度苏打盐化草甸土	12.17	31.20	3.80
中度苏打盐化草甸土	13.03	31.20	3.80
重度苏打盐化草甸土	13.18	31.90	2.60
薄层石灰性草甸沼泽土	16.97	35.40	7.30
固定草甸风沙土	13.86	33.20	4.00

表 4-73　安达市各乡（镇）土壤有效磷含量统计

单位：毫克/千克

乡（镇）	平均值	最大值	最小值
老虎岗镇	14.84	8.13	2.60
吉星岗镇	15.18	31.20	7.60
任民镇	11.32	20.10	3.60
中本镇	14.34	22.60	9.40
火石山乡	13.26	37.00	2.80
青肯泡乡	19.05	28.10	8.80
安达镇	13.64	31.60	2.80
卧里屯乡	24.31	29.70	12.10
万宝山镇	11.10	22.40	4.20
羊草镇	12.46	24.60	7.20
升平镇	12.33	37.00	3.80
昌德镇	10.74	33.20	4.00
太平庄镇	12.24	17.40	8.60
先源乡	14.95	30.40	2.80
其他	19.45	27.40	13.30

六、土壤全钾

释　　义：耕层土壤中钾素的总量。以每千克干土中所含钾的克数计。

英文名称：Total potassium

数据类型：数值

量　　纲：克/千克

小 数 位：1

极 小 值：0

极 大 值：99.9

备　　注：GB/T 7480 酚二磺酸分光光度法或紫外比色法或离子色谱法。

土壤中的钾包括 3 种形态：一是矿物钾，主要存在于土壤粗粒部分，约占全钾的 90%，植物极难吸收；二是缓效性钾，占全钾的 2%~8%，是土壤速效钾的给源；三是速效钾，指吸附于土壤胶体表面的代换性钾和土壤溶液中的钾离子，植物主要是吸收土壤溶液中的钾离子。当季植物的钾营养水平主要决定于土壤速效钾的含量。一般速效性钾含量仅占全钾的 0.1%~2%，其含量除受耕作、施肥等影响外，还受土壤缓效性钾储量和转化速率的控制。

2011 年安达市各乡（镇）全钾含量见表 4-74。

表 4-74　安达市各乡（镇）全钾养分统计（2011 年）

单位：克/千克

乡（镇）	最大值	最小值	平均值
安达镇	9.3	8.6	8.95
昌德镇	9.5	8.1	8.84
火石山乡	9.4	8.5	8.95
吉星岗镇	9.5	8.6	9.05
老虎岗镇	9.5	8.4	8.95
青肯泡乡	9.2	8.3	8.75
任民镇	9.4	8.5	8.95
升平镇	9.2	8.3	8.82
太平庄镇	9.5	8.4	8.91
万宝山镇	9.5	8.2	8.88
卧里屯乡	9.6	8.5	9.05
先源乡	9.6	8.4	9.00
羊草镇	9.4	8.4	8.90
中本镇	9.3	8.6	8.95

由于安达市各乡（镇）土壤类型、耕作水平、种植制度的不同，致使各乡（镇）土壤全钾含量也不同。由表 4-75 看出，安达市各乡（镇）全钾平均值最高的是吉星岗镇、卧里屯乡和先源乡。

全钾是指土壤中钾素的总量，安达市耕地土壤中，全钾平均含量 8.96 克/千克，变化幅度为 8.1～9.6 克/千克。见表 4-75。

表 4-75　安达市土壤类型全钾统计（2011 年）

单位：克/千克

项目	黑钙土	草甸土	沼泽土	风沙土
平均值	8.94	8.97	9.23	8.8
最大值	9.5	9.6	9.5	9.3
最小值	8.3	8.1	9.1	8.3

从表 4-75 可以看出，安达市沼泽土全钾含量最高，风沙土全钾含量最低，草甸土和黑钙土全钾含量中等水平。

安达市各土种中全钾平均值最高的是浅位苏打碱化草甸土，全钾平均值为 9.2 克/千克；其次是中度苏打盐化草甸土和薄层石灰性草甸沼泽土，全钾平均值均为 9.1 克/千克（表 4-76）。整体看安达市各土种全钾含量差异不大，变幅小，但整体水平不高。

表 4-76　安达市耕地各土种全钾含量统计

单位：克/千克

土种	平均值	最大值	最小值
薄层石灰性草甸黑钙土	8.9	9.4	8.3
中层石灰性草甸黑钙土	9.0	9.5	8.4
厚层石灰性草甸黑钙土	8.9	9.5	8.3
中层黄土质草甸黑钙土	9.0	9.2	8.8
厚层黄土质草甸黑钙土	8.8	8.8	8.8
薄层石灰性潜育草甸土	9.0	8.8	9.4
中层石灰性潜育草甸土	8.8	8.3	9.2
厚层石灰性潜育草甸土	8.6	8.4	8.7
薄层黏壤质石灰性草甸土	8.9	8.2	9.5
中层黏壤质石灰性草甸土	8.9	8.3	9.5
厚层黏壤质石灰性草甸土	9.0	8.6	9.4
浅位苏打碱化草甸土	9.2	8.5	9.4
中位苏打碱化草甸土	9.0	8.9	9.0
深位苏打碱化草甸土	9.0	9.4	8.6
轻度苏打盐化草甸土	8.9	9.6	8.1
中度苏打盐化草甸土	9.1	9.6	8.6
重度苏打盐化草甸土	8.9	9.4	8.4
薄层石灰性草甸沼泽土	9.1	9.1	9.1
固定草甸风沙土	8.8	9.3	8.3

七、土壤速效钾

释　　义：土壤中容易为作物吸收利用的钾素含量，包括土壤溶液中的以及吸附在土壤胶体上的代换性钾离子，以每千克干土中所含钾的毫克数计。

英文名称：Available potassium

数据类型：数值

量　　纲：毫克/千克

小　数　位：0

极　小　值：0

极　大　值：900

备　　注：乙酸铵提取——火焰光度法。

土壤速效钾是指水溶性钾和黏土矿物晶体外表面吸附的交换性钾，这一部分钾素植物可以直接吸收利用，对植物生长及其品质起着重要作用。其含量水平的高低反映了土壤的供钾能力程度，是土壤质量的主要指标。

通常土壤中存在水溶性钾，因为这部分钾能很快地被植物吸收利用，故称为速效钾；缓效钾是指存在于层状硅酸盐矿物层间和颗粒边缘，不能被中性盐在短时间内浸提出的钾，因此，也叫非交换性钾，占土壤全钾的1%～10%。

1. 第二次土壤普查土壤速效钾含量 第二次土壤普查时安达市土壤速效钾分级面积统计见表4-77。

表4-77 安达市土壤速效钾分级面积统计（第二次土壤普查）

级别	速效钾（毫克/千克）	面积（公顷）	占比例（%）
一	＞200	80 040.72	68.7
二	150～200	19 573.28	16.8
三	100～150	14 446.94	12.4
四	50～100	2 446.66	2.1
五	30～50	—	
六	≤30	—	
合计	—	116 507.60	100

从安达市土壤速效钾不同等级面积比例来看，1982年（第二次土壤普查），速效钾含量大于200毫克/千克的一级地占总耕地面积的68.7%，速效钾含量为150～200毫克/千克的二级地占总耕地面积的16.8%，速效钾含量为100～150毫克/千克的三级地占总耕地面积的12.4%，速效钾含量为50～100毫克/千克的四级地占总耕地面积的2.1%，速效钾含量为30～50毫克/千克的五级地、含量小于等于30毫克/千克的六级地全市无分布。

2. 2011年土壤速效钾含量 根据测试结果分析表明，安达市耕地土壤速效钾平均为194.7毫克/千克，最大值为263.0毫克/千克，最小值为147.0毫克/千克，比1982年平均值下降了65.7毫克/千克，年均下降1.22%。2011年黑龙江省土壤速效钾分级标准对照见表4-78，安达市2011年与1982年土壤速效钾含量对比见表4-79，2011年安达市各土类速效钾含量统计见表4-80。

表4-78 黑龙江省土壤速效钾分级标准对照（2011年）

单位：毫克/千克

地区	一级	二级	三级	四级	五级	六级
黑龙江省	＞200	150～200	100～150	50～100	30～50	＜30

表4-79 安达市2011年与1982年土壤速效钾含量对比

单位：毫克/千克

项目	1982年	2008年
平均值	260.4	194.70
最小值	144.00	147.00
最大值	360.00	263.00

表 4 - 80　安达市土壤类型速效钾统计（2011 年）

单位：毫克/千克

项目	黑钙土	草甸土	沼泽土	风沙土
平均值	202.39	189.13	184	178
最大值	263	261	187	351
最小值	152	147	181	121

　　根据速效钾测试数据分析得出，2011 年（本次耕地地力评价），安达市速效钾含量大于 200 毫克/千克的一级地占总耕地面积的 45.12%，速效钾含量为 150～200 毫克/千克的二级地占总耕地面积的 54.81%，速效钾含量为 100～150 毫克/千克的三级地占总耕地面积的 0.07%，速效钾含量为 50～100 毫克/千克的四级地全市无分布。与 1982 年土壤普查时相比一级地面积比例减少了 23.58 个百分点，二级地面积比例增长了 38.01 个百分点，三级地面积比例降低了 11.07 个百分点。总体分析得出，安达市耕地绝大部分土壤速效钾含量属于二级水平。全市土壤速效钾养分含量处于较高水平。见表 4 - 81。

表 4 - 81　2011 年与 1982 年土壤速效钾分级统计

级别	速效钾 （毫克/千克）	2011 年		1982 年	
		本级耕地面积 （公顷）	占总耕地 面积（%）	本级耕地面积 （公顷）	占总耕地 面积（%）
一	≥200	61 181.77	45.12	80 040.72	68.7
二	151～200	74 333.00	54.81	19 573.28	16.8
三	101～150	95.23	0.07	14 446.93	12.4
四	≤100	0	0	2 446.67	2.1

　　2011 年，安达市各乡（镇）耕地速效钾分级面积及占总耕地面积比例统计见表 4 - 82，安达市耕地各乡（镇）速效钾分级面积及占该乡（镇）耕地面积比例统计见表 4 - 83，安达市各乡（镇）速效钾分级面积及占该等级面积比例统计见表 4 - 84，安达市各土类速效钾分级面积及比例统计见表 4 - 85，安达市耕地土种速效钾分级面积见表 4 - 86。

表 4 - 82　安达市各乡（镇）耕地速效钾分级面积及占总耕地面积比例统计（2011 年）

乡（镇）	面积 （公顷）	一级		二级		三级	
		面积 （公顷）	占总耕地 面积比（%）	面积 （公顷）	占总耕地 面积比（%）	面积 （公顷）	占总耕地 面积比（%）
安达镇	3 764	200.49	0.15	3 563.51	2.63	—	—
昌德镇	11 656	—	—	11 656.00	8.60	—	—
火石山乡	8 409	6 074.38	4.48	2 334.62	1.72	—	—
吉星岗镇	16 314	16 314.00	12.03	—	—	—	—
老虎岗镇	13 704	13 045.88	9.62	658.12	0.49	—	—
青肯泡乡	7 882	3.69	—	7 878.31	5.81	—	—

（续）

乡（镇）	面积（公顷）	一级		二级		三级	
		面积（公顷）	占总耕地面积比（%）	面积（公顷）	占总耕地面积比（%）	面积（公顷）	占总耕地面积比（%）
任民镇	8 363	8 160.81	6.02	202.19	0.15	—	—
升平镇	11 656	884.45	0.65	10 771.55	7.94	—	—
太平庄镇	9 134	—	—	9 134.00	6.74	—	—
万宝山镇	10 277	2 297.27	1.69	7 979.73	5.88	—	—
卧里屯乡	6 708	5 566.46	4.10	1 141.54	0.84	—	—
先源乡	4 150	123.20	0.09	3 931.57	2.90	95.23	0.07
羊草镇	14 991	7 222.07	5.33	7 768.93	5.73	—	—
中本镇	6 097	74.44	0.05	6 022.56	4.44	—	—
其他	2 505	1 214.63	0.90	1 290.37	0.95	—	—
总计	135 610	61 181.77	45.12	74 333	54.81	95.23	0.07

表 4-83　安达市各乡（镇）速效钾分级面积及占该乡（镇）耕地面积比例统计（2011 年）

乡（镇）	面积（公顷）	一级		二级		三级	
		面积（公顷）	占乡（镇）耕地面积比（%）	面积（公顷）	占乡（镇）耕地面积比（%）	面积（公顷）	占乡（镇）耕地面积比（%）
安达镇	3 764	200.49	5.33	3 563.51	94.67	—	—
昌德镇	11 656	—	—	11 656.00	100.00	—	—
火石山乡	8 409	6 074.38	72.24	2 334.62	27.76	—	—
吉星岗镇	16 314	16 314.00	100.00	—	—	—	—
老虎岗镇	13 704	13 045.88	95.20	658.12	4.80	—	—
青肯泡乡	7 882	3.69	0.05	7 878.31	99.95	—	—
任民镇	8 363	8 160.81	97.58	202.19	2.42	—	—
升平镇	11 656	884.45	7.59	10 771.55	92.41	—	—
太平庄镇	9 134	—	—	9 134.00	100.00	—	—
万宝山镇	10 277	2 297.27	22.35	7 979.73	77.65	—	—
卧里屯乡	6 708	5 566.46	82.98	1 141.54	17.02	—	—
先源乡	4 150	123.20	2.97	3 931.57	94.74	95.23	2.29
羊草镇	14 991	7 222.07	48.18	7 768.93	51.82	—	—
中本镇	6 097	74.44	1.22	6 022.56	98.78	—	—
其他	2 505	1 214.63	48.49	1 290.37	51.51	—	—
总计	135 610	61 181.77	45.12	74 333	54.81	95.23	0.07

表 4 - 84　各乡（镇）速效钾分级面积及占等级面积比例统计（2011 年）

乡（镇）	一级		二级		三级	
	面积（公顷）	占该等级面积比（%）	面积（公顷）	占该等级面积比（%）	面积（公顷）	占该等级面积比（%）
安达镇	200.49	0.33	3 563.51	4.79	—	—
昌德镇	—	—	11 656.00	15.68	—	—
火石山乡	6 074.38	9.93	2 334.62	3.14	—	—
吉星岗镇	16 314.00	26.66	—	—	—	—
老虎岗镇	13 045.88	21.32	658.12	0.89	—	—
青肯泡乡	3.69	0.01	7 878.31	10.60	—	—
任民镇	8 160.81	13.34	202.19	0.27	—	—
升平镇	884.45	1.45	10 771.55	14.49	—	—
太平庄镇	—	0	9 134.00	12.29	—	—
万宝山镇	2 297.27	3.75	7 979.73	10.74	—	—
卧里屯乡	5 566.46	9.10	1 141.54	1.54	—	—
先源乡	123.20	0.20	3 931.57	5.29	95.23	100.00
羊草镇	7 222.07	11.80	7 768.93	10.45	—	—
中本镇	74.44	0.12	6 022.56	8.10	—	—
其他	1 214.63	1.99	1 290.37	1.74	—	—
总计	61 181.77	100.00	74 333	100.00	95.23	100.00

表 4 - 85　安达市各土类速效钾分级面积及比例统计（2011 年）

土类	一级			二级			三级		
	面积（公顷）	占土类（%）	占该级面积比（%）	面积（公顷）	占土类（%）	占该级面积比（%）	面积（公顷）	占土类（%）	占该级面积比（%）
黑钙土	44 968.86	54.1	73.5	38 149.36	45.90	51.32	—	—	—
草甸土	15 141.71	30.58	24.75	34 273.81	69.23	46.11	95.23	0.19	100
沼泽土	—	—	—	113.02	100.00	0.15	—	—	—
风沙土	1 071.2	37.35	1.75	1 796.81	62.65	2.42	—	—	—
合计	61 181.77	—	100.00	74 333.00	—	100.00	95.23	—	100.00

表 4 - 86　安达市耕地土种速效钾分级面积（2011 年）

单位：公顷

土种	一级	二级	三级
薄层石灰性草甸黑钙土	28 983.75	30 618.67	—
中层石灰性草甸黑钙土	16 563.54	7 679.80	—
厚层石灰性草甸黑钙土	1 307.11	1 777.95	—

（续）

土种	一级	二级	三级
中层黄土质草甸黑钙土	1 909.18	—	—
厚层黄土质草甸黑钙土	34.88	—	—
薄层石灰性潜育草甸土	4.37	379.32	—
中层石灰性潜育草甸土	39.22	37.37	—
厚层石灰性潜育草甸土	—	1.99	—
薄层黏壤质石灰性草甸土	6 491.77	8 161.56	2.51
中层黏壤质石灰性草甸土	810.01	1 888.95	68.54
厚层黏壤质石灰性草甸土	984.14	4 486.43	—
浅位苏打碱化草甸土	6.63	794.14	—
中位苏打碱化草甸土	69.76	—	—
深位苏打碱化草甸土	164.40	805.15	—
轻度苏打盐化草甸土	950.13	6 047.68	—
中度苏打盐化草甸土	3 845.23	1 895.49	13.62
重度苏打盐化草甸土	466.15	5 359.62	—
薄层石灰性草甸沼泽土	—	82.95	—
固定草甸风沙土	1 071.20	1 796.81	—

综上所述，安达市东部乡（镇）（吉星岗镇、老虎岗镇、任民镇）土壤速效钾含量为一级的耕地较多；西部乡（镇）（昌德镇、升平镇、万宝山镇、羊草镇）土壤速效钾含量相对偏低，其耕地速效钾含量多数为二级；只有先源乡的部分土壤速效钾含量为三级。按照土壤类别分析，安达市耕地速效钾养分含量为一级的土类有黑钙土、草甸土和风沙土，占该级面积的比例分别为73.5%、24.75%和1.75%。可以看出养分含量为一级的土壤主要是黑钙土。养分含量为二级的土壤，4个土类均有分布，占该级面积的比例分别为黑钙土占51.32%、草甸土占46.11%、沼泽土占0.15%、风沙土占2.42%；沼泽土速效钾养分含量均处于二级水平。速效钾养分含量为三级的，仅有极少部分的草甸土，占草甸土耕地面积的0.19%。可以得出安达市黑钙土的速效钾养分含量最高。

通过对1 832个样本的调查测试统计，安达市速效钾含量最高的土种是厚层黄土质草甸黑钙土，平均值为249毫克/千克；其次是浅位苏打碱化草甸土，平均值为215毫克/千克；再次是厚层石灰性草甸黑钙土和轻度苏打盐化草甸土，平均值为202毫克/千克。速效钾含量最低的是中层石灰性潜育草甸土，平均值为140毫克/千克；其次低的是薄层石灰性草甸沼泽土，平均值为148毫克/千克；再次的是薄层石灰性潜育草甸土，平均值为151毫克/千克。石灰性潜育草甸土和石灰性草甸沼泽土速效钾含量低的原因与该土土壤结构有关，这两种土都有潜育层，土质黏重，通透性较差，雨季易涝。见表4-87。

表 4-87　安达市各土壤速效钾含量统计（2011 年）

单位：毫克/千克

土种	平均值	最大值	最小值
薄层石灰性草甸黑钙土	193	399	109
中层石灰性草甸黑钙土	196	326	101
厚层石灰性草甸黑钙土	202	351	143
中层黄土质草甸黑钙土	193	213	170
厚层黄土质草甸黑钙土	249	249	249
薄层石灰性潜育草甸土	151	178	126
中层石灰性潜育草甸土	140	189	115
厚层石灰性潜育草甸土	174	174	174
薄层黏壤质石灰性草甸土	190	326	90
中层黏壤质石灰性草甸土	173	257	111
厚层黏壤质石灰性草甸土	193	301	125
浅位苏打碱化草甸土	215	252	178
中位苏打碱化草甸土	197	246	149
深位苏打碱化草甸土	198	333	154
轻度苏打盐化草甸土	202	302	117
中度苏打盐化草甸土	187	301	111
重度苏打盐化草甸土	188	333	90
薄层石灰性草甸沼泽土	148	198	117
固定草甸风沙土	178	351	121

　　安达市速效钾含量平均值最高的乡（镇）是任民镇，平均值为 256 毫克/千克；其次是万宝山镇，平均值为 226 毫克/千克；再次是卧里屯乡，平均值为 209 毫克/千克。见表 4-88。

表 4-88　安达市各乡（镇）有速效钾含量统计（2011 年）

单位：毫克/千克

乡（镇）	平均值	最大值	最小值
老虎岗镇	206	262	126
吉星岗镇	178	216	118
任民镇	256	399	137
中本镇	172	201	148
火石山乡	198	312	129
青肯泡乡	171	200	138
安达镇	182	333	116
卧里屯乡	209	278	138
万宝山镇	226	292	118
羊草镇	193	287	101

（续）

乡（镇）	平均值	最大值	最小值
升平镇	181	290	109
昌德镇	188	351	125
太平庄镇	179	226	158
先源乡	171	333	90

本次耕地地力评价与第二次土壤普查相比，安达市速效钾下降的原因主要有以下几方面：

第一，第二次土壤普查后的 10 来年期间，大多数农民种植作物只注重氮肥和磷肥的投入，而忽视了钾肥的合理应用，有相当多的地块多年来根本没有施用过钾肥。

第二，进入 20 世纪 90 年代以后一直到现在，许多人才开始逐渐认识到了钾肥的重要性，但施用数量仍然过少，造成氮、磷、钾比例失衡。有些农民购买钾肥只看价格，不看有效含量，施入土壤的 K_2O 量更少。另外，有些农民误认为生物钾肥可以替代化学钾肥；再者农民仅施用复合肥料或专用肥，钾量满足不了作物需要。很少有农民施用 K_2SO_4 和 KCl，从而造成土壤钾资源的大量消耗。

第三，忽视有机肥的应用也是造成速效钾含量下降的因素之一。自 1996 年以来安达市施用农家肥的数量是很少的，年均每公顷施农家肥不到 22.5 立方米，有的农民从承包以后就没施过农家肥，致使土壤钾素消耗量很大。

第四，大面积种植高产品种，带走了大量钾素；而补充的较少，使土壤钾素下降较快。

八、土壤有效锌

释　　义：耕层土壤中能供作物吸收的锌的含量。以每千克干土中所含锌的毫克数计。

英文名称：Available zinc

数据类型：数值

量　　纲：毫克/千克

小 数 位：2

极 小 值：0

极 大 值：99.99

备　　注：DTPA——原子吸收光谱法。

锌是农作物生长发育不可缺少的微量营养元素，它既是植物体内氧化还原过程的催化剂，又是参与植物细胞呼吸作用的碳酸酐酶的组成成分。在作物体内锌主要参与生长素的合成和某些酶的活动。缺锌时作物生长受抑制，叶小簇生，坐蓇不发，叶脉间失绿发白，叶黄矮化，根系生长不良，不利于种子形成，从而影响作物的产量及品质。如玉米缺锌时发生白化病，在 3～5 叶期幼叶呈淡黄色或白色，中后期节间缩短，植株矮小，根部发黑，不结果穗或果穗秃尖瞎粒，甚至干枯死亡；水稻缺锌，植株矮缩，小花不孕率增加，延迟成熟。不同作物对锌肥敏感度不同，对锌肥敏感的作物有玉米、水稻、高粱、棉花、大豆、番茄、西瓜等。

2011 年，安达市土壤有效锌含量平均值为 1.45 毫克/千克，最大值 2.35 毫克/千克，最小值 0.76 毫克/千克。见表 4-89。

表 4-89　安达市各乡（镇）土壤有效锌含量统计（2011 年）

单位：毫克/千克

乡（镇）	最大值	最小值	平均值
安达镇	1.79	0.95	1.29
昌德镇	1.73	0.90	1.27
火石山乡	2.03	1.31	1.73
吉星岗镇	2.21	1.51	1.93
老虎岗镇	2.35	1.10	1.86
青肯泡乡	2.15	1.18	1.63
任民镇	1.66	0.76	1.21
升平镇	2.12	0.88	1.46
太平庄镇	1.84	0.95	1.42
万宝山镇	1.80	0.98	1.44
卧里屯乡	2.07	1.04	1.59
先源乡	1.86	0.91	1.39
羊草镇	2.24	0.79	1.28
中本镇	2.02	1.16	1.65

从表 4-89 可以看出，由于各乡（镇）的土壤质地、pH、施肥水平的不同而使各乡（镇）有效锌的含量也不同。安达市耕地土壤有效锌含量平均值为 1.45 毫克/千克，变化幅度为 0.76~2.35 毫克/千克。其中，吉星岗镇平均含量最高，平均值为 1.93 毫克/千克，变化幅度为 1.51~2.21 毫克/千克；其次是老虎岗镇，平均值为 1.86 毫克/千克，变化幅度为 1.10~2.35 毫克/千克；任民镇耕地土壤有效锌平均值最低，为 1.21 毫克/千克，变化幅度为 0.76~1.66 毫克/千克。

沼泽土、黑钙土有效锌含量较高，草甸土、风沙土有效锌含量偏低，见表 4-90。安达市各土种有效锌含量统计见表 4-91。

表 4-90　安达市各土壤类型有效锌含量统计（2011 年）

单位：毫克/千克

土壤类型	黑钙土	草甸土	沼泽土	风沙土
平均值	1.49	1.42	1.47	1.33
最大值	2.35	2.21	1.54	1.77
最小值	0.76	0.86	1.39	0.98

表 4-91　安达市各土种有效锌含量统计

单位：毫克/千克

土种	平均值	最大值	最小值
薄层石灰性草甸黑钙土	1.43	2.24	0.76
中层石灰性草甸黑钙土	1.62	2.35	0.83
厚层石灰性草甸黑钙土	1.50	2.18	0.90
中层黄土质草甸黑钙土	1.75	1.83	1.71
厚层黄土质草甸黑钙土	1.74	1.74	1.74
薄层石灰性潜育草甸土	1.44	1.67	1.12
中层石灰性潜育草甸土	1.41	1.80	1.78
厚层石灰性潜育草甸土	1.43	1.50	1.36
薄层黏壤质石灰性草甸土	1.43	2.20	0.86
中层黏壤质石灰性草甸土	1.52	1.94	0.90
厚层黏壤质石灰性草甸土	1.35	2.05	1.08
浅位苏打碱化草甸土	1.19	1.88	0.91
中位苏打碱化草甸土	1.85	1.99	1.69
深位苏打碱化草甸土	1.56	2.07	1.10
轻度苏打盐化草甸土	1.38	2.07	0.90
中度苏打盐化草甸土	1.46	2.21	0.91
重度苏打盐化草甸土	1.47	1.97	0.89
薄层石灰性草甸沼泽土	1.47	1.54	1.39
固定草甸风沙土	1.33	1.77	0.98

　　安达市土壤有效锌含量较高，大部分土壤有效锌含量属于二级和三级水平，少部分土壤有效锌含量属于一级和四级水平。有效锌含量高的主要原因是近几年农民施用锌肥量较大。在 20 世纪 80～90 年代安达市土壤 pH 较高，土壤均呈石灰反应，土壤缺锌严重，农民重视锌肥的使用，使用量有增无减。随着多年的耕种，土壤进一步熟化与酸性肥料的大量使用，使土壤 pH 逐年降低，但锌肥施用量并没有减少，使土壤中锌含量也在逐年增长。土壤 pH 升高，有效锌含量会降低。而安达市土壤 pH 降低，锌肥施用量不变也是安达市耕地土壤有效锌含量较高的原因。

　　2011 年（本次耕地地力评价），安达市有效锌含量大于 2.0 毫克/千克的一级地占总耕地面积的 6.79%，有效锌含量为 1.5～2.0 毫克/千克的二级地占总耕地面积的 48.24%，有效锌含量为 1.0～1.5 毫克/千克的三级地占总耕地面积的 41.48%，有效锌含量为 0.5～1.0 毫克/千克的四级地占总耕地面积的 3.49%，有效锌含量小于 0.5 毫克/千克的五级地全市无分布。见表 4-92。

表 4-92　安达市土壤有效锌含量分级（2011 年）

级别	速效锌（毫克/千克）	本级耕地面积（公顷）	占总耕地面积（%）
一	＞2	9 202.19	6.79
二	1.5～2.0	65 428.07	48.24
三	1.0～1.5	56 251.18	41.48
四	0.5～1.0	4 728.56	3.49
五	＜0.5	0	0

2011 年，安达市各乡（镇）土壤有效锌分级面积及占总耕地面积比例统计见表 4-93，各乡（镇）土壤有效锌分级面积及占该乡（镇）面积比例统计见表 4-94。

表 4-93　安达市各乡（镇）有效锌分级面积及占总耕地面积比例统计（2011 年）

乡（镇）	面积（公顷）	一级		二级		三级		四级	
		面积（公顷）	占总耕地面积比（%）	面积（公顷）	占总耕地面积比（%）	面积（公顷）	占总耕地面积比（%）	面积（公顷）	占总耕地面积比（%）
安达镇	3 764	—	—	443.67	0.33	2 638.04	1.95	682.29	0.50
昌德镇	11 656	—	—	2 335.03	1.72	8 939.91	6.59	381.06	0.28
火石山乡	8 409	0.67	0.000 5	8 322.62	6.14	85.71	0.06	—	—
吉星岗镇	16 314	3 235.22	2.39	13 078.78	9.64	—	—	—	—
老虎岗镇	13 704	3 245.89	2.39	9 871.88	7.28	586.23	0.43	—	—
青肯泡乡	7 882	37.46	0.03	5 241.72	3.87	2 602.82	1.92	—	—
任民镇	8 363	—	—	270.31	0.20	5 850.14	4.31	2 242.55	1.65
升平镇	11 656	32.67	0.02	4 130.68	3.05	7 114.32	5.25	378.33	0.28
太平庄镇	9 134	—	—	3 562.61	2.63	5 569.22	4.11	2.17	0.002
万宝山镇	10 277	—	—	4 070.74	3.00	6 053.86	4.46	152.40	0.11
卧里屯乡	6 708	59.53	0.04	3 800.25	2.80	2 848.22	2.10	—	—
先源乡	4 150	—	—	1 304.94	0.96	2 837.97	2.09	7.09	0.01
羊草镇	14 991	1 247.29	0.92	2 201.78	1.62	10 659.26	7.86	882.67	0.65
中本镇	6 097	128.83	0.10	5 592.66	4.12	375.51	0.28	—	—
其他	2 505	1 214.63	0.90	1 200.40	0.89	89.97	0.07	—	—
总计	135 610	9 202.19	6.79	65 428.07	48.24	56 251.18	41.48	4 728.56	3.49

表 4-94 安达市各乡（镇）有效锌分级面积及占该乡（镇）面积比例统计（2011 年）

乡（镇）	面积（公顷）	一级		二级		三级		四级	
		面积（公顷）	占该乡（镇）面积比（%）	面积（公顷）	占该乡（镇）面积比（%）	面积（公顷）	占该乡（镇）面积比（%）	面积（公顷）	占该乡（镇）面积比（%）
安达镇	3 764	—	—	443.67	11.79	2 638.04	70.08	682.29	18.13
昌德镇	11 656	—	—	2 335.03	20.03	8 939.91	76.70	381.06	3.27
火石山乡	8 409	0.67	0.01	8 322.62	98.97	85.71	1.02		
吉星岗镇	16 314	3 235.22	19.83	13 078.78	80.17	—	—		
老虎岗镇	13 704	3 245.89	23.69	9 871.88	72.04	586.23	4.28		
青肯泡乡	7 882	37.46	0.48	5 241.72	66.50	2 602.82	33.02	—	—
任民镇	8 363	—	—	270.31	3.23	5 850.14	69.95	2 242.55	26.82
升平镇	11 656	32.67	0.28	4 130.68	35.44	7 114.32	61.04	378.33	3.25
太平庄镇	9 134			3 562.61	39.00	5 569.22	60.97	2.17	0.02
万宝山镇	10 277	—	—	4 070.74	39.61	6 053.86	58.91	152.40	1.48
卧里屯乡	6 708	59.53	0.89	3 800.25	56.65	2 848.22	42.46	—	—
先源乡	4 150			1 304.94	31.44	2 837.97	68.38	7.09	0.17
羊草镇	14 991	1 247.29	8.32	2 201.78	14.69	10 659.26	71.10	882.67	5.89
中本镇	6 097	128.83	2.11	5 592.66	91.73	375.51	6.16		
其他	2 505	1 214.63	48.49	1 200.40	47.92	89.97	3.59	—	—
总计	135 610	9 202.19	6.79	65 428.07	48.25	56 251.18	41.48	4 728.56	3.49

安达市耕地有效锌养分含量水平为一级的乡（镇）中，面积较大的是老虎岗镇，占该级面积的 35.27%；其次是吉星岗镇，占该级面积的 35.16%；再次是羊草镇，占该级面积的 13.55%。有效锌含量水平为二级的乡（镇）中，面积较大的是吉星岗镇，占该级面积的 19.99%；其次是老虎岗镇，占该级面积的 15.09%；再次是火石山乡，占该级面积的 12.72%。有效锌含量为三级的乡（镇）中，面积较大的是羊草镇，占该级面积的 18.95%；其次是昌德镇，占该级面积的 15.89%；再次是升平镇，占该级面积的 12.65%。有效锌含量为四级的乡（镇）中，面积较大的是任民镇，占该级面积的 47.43%；其次是羊草镇，占该级面积的 18.67%；再次是安达镇，占该级面积的 14.43%。见表 4-95。

表 4-95 安达市各乡（镇）有效锌分级面积及占该等级耕地面积比例统计（2011 年）

乡（镇）	一级		二级		三级		四级	
	面积（公顷）	占该等级耕地面积（%）	面积（公顷）	占该等级耕地面积（%）	面积（公顷）	占该等级耕地面积（%）	面积（公顷）	占该等级耕地面积（%）
安达镇	—	—	443.67	0.68	2 638.04	4.69	682.29	14.43
昌德镇	—	—	2 335.03	3.57	8 939.91	15.89	381.06	8.06
火石山乡	0.67	0.01	8 322.62	12.72	85.71	0.15		

（续）

乡（镇）	一级		二级		三级		四级	
	面积（公顷）	占该等级耕地面积（%）	面积（公顷）	占该等级耕地面积（%）	面积（公顷）	占该等级耕地面积（%）	面积（公顷）	占该等级耕地面积（%）
吉星岗镇	3 235.22	35.16	13 078.78	19.99	—			
老虎岗镇	3 245.89	35.27	9 871.88	15.09	586.23	1.04		
青肯泡乡	37.46	0.41	5 241.72	8.01	2 602.82	4.63		
任民镇	—		270.31	0.41	5 850.14	10.40	2 242.55	47.43
升平镇	32.67	0.36	4 130.68	6.31	7 114.32	12.65	378.33	8.00
太平庄镇			3 562.61	5.45	5 569.22	9.90	2.17	0.05
万宝山镇	—		4 070.74	6.22	6 053.86	10.76	152.40	3.22
卧里屯乡	59.53	0.65	3 800.25	5.81	2 848.22	5.06	—	
先源乡	—		1 304.94	1.99	2 837.97	5.05	7.09	0.15
羊草镇	1 247.29	13.55	2 201.78	3.37	10 659.26	18.95	882.67	18.67
中本镇	128.83	1.40	5 592.66	8.55	375.51	0.67		
其他	1 214.63	13.20	1 200.40	1.83	89.97	0.16		
总计	9 202.19	100.00	65 428.07	100.00	56 251.18	100.00	4 728.56	100.00

　　安达市耕地有效锌含量水平为一级，面积较大的土壤是黑钙土，占该级面积的72.07%；其次是草甸土，占该级面积的27.93%。二级面积较大的是黑钙土，占该级面积的69.14%；其次是草甸土，占该级面积的28.59%；再次是风沙土，占该级面积的2.26%；最后是沼泽土，占该级面积比例不足0.01%。三级面积较大的是黑钙土，占该级面积的49.95%；其次是草甸土，占该级面积的47.85%；再次是风沙土，占该级面积的2.0%；最后是沼泽土，占该级面积的0.20%。四级面积最大的是黑钙土，占该级面积的68.83%；其次是草甸土，占该级面积的27.95%；再次是风沙土，占该级面积的3.22%。见表4-96。

表4-96　安达市各土壤有效锌分级面积及占该土类与该级面积比例统计（2011年）

土类	一级			二级			三级			四级		
	面积（公顷）	占该土类（%）	占该级面积（%）	面积（公顷）	占该土类（%）	占该级面积（%）	面积（公顷）	占该土类（%）	占该级面积（%）	面积（公顷）	占该土类（%）	占该级面积（%）
黑钙土	6 632.28	7.79	72.07	45 238.41	54.36	69.14	28 097.55	33.76	49.95	3 254.90	3.91	68.83
草甸土	2 569.91	5.19	27.93	18 705.23	37.78	28.59	26 914.35	54.36	47.85	1 321.26	2.67	27.95
沼泽土	—	—	—	3.09	2.74	0.005	109.93	97.26	0.2			
风沙土	—	—	—	1 481.34	53.61	2.26	1 129.35	40.87	2	152.4	5.52	3.22
合计	9 202.19	—	100	65 428.07	—	100	56 251.18	—	100	4 728.56	—	100

　　按土类分，黑钙土中7.79%的土壤为一级，54.36%的土壤为二级，33.76%的土壤为三级，3.91%的土壤为四级；草甸土中5.19%为一级，37.78%的土壤为二级，

54.36％的土壤为三级，2.67％的土壤为四级；沼泽土中2.74％的土壤为二级，97.26％为三级；风沙土中53.61％的土壤为二级，40.87％的土壤为三级，3.22％的土壤为四级。从各土类的面积比例来看，各土类的大面积土壤属于二级、三级水平（表4-97）。

表4-97　安达市各土种有效锌分级面积统计（2011年）

单位：公顷

土种	一级	二级	三级	四级
薄层石灰性草甸黑钙土	4 334.04	25 395.84	23 371.72	3 030.87
中层石灰性草甸黑钙土	1 887.68	17 247.21	3 080.67	196.50
厚层石灰性草甸黑钙土	410.56	764.36	1 645.16	27.53
中层黄土质草甸黑钙土	—	1 798.15	—	—
厚层黄土质草甸黑钙土	—	32.85	—	—
薄层石灰性潜育草甸土	—	87.83	353.00	—
中层石灰性潜育草甸土	—	42.02	40.67	—
厚层石灰性潜育草甸土	—	0.65	3.49	—
薄层黏壤质石灰性草甸土	950.32	5 804.35	7 765.83	702.04
中层黏壤质石灰性草甸土	—	1 374.31	906.61	334.43
厚层黏壤质石灰性草甸土	138.40	435.62	4 531.13	—
浅位苏打碱化草甸土	—	674.37	587.59	17.95
中位苏打碱化草甸土	—	74.47	—	—
深位苏打碱化草甸土	22.93	723.02	285.54	—
轻度苏打盐化草甸土	24.59	2 599.56	4 368.37	106.70
中度苏打盐化草甸土	1 433.67	3 157.26	2 454.29	154.09
重度苏打盐化草甸土	—	3 731.77	5 617.83	6.05
薄层石灰性草甸沼泽土	—	3.09	109.93	—
固定草甸风沙土	—	1 481.34	1 129.35	152.40

　　相关资料表明，土壤机械组成与土壤中有效锌含量高低十分密切，而且质地对有效锌的含量影响较大。土壤质地越沙，锌含量越低；质地越黏，含量越高。土壤有效锌含量顺序：黏质土＞轻壤＞中壤＞沙壤＞沙质土。除了成土母质和土壤类型外，土壤pH升高，有效锌含量会降低，pH高的土壤容易出现缺锌现象。有关文献报道，土壤pH对有效锌的影响最为突出。其次是碳酸钙与黏土矿物。土壤中碳酸钙与锌结合呈溶解度较低的碳酸锌，降低了有效锌含量。同时，吸附在碳酸钙矿物表面的锌也不易被作物吸收利用。因此缺锌症常发生在石灰性土壤上。酸性土壤使用石灰过量，也会诱发缺锌。锌-磷的拮抗作用，土壤中锌与磷酸会形成难溶性磷酸锌沉淀，是引起作物中磷、锌比例失调的重要原因。在实践中，常观察到在含磷高的土壤中，会出现缺锌症状。土壤中有机质与有效锌含

量成正相关，即有机质含量高的土壤，有效锌的含量一般都会较高。安达市主栽作物为玉米，玉米缺锌会引起"白化苗"。因此，在有机质低和 pH（碱性）大的区域应注意锌肥的施用量。

九、土壤有效锰

释　　义：耕层土壤中能供作物吸收的锰的含量。以每千克干土中所含锰的毫克数计。
英文名称：Available manganese
数据类型：数值
量　　纲：毫克/千克
小 数 位：1
极 小 值：0
极 大 值：999.99
备　　注：DTPA——原子吸收光谱法。

锰是植物生长和发育的必需营养元素之一，它在植物体内直接参与光合作用，也是植物中许多酶的重要组成部分，影响植物组织中生长激素的水平，参与硝酸还原成氨的作用等。根据土壤有效锰的分级标准，土壤有效锰的临界值为 5.0 毫克/千克（严重缺锰，很低），大于 15 毫克/千克为丰富。

安达市土壤中有效锰的平均值为 3.1 毫克/千克，最大值为 30.0 毫克/千克，最小值为 0.6 毫克/千克。2011 年安达市各乡（镇）土壤有效锰含量统计见表 4-98，2011 年安达市各土种有效锰含量统计见表 4-99。

表 4-98　安达市各乡（镇）土壤有效锰含量统计（2011 年）

单位：毫克/千克

乡（镇）	最大值	最小值	平均值
安达镇	3.2	1.9	2.5
昌德镇	5.9	2.1	2.7
火石山乡	3.3	2.2	2.9
吉兴岗镇	10.4	2.4	3.3
老虎岗镇	30.0	2.2	3.7
青肯泡乡	3.5	2.1	2.7
任民镇	4.3	1.2	2.4
升平镇	19.5	1.9	7.4
太平庄镇	4.8	2.9	3.9
万宝山镇	18.2	1.8	3.0
卧里屯乡	3.1	2.4	2.8
先源乡	3.9	0.6	2.5
羊草镇	3.3	2.5	2.7
中本镇	3.9	2.0	2.6

表4-99 安达市各土种有效锰含量统计（2011年）

单位：毫克/千克

土种	平均值	最大值	最小值
薄层石灰性草甸黑钙土	3.3	30.0	0.6
中层石灰性草甸黑钙土	2.8	9.5	1.9
厚层石灰性草甸黑钙土	5.2	19.0	2.1
中层黄土质草甸黑钙土	2.7	2.9	2.5
厚层黄土质草甸黑钙土	—	—	—
薄层石灰性潜育草甸土	2.3	2.3	2.3
中层石灰性潜育草甸土	2.2	2.2	2.2
厚层石灰性潜育草甸土	—	—	—
薄层黏壤质石灰性草甸土	3.0	18.8	1.2
中层黏壤质石灰性草甸土	2.6	3.5	0.2
厚层黏壤质石灰性草甸土	2.6	4.1	1.9
浅位苏打碱化草甸土	13.3	14.4	12.2
中位苏打碱化草甸土	—	—	—
深位苏打碱化草甸土	2.8	3.7	2.2
轻度苏打盐化草甸土	2.6	4.2	1.4
中度苏打盐化草甸土	2.6	3.5	1.2
重度苏打盐化草甸土	2.7	3.2	2.2
薄层石灰性草甸沼泽土	2.3	2.3	2.2
固定草甸风沙土	3.5	19.2	2.2

从表4-99可以看出，不同土壤的有效锰含量不同，安达市耕地土壤有效锰含量水平较低。土壤中的锰含量多少与成土母质、土壤类型及气候条件等有关。土壤中锰的形态随土壤 pH、氧化还原条件及有机质的多少而变化，通气性良好的轻质土壤，锰由低价向高价转化，而淹水条件下，强酸性土壤中高价锰向低价锰转化，因此，水稻土土壤中有效锰常常增加，而石灰性土壤有效锰往往不足。这是安达市土壤有效锰含量低的原因之一。

综上所述，影响土壤有效锰的因素如下：

第一，土壤有效锰的多少与土壤酸碱性、氧化还原电位、土壤质地、土壤水分状况及有机质含量等有关。

第二，土壤 pH（即土壤的酸碱性）对锰的有效性关系甚为突出，高 pH 比低 pH 土壤更易吸附锰。因此，高 pH 的石灰性土壤有效锰含量较低；低 pH 的酸性土壤有效锰含量较高。pH 大于7.5，有效锰急剧下降；pH 大于8.0时，土壤有效锰很低。

第三，不同土壤质地中锰的有效性，总的趋势是，沙土到中壤随土壤黏粒含量（粒径小于0.01毫米）增加而增加，中壤到重壤随黏粒含量的增加而降低。一般地说，沙性大的土壤，有效锰含量较低。

第四，土壤有机质的存在，可促使锰的还原而增加活性锰。土壤有机质含量高，有效锰含量也高；有机质含量低，有效锰含量也低。土壤有效锰与土壤有机质之间呈正相关关系。

第五，土壤水分状况直接影响土壤氧化还原状况，从而影响土壤中锰的不同形态的变化。淹水时，锰向还原状态变化，有效锰增加；干旱时，锰向氧化状态变化，有效锰降低。因此，同一母质发育的水稻土其有效锰高于相应的旱地土壤。旱地沙土常常处于氧化状态，锰以高价锰为主，有效锰较低，常常易缺锰。一般来说，土壤有效锰随土壤碳酸钙含量增加而降低，锰的有效性与碳酸含量之间呈负相关。

十、土壤有效铁

释　　义：耕层土壤中能供作物吸收的铁的含量。以每千克干土中所含铁的毫克数计。

英文名称：Available iron

数据类型：数值

量　　纲：毫克/千克

小 数 位：1

极 小 值：0

极 大 值：5 000

备　　注：DTPA——原子吸收光谱法。

铁参与植物体呼吸作用和代谢活动，又是合成叶绿素所必需的元素。因此，作物缺铁会导致叶片失绿，严重的甚至会导致植物枯萎死亡。有效铁是耕地土壤中能够被作物吸收的铁的含量。

安达市土壤中有效铁的平均值为2.5毫克/千克，最大值为5.4毫克/千克，最小值为0.9毫克/千克。2011年安达市各乡（镇）土壤有效铁含量统计见表4-100，2011年安达市各土种有效铁含量统计见表4-101。

表4-100　安达市各乡（镇）土壤有效铁含量统计（2011年）

单位：毫克/千克

乡（镇）	最大值	最小值	平均值
安达镇	4.6	2.0	2.7
昌德镇	2.4	2.0	2.2
火石山乡	3.5	2.0	2.6
吉星岗镇	3.0	2.4	2.8
老虎岗镇	3.4	2.5	2.9
青肯泡乡	2.4	1.9	2.2
任民镇	5.4	1.6	2.8

（续）

乡（镇）	最大值	最小值	平均值
升平镇	2.7	1.7	2.3
太平庄镇	2.3	2.0	2.1
万宝山镇	4.4	2.0	2.4
卧里屯乡	2.6	0.9	1.9
先源乡	3.6	1.6	2.5
羊草镇	3.3	1.8	2.4
中本镇	2.5	2.2	2.3

表 4-101　安达市各土种有效铁含量统计（2011 年）

单位：毫克/千克

土种	平均值	最大值	最小值
薄层石灰性草甸黑钙土	2.5	4.5	1.1
中层石灰性草甸黑钙土	2.4	3.4	0.9
厚层石灰性草甸黑钙土	2.4	3.6	1.8
中层黄土质草甸黑钙土	0.7	0.7	0.6
厚层黄土质草甸黑钙土	0.7	0.7	0.7
薄层石灰性潜育草甸土	2.4	2.4	2.4
中层石灰性潜育草甸土	2.7	2.7	2.7
厚层石灰性潜育草甸土	0.6	0.6	0.6
薄层黏壤质石灰性草甸土	2.5	4.8	1.9
中层黏壤质石灰性草甸土	2.2	2.5	2.0
厚层黏壤质石灰性草甸土	2.5	3.6	1.4
浅位苏打碱化草甸土	3.1	3.1	3.1
中位苏打碱化草甸土	0.7	0.7	0.6
深位苏打碱化草甸土	2.9	3.2	2.1
轻度苏打盐化草甸土	2.6	5.4	1.8
中度苏打盐化草甸土	0.6	0.8	0.5
重度苏打盐化草甸土	2.5	3.2	1.7
薄层石灰性草甸沼泽土	2.3	2.3	2.3
固定草甸风沙土	2.3	4.6	2.0

　　从表 4-100 可以看出，老虎岗镇耕层土壤有效铁含量最高，平均值为 2.9 毫克/千克，变化幅度为 2.5～3.4 毫克/千克；卧里屯乡耕层土壤有效铁含量最低，平均值为 1.9 毫克/千克，变化幅度为 0.9～2.6 毫克/千克。表 4-101 可以看出，安达市耕地土壤有效铁含量最高的是浅位苏打碱化草甸土，有效铁平均值为 3.1 毫克/千克；含量最低的

为中度苏打盐化草甸土和厚层石灰性潜育草甸土，有效铁平均值为 0.6 毫克/千克。通过分析可以看出安达市耕地土壤有效铁含量较低。

土壤 pH 高的土壤含有较多的氢氧离子，与土壤中的铁生成难溶的氢氧化铁，降低了土壤中铁的有效性，安达市土壤全部呈碱性，是土壤有效铁含量低的原因。

十一、土壤有效铜

释　　义：耕层土壤中能供作物吸收的铜的含量。以每千克干土中所含铜的毫克数计。

英文名称：Available copper

数据类型：数值

量　　纲：毫克/千克

小 数 位：2

极 小 值：0

极 大 值：9.99

备　　注：草酸-草酸铵提取——极普法。

铜是植物体内抗坏血酸氧化酶、多酚氧化酶和质体蓝素等电子递体的组成成分，在代谢过程中起到重要作用，同时亦是植物抗病的重要机制。

按铜在土壤中的形态可分为水溶态铜、代换性铜、难溶性铜以及铜的有机化合物。水溶态、代换性的铜能被作物吸收利用，因此称为有效态铜；后两者铜则很难被植物吸收利用。4 种形态的铜加在一起称为全量铜。水溶态铜在土壤中含量较少，一般不易测出，主要是有机酸所形成的可溶性络合物。例如，草酸铜和柠檬酸铜，此外，还有硝酸铜和氯化铜。代换态铜是土壤胶体所吸附的铜离子和铜络离子。

安达市土壤中有效铜的平均值为 1.56 毫克/千克，最大值为 15.01 毫克/千克，最小值为 0.31 毫克/千克。2011 年安达市各乡（镇）土壤有效铜含量统计见表 4－102，2011 年安达市各土种有效铜含量统计见表 4－103。

表 4－102　安达市各乡（镇）土壤有效铜含量统计（2011 年）

单位：毫克/千克

乡（镇）	最大值	最小值	平均值
安达镇	1.62	0.95	1.26
昌德镇	2.98	1.05	1.35
火石山乡	1.67	1.12	1.46
吉星岗镇	5.19	1.22	1.66
老虎岗镇	15.01	1.11	1.85
青肯泡乡	1.76	1.05	1.37
任民镇	2.13	0.60	1.21
升平镇	9.73	0.93	3.69

（续）

乡（镇）	最大值	最小值	平均值
太平庄镇	2.38	1.50	1.96
万宝山镇	9.10	0.89	1.52
卧里屯乡	1.55	1.20	1.40
先源乡	1.98	0.31	1.26
羊草镇	1.64	1.06	1.35
中本镇	1.96	1.02	1.31

表4-103　安达市各土种有效铜含量统计（2011年）

单位：毫克/千克

土种	平均值	最大值	最小值
薄层石灰性草甸黑钙土	1.64	15.01	0.31
中层石灰性草甸黑钙土	1.42	4.76	0.96
厚层石灰性草甸黑钙土	2.59	9.51	1.05
中层黄土质草甸黑钙土	1.35	1.44	1.25
厚层黄土质草甸黑钙土	—	—	—
薄层石灰性潜育草甸土	1.16	1.16	1.16
中层石灰性潜育草甸土	1.11	1.11	1.11
厚层石灰性潜育草甸土	—	—	—
薄层黏壤质石灰性草甸土	1.29	2.07	0.95
中层黏壤质石灰性草甸土	1.28	1.73	1.10
厚层黏壤质石灰性草甸土	1.74	9.61	1.09
浅位苏打碱化草甸土	1.42	1.42	1.42
中位苏打碱化草甸土	1.31	1.76	0.60
深位苏打碱化草甸土	1.39	1.84	1.11
轻度苏打盐化草甸土	1.31	2.10	0.69
中度苏打盐化草甸土	1.31	1.76	0.60
重度苏打盐化草甸土	1.35	1.59	1.08
薄层石灰性草甸沼泽土	1.14	1.16	1.11
固定草甸风沙土	1.74	9.61	1.09

十二、土壤有效硫

释　　义：耕层土壤中能供作物吸收的硫的含量。以每千克干土中所含硫的毫克数计。

英文名称：Available sulfur

数据类型：数值

量　　纲：毫克/千克

小　数　位：1

备　　注：氯化钙提取——硫酸钡比浊法测定。

硫是植物体内蛋白质的组成成分，缺硫时蛋白质形成受阻碍。硫是一些酶的组成成分，如脂肪酶、脲酶中都含有硫，硫还参与植物体内的氧化还原过程，对叶绿素的形成也有一定的影响。

安达市土壤中有效硫的平均值为44.5毫克/千克，最大值为92.3毫克/千克，最小值为9.1毫克/千克。2011年安达市各乡（镇）土壤有效硫含量统计见表4-104，各土种有效硫含量统计见表4-105。

表4-104　安达市各乡（镇）土壤有效硫含量统计（2011年）

单位：毫克/千克

乡（镇）	最大值	最小值	平均值
安达镇	92.3	9.1	53.1
昌德镇	66.1	27.6	40.0
火石山乡	71.6	28.4	48.4
吉兴岗镇	82.3	35.3	56.9
老虎岗镇	90.2	34.2	53.9
青肯泡乡	56.1	19.5	35.6
任民镇	71.3	16.4	40.2
升平镇	68.7	23.7	44.3
太平庄镇	50.3	16.7	31.5
万宝山镇	56.2	19.3	30.6
卧里屯乡	61.3	26.3	39.7
先源乡	50.4	15.3	32.4
羊草镇	88.3	29.8	55.7
中本镇	77.0	28.5	47.8

表4-105　安达市各土壤有效硫含量统计（2011年）

单位：毫克/千克

土种	平均值	最大值	最小值
薄层石灰性草甸黑钙土	46.7	92.3	9.1
中层石灰性草甸黑钙土	42.4	90.2	15.3
厚层石灰性草甸黑钙土	36.7	55.2	19.3
中层黄土质草甸黑钙土	33.4	40.2	26.5

（续）

土种	平均值	最大值	最小值
厚层黄土质草甸黑钙土	—	—	—
薄层石灰性潜育草甸土	28.4	28.4	28.4
中层石灰性潜育草甸土	36.2	36.2	36.2
厚层石灰性潜育草甸土	—	—	—
薄层黏壤质石灰性草甸土	40.7	78.3	16.7
中层黏壤质石灰性草甸土	31.8	31.8	31.8
厚层黏壤质石灰性草甸土	53.5	83.3	34.4
浅位苏打碱化草甸土	46.7	46.7	46.7
中位苏打碱化草甸土	—	—	—
深位苏打碱化草甸土	46.3	71.3	34.5
轻度苏打盐化草甸土	36.3	67.7	16.4
中度苏打盐化草甸土	47.9	70.5	19.3
重度苏打盐化草甸土	50.9	72.3	29.8
薄层石灰性草甸沼泽土	28.4	28.4	28.4
固定草甸风沙土	53.5	83.3	34.4

十三、土壤有效硼

释　　义：耕层土壤中能供作物吸收的硼的含量。以每千克干土中所含硼的毫克数计。

英文名称：Available boron

数据类型：数值

量　　纲：毫克/千克

小 数 位：3

极 小 值：0

极 大 值：500

备　　注：姜黄色比色法。

土壤有效硼是指植物可从土壤中吸收利用的硼。硼元素是作物体内各种有机物的组成成分，能加强作物的某些重要生理机能。硼参与植物的碳水化合物和蛋白质的代谢，能促进植物根的生长发育，增强植物的抗逆性。供给作物的硼不充足，植物抗逆性和抗病能力减弱，会使作物产生一定生理病害，如甜菜的心腐病，花椰菜、萝卜的褐腐病，土豆的疮痂病，芹菜的茎秆开裂，萝卜的空心，白菜、菠菜生长不良，甘薯的褐斑病，芹菜的折茎病，亚麻的立枯病，向日葵的白腐病和灰腐病，菜豆的炭斑病等。施硼可使作物这些病害的发生率大大降低。

安达市土壤中有效硼的平均值为 0.299 5 毫克/千克，最大值为 0.573 0 毫克/千克，最小值为 0.235 2 毫克/千克。2011 年安达市各乡（镇）土壤有效硼含量统计见表 4 - 106，2011 年安达市各土种有效硼含量统计见表 4 - 107。

表 4 - 106　安达市各乡（镇）土壤有效硼含量统计（2011 年）

单位：毫克/千克

乡（镇）	最大值	最小值	平均值
安达镇	0.573	0.248	0.337 5
昌德镇	0.304	0.244	0.236 9
火石山乡	0.436	0.246	0.323 9
吉星岗镇	0.376	0.302	0.347 6
老虎岗镇	0.426	0.312	0.365 0
青肯泡乡	0.301	0.235	0.273 0
任民镇	0.346	0.206	0.282 2
升平镇	0.341	0.218	0.284 0
太平庄镇	0.287	0.245	0.260 9
万宝山镇	0.353	0.246	0.281 7
卧里屯乡	0.322	0.112	0.235 2
先源乡	0.456	0.206	0.308 3
羊草镇	0.407	0.227	0.301 5
中本镇	0.312	0.273	0.291 5

表 4 - 107　安达市各土种有效硼含量统计（2011 年）

单位：毫克/千克

土种	平均值	最大值	最小值
薄层石灰性草甸黑钙土	0.305	0.436	0.136
中层石灰性草甸黑钙土	0.296	0.426	0.112
厚层石灰性草甸黑钙土	0.300	0.456	0.227
中层黄土质草甸黑钙土	0.253	0.257	0.249
厚层黄土质草甸黑钙土	—	—	—
薄层石灰性潜育草甸土	0.294	0.294	0.294
中层石灰性潜育草甸土	0.341	0.341	0.341
厚层石灰性潜育草甸土	—	—	—
薄层黏壤质石灰性草甸土	0.279	0.348	0.243
中层黏壤质石灰性草甸土	0.275	0.316	0.247
厚层黏壤质石灰性草甸土	0.308	0.456	0.172
浅位苏打碱化草甸土	0.389	0.389	0.389
中位苏打碱化草甸土	—	—	—

（续）

土种	平均值	最大值	最小值
深位苏打碱化草甸土	0.359	0.399	0.265
轻度苏打盐化草甸土	0.282	0.335	0.227
中度苏打盐化草甸土	0.302	0.407	0.246
重度苏打盐化草甸土	0.317	0.401	0.218
薄层石灰性草甸沼泽土	0.291	0.294	0.287
固定草甸风沙土	0.290	0.573	0.247

　　通过本次耕地地力评价，安达市耕地土壤有机质、pH、碱解氮、有效磷、速效钾、全氮、全磷、全钾及各微量元素等项目的测试分析，摸清了安达市的土样理化性状以及地力情况，明确了各种类型土壤的改良利用方向和主要措施，为安达市土地资源的综合利用和农业的可持续发展奠定了坚实的基础。

　　我们将建立完善的推荐施肥和耕地质量监管体系：测土配方，因地施肥，因土耕作，因地制宜。以施用有机肥为主，施用化肥为辅，逐渐改变农民的施肥观念；合理利用土壤肥力，用地与养地相结合，杜绝掠夺式生产模式；精耕细作，建立合理的轮作制度，使土壤肥力循环利用。在追求产量的同时，更要保证质量，使安达市的农业逐渐向现代化的绿色农业和可持续农业的方向发展。

第五章 耕地地力评价

第一节 耕地地力评价概述

一、耕地地力的概念

（一）耕地地力

耕地地力是指所在地特定气候区域以及地形、地貌、成土母质、土壤理化性状、农田基础设施及培肥水平等要素综合构成的耕地生产能力。它由三大因素影响并决定，一是立地条件，指与耕地地力直接相关的地形、地貌及成土母质特征；二是土壤条件，包括剖面与土地构型、耕地层土壤的理化性状、特殊土壤的理化指标；三是农田基础设施条件及培肥水平。是耕地内在的基本素质的综合反映。因此，耕地地力也就是耕地综合生产能力。

（二）耕地地力评价

耕地地力评价是指以利用方式为目的，评估耕地生产力和土地适宜性的过程，揭示生物生产力的高低和潜在生产力，其实质是对耕地生产力高低的鉴定。

（三）耕地地力评价的对象

耕地地力评价的对象是耕地的生产能力，是一种一般目的的评价。不针对某种利用类型耕地地力评价，而是针对耕地地力进行的土地质量评价，是土地评价的一种。

二、耕地地力评价的目的与任务

（一）目的

为科学种植提供依据，耕地地力评价是土壤肥料工作的基础，是加强耕地质量建设、提高农业综合生产能力的前提；是摸清区域耕地资源状况，提高耕地利用效率，促进现代农业发展的重要基础工作。

（二）任务

1. 对测土配方施肥数据、第二次土壤普查空间数据和属性数据进行数字化管理。

2. 编制数字化土壤养分分布图、耕地地力等级图、中低产田类型分布图等。

3. 在此基础上，编写耕地地力评价工作报告、技术报告，以及耕地改良利用、作物适宜性评价等专题报告。

4. 耕地地力评价成果最终体现在耕地地力分级图、耕地养分图，以及属性、耕地地力分级面积统计、中低产田类型与面积统计、耕地养分分级面积统计、技术报告、工作报告、专题报告等。

第二节 耕地地力评价依据及方法概述

一、耕地地力评价原则及依据

（一）耕地地力评价原则

耕地地力评价应围绕评价的工作内涵，对地形、土壤理化性状等自然要素进行分析，了解其对农作物生长限制的强弱程度。因此，在评价过程中应遵循以下原则：

1. 综合因素研究与主导因素分析相结合的原则 土壤是由各自然要素组成的自然综合体，建立评价体系时应从整体出发，综合考虑土壤的诸多基本特性，非着眼于个别因素。而单一土壤特性在评价体系中的作用是十分有限的，通常须将多个变量转化为统一的指标体系，以便通过不同层次指标的有机组合来更好地体现影响因子的多元性。因此，在评价过程中把综合因素与主导因素结合起来进行评价则可以对地力作出科学准确的评价。

2. 稳定性原则 评价结果在一定时期内应具有一定的稳定性，能为一定时期内的耕地资源配置和改良提供依据。因此，在指标的选取上必须考虑评价指标的稳定性。

3. 一致性与共性原则 考虑区域内耕地地力评价结果的可比性，不是针对某一特定的利用类型，而是针对县域内全部耕地利用类型，选用统一的共同的评价指标体系。同时，鉴于耕地地力评价是对全年的生物生产潜力进行评价，评价指标的选择需要考虑全年的各季作物。

4. 定量和定性相结合的原则 影响耕地地力的土壤自然属性和人为因素中既有数值型指标，也有概念型指标，两类指标都根据其对安达市区域内的耕地地力影响程度决定取舍，在数据标准化时采用相应的方法，以全面分析耕地地力的主导因素，为合理利用耕地资源提供决策依据。

5. 潜在生产力与现实生产力相结合的原则 耕地地力评价是通过多种因素分析方法，对耕地潜在生产能力的评价，区别于现实的生产力，但是同一等级耕地的现实生产能力可作为选择指标和衡量评价结果是否准确的参考依据。

6. 采用 GIS 支持的自动化评价方法原则 自动化、定量化的评价技术方法是评价发展的方向。本次耕地地力评价工作通过数据库的建立，评价模型构建机器与 GIS 空间叠加等分析模型的结合，实现了全数字化、自动化的评价流程。

（二）耕地地力评价的依据

耕地地力评价主要依据与其生产能力相关的各项自然和经济社会相关的要素，具体包括以下几个方面：

1. 自然环境要素 包括耕地所处的地形地貌、水文地质、成土母质等条件。

2. 土壤理化要素 包括土壤剖面与土体构型、耕层厚度、质地、容重等物理性状，以及有机质、氮、磷、钾等主要养分、pH、微量元素、阳离子交换量等化学性状等。

3. 农田基础设施条件 包括耕地的灌排条件、水土保持工程设施建设、培肥管理条件等。

二、评价指标

耕地地力评价指标体系包括 3 方面内容：一是评价指标，即从国家或省耕地地力评价因素中选取用于本市的评价指标；二是评价指标的权重和组合权重；三是单指标的隶属度，即每一指标不同表现状态下的分值。

三、评价方法

计算地力指数　采用线性加权法对所有指标数据进行隶属度计算。公式如下：

$$IFI = \sum (F_i \times C_i)$$

IFI——耕地地力综合指数；

F_i——第 i 个因子的隶属度；

C_i——第 i 个因子的组合权重。

根据每个农田评价单元各指标权重、生产能力分值和土壤调查、分析测试结果，计算出综合地力分值。

第三节　耕地地力评价技术流程概述

根据农业农村部制定的《全国耕地地力调查与质量评价总体工作方案》和《耕地地力调查与质量评价技术规程》的要求，结合第二次土壤普查的资料、测土配方施肥项目及相关资料、数据的现状，采用以下步骤开展耕地地力评价：

第一步，资料准备及数据库建立。根据评价的目的、任务、范围、方法，收集准备与评价有关的各类自然及社会经济资料，进行资料的分析处理。选择适宜的计算机硬件和 GIS 等分析软件，建立耕地地力评价基础数据库。

第二步，耕地地力评价。划分评价单元，提取影响力的关键因素并确定权重，选择相应评价方法，制定评价标准，确定地力等级。

第三步，评价结果分析。根据评价结果，量算各等级土地面积，编制耕地地力分布图，分析影响耕地地力的因素，提出耕地资源可持续利用的措施建议。

耕地是农业生产最基本的资源，耕地地力的好坏直接影响到农业生产的发展。随着我国经济社会的快速发展，耕地面积锐减，耕地质量逐年下降，如何进一步提高耕地生产水平，合理利用和科学管理土地资源，受到社会各界的日益关注。第二次土壤普查工作距今已有 30 多年，这期间我国的耕地质量和土壤肥力状况都发生了重大变化。因此，有必要再次对耕地地力进行调查和评价，为我国土壤肥料信息系统和精准农业体系的建立提供信息储备，为实现全球化土壤信息交流与共享奠定扎实的基础。

耕地地力评价大体可分为以产量为依据的耕地当前生产能力评价和以自然要素为主的生产潜力评价。本次耕地地力评价是指耕地用于一定方式下，在各种自然要素相互作用下所表现出来的潜在生产能力。

安达市耕地地力评价是以土壤因素为主的潜力评价。根据安达市的土壤养分、土壤理化性状、土壤剖面组成、土壤管理等因素相互作用表现出来的综合特征,揭示耕地潜在生物生产力的高低。通过耕地地力评价,可以全面了解安达市耕地地力现状,针对耕地土壤存在的障碍因素,改造中低产田,保护耕地质量,提高耕地的综合生产能力,为合理调整农业结构,生产无公害农产品、绿色食品、有机食品;建立耕地资源数据库,对耕地质量实行有效的管理等提供科学依据。

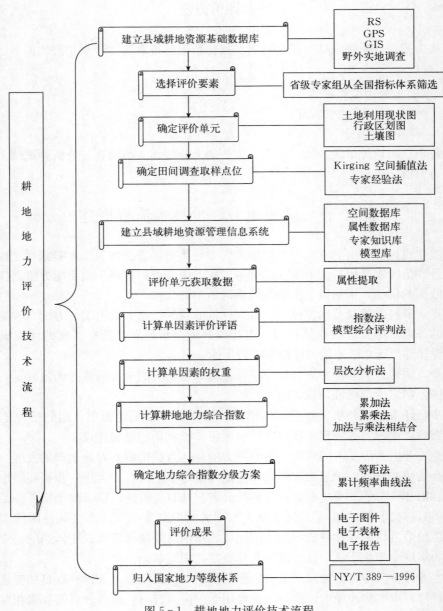

图 5-1　耕地地力评价技术流程

第四节　耕地地力评价方法

一、确定评价单元

评价单元是由对耕地质量具有关键影响的各耕地要素组成的空间实体，是耕地质量评价的最基本单位、对象和基础图斑。同一评价单元的耕地自然基本条件、耕地的个体属性和经济属性基本一致，不同耕地评价单元之间，既有差异性，又有可比性。耕地地力评价就是要通过对每一个评价单元的评价，确定其地力级别，把评价结果落实到实地和土壤图上。因此，耕地评价单元划分得合理与否，直接关系到耕地地力评价的结果以及工作量的大小。

耕地评价单元目前通用的确定评价单元方法有 4 种：一是以土壤图为基础，将受农业生产影响一致的土壤类型归并在一起成为一个评价单元；二是以耕地类型图为基础确定评价单元；三是以土地利用现状图为基础确定评价单元；四是采用网格法确定评价单元。上述方法各有利弊。本次评价根据《耕地地力调查与质量评价技术规程》的要求，采用综合方法确定评价单元，即用 1∶50 000 土壤图、1∶50 000 行政区划图、1∶25 000 土地利用现状图，先数字化，再在计算机上叠加复合生成评价单元图斑，然后进行综合取舍，形成评价单元。这种方法的优点是全面、综合性强，形成的评价单元，同一评价单元内土壤类型相同，既满足了对耕地地力和质量做出评价，又便于耕地的利用与管理。本次安达市调查共确定形成评价单元 1 832 个，总面积 135 600 公顷。

1. 耕地地力评价单元图斑的生成　耕地地力评价单元图斑是在矢量化土壤图、土地利用现状图的基础上，在 ArcMap 中利用矢量图的叠加分析功能，将以上两个图件叠加，生成评价单元图斑。

2. 采样点位图的生成　采样点位的坐标用 GPS 定位仪定位进行野外采集，在 ArcInfo 中将采集的点位坐标转换成矢量图一致的 1954 北京坐标系。将转换后的点位图转换成可以与 ArcMap 进行交换的 .shp 格式。

二、确定评价指标

耕地地力评价因素的选择应考虑到地形因素、土壤因素、水文及水文地质和社会经济因素等；同时农田基础建设水平对耕地地力影响很大，也应当是评价因素之一。本次评价工作侧重于为农业生产服务，因此本次安达市耕地地力评价选取评价因素依据以下原则：

1. 重要性原则　选取的因子对耕地地力有比较大的影响。如土壤因素、障碍因素、养分变化等。

2. 易获取性原则　通过常规的方法可以获取。有些评价指标很重要，但是获取不易，无法作为评价指标，可以用相关参数代替。

3. 差异性原则　选取的因子在评价区域变异较大，便于划分耕地地力的等级。如在冲积平原地区，土壤的质地对耕地地力有很大影响，必须列入评价项目之中；但耕地土壤都是由松软的沉积物发育而成，有效土层深厚而且比较均一，就可以不作为参评因素。

4. 稳定性原则 选取的评价因素在时间序列上具有相对的稳定性。如土壤的质地、有机质含量、微量元素等，评价结果能有较长的有效期。

5. 评价范围原则 选取评价因素与评价区域的大小有密切关系。如在一个县的范围内，气候因素变化较小，在进行县域耕地地力评价时，气候因素可以不作为参评因子。

6. 精简性原则 并不是选取的评价因子越多越好，选取太多，工作量和费用都要增加。通常选 8～15 个因子就能满足评价的需要。

基于以上考虑，结合安达市本地的土壤条件、农田基础设施状况、当前农业生产中耕地存在的突出问题等，并参照《耕地地力调查和质量评价技术规程》中所确定的 62 项指标体系，结合安达市实际情况最后确定了选取 3 个准则，9 项指标：有机质、有效磷、速效钾、有效锌、质地、pH、耕层厚度、障碍位置、积温。见表 5－1。

表 5－1 安达市地力评价指标

评价准则	评价指标
1. 耕层养分状况	①有效磷 ②速效钾 ③有效锌
2. 理化性状	①质地 ②pH ③有机质 ④耕层厚度
3. 立地条件	①障碍层位置 ②积温

每一个指标的名称、释义、量纲、上下限等定义如下：

（1）有机质：反映土壤中除碳酸盐以外的所有含碳化合物的总含碳量，是土壤肥力的核心，属数值型，量纲表示为克/千克。

（2）有效磷：反映耕地土壤中能供作物吸收的磷元素的含量，是耕地土壤耕层（0～20 厘米）供磷能力的强度水平的指标，属数值型，量纲表示为毫克/千克。

（3）速效钾：反映土壤中容易为作物吸收利用的钾素含量，是耕地土壤耕层（0～20 厘米）供钾能力的强度水平的指标，属数值型，量纲表示为毫克/千克。

（4）有效锌：反映土壤溶液中能被作物吸收的锌的含量，是耕地土壤耕层（0～20 厘米）供锌能力的强度水平的指标，属数值型，量纲表示为毫克/千克。

（5）质地：土壤中各种粒径土粒的组合比例关系称为机械组成，不同土壤质地有差别，同一种土壤不同层次有差异，是反映作物的生长环境的指标，属于概念型。

（6）pH：反映耕地土壤酸碱度，代表土壤溶液中氢离子浓度的负对数 pH 大小的指标，属数值型。

（7）障碍层位置：反映土壤环境条件情况，属于数值型，量纲为厘米。

（8）积温：反映作物生长发育所需的外界环境，属于数值型，量纲为℃。

（9）耕层厚度：反映生产水平，对当季作物生产有重要影响，属于数值型，量纲为厘米。

三、评价单元赋值

根据各评价因子的空间分布图或属性数据库，将各评价因子数据赋值给评价单元，主要采取以下方法：

1. 对点位数据 如全氮、有效磷、速效钾等，采用插值的方法形成栅格图与评价单元图叠加，通过统计给评价单元赋值。

2. 对矢量分布图 如腐殖层厚度、容重、地形部位等，直接与评价单元图叠加，通过加权统计、属性提取，给评价单元赋值。

3. 对等高线 使用数字高程模型，形成坡度图、坡向图，与评价单元图叠加，通过统计给评价单元赋值。

四、评价指标标准化

所谓评价指标标准化就是要对每一个评价单元不同数量级、不同量纲的评价指标数据进行 0～1 化。数值型指标的标准化，采用数学方法进行处理；概念型指标标准化先采用专家经验法，对定性指标进行数值化描述，然后进行标准化处理。

模糊评价法是数值标准化最通用的方法。它是采用模糊数学的原理，建立起评价指标值与耕地生产能力的隶属函数关系，其数学表达式 $\mu = f(x)$。μ 是隶属度，这里代表生产能力；x 代表评价指标值。根据隶属函数关系，可以对于每个 x 算出其对应的隶属度 μ，是 $0 \rightarrow 1$ 中间的数值。在本次耕地地力评价中，将选定的评价指标与耕地生产能力的关系分为戒上型函数、戒下型函数、峰型函数、直线型函数以及概念型 5 种类型的隶属函数。前 4 种类型可以先通过专家打分的办法对一组评价单元值评估出相应的一组隶属度，根据这两组数据拟合隶属函数，计算所有评价单元的隶属度；后一种是采用专家直接打分评估法，确定每一种概念型的评价单元的隶属度。

本次耕地地力评价，由黑龙江省各个层面的专家经过多次的会商讨论，并经过当地有经验的专家实地调查验证，所赋的值基本符合生产实际。但是，在生产实际运用过程中，要根据实际地块的各项生产条件进行研判，使得数据库模型更能发挥其权威性。评价指标隶属函数的建立和评价指标标准化如下：

1. 用 1～9 定为 9 个打分标准 1 表示同等重要，3 表示稍微重要，5 表示明显重要，7 表示强烈重要，9 表示极端重要。2、4、6、8 处于中间值。不重要按上述轻重倒数相反。

2. 权重打分

（1）总体评价准则权重打分见图5-2。

	土壤养分	理化性状	立地条件
土壤养分	1.0000	0.6667	1.4999
理化性状	1.5000	1.0000	2.0000
立地条件	0.6667	0.5000	1.0000

图5-2

（2）评价指标分项目权重打分。

① 土壤养分见图5-3。

	速效钾	有效磷	有效锌
速效钾	1.0000	2.0000	3.0003
有效磷	0.5000	1.0000	4.0000
有效锌	0.3333	0.2500	1.0000

图5-3

② 理化性状见图5-4。

	有机质	pH	质地	耕层厚度
有机质	1.0000	3.0003	2.0000	2.0000
pH	0.3333	1.0000	0.5000	0.5000
质地	0.5000	2.0000	1.0000	1.5000
耕层厚度	0.5000	2.0000	0.6667	1.0000

图5-4

③ 积温见图5-5。

	积温	障碍层位置
积温	1.0000	3.0000
障碍层位置	0.3333	1.0000

图5-5

3. 耕地地力评价层次分析模型编辑 层次分析构造矩阵见图5-6，评价指标的专家评估及权重见图5-7。

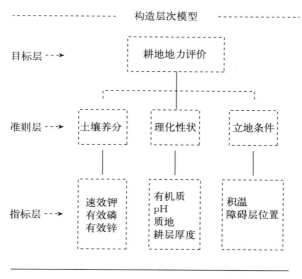

图 5-6 层次分析构造矩阵

层次分析结果表

| 层次A | 层次C | | | 组合权重 |
	土壤养分 0.318 9	理化性状 0.459 9	立地条件 0.221 2	$\sum C_i A_i$
速效钾	0.512 0			0.163 3
有效磷	0.360 1			0.114 9
有效锌	0.127 9			0.040 8
有机质		0.420 9		0.193 6
pH		0.122 0		0.056 1
质地		0.251 1		0.115 5
耕层厚度		0.206 1		0.094 8
积温			0.750 0	0.165 9
障碍层位置			0.250 0	0.055 3

图 5-7 评价指标的专家评估及权重

4. 各个评价指标隶属度的建立

（1）pH：pH 专家评估见表 5-2，土壤 pH 隶属函数曲线（峰型）见图 5-8。

表 5-2 pH 专家评估

pH	6.5	7.0	7.5	7.8	8.0	8.2	8.3	8.5	8.8	9.0
隶属度	0.90	1.00	0.93	0.83	0.73	0.65	0.60	0.52	0.45	0.38

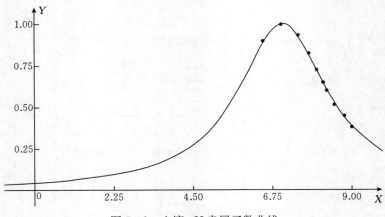

图 5-8 土壤 pH 隶属函数曲线

（2）耕层厚度：耕层厚度专家评估见表 5-3，耕地耕层厚度隶属函数曲线（戒上型）见图 5-9。

表 5-3 耕层厚度专家评估

耕层厚度（厘米）	14	16	18	20	22	24
隶属度	0.50	0.60	0.70	0.82	0.92	1.00

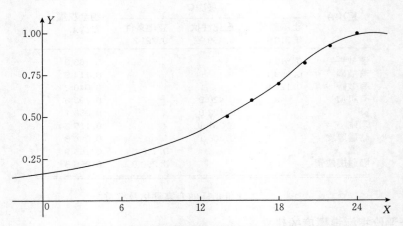

图 5-9 耕地耕层厚度隶属函数曲线（戒上型）

（3）速效钾：速效钾专家评估见表 5-4，土壤速效钾隶属函数曲线（戒上型）见图 5-10。

表 5-4 速效钾专家评估

速效钾（毫克/千克）	100	150	200	250	300	400
隶属度	0.50	0.60	0.70	0.80	0.90	1.00

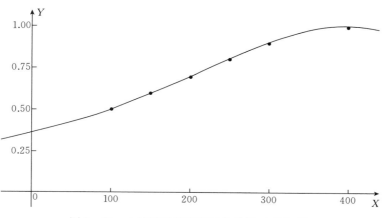

图 5-10 土壤速效钾隶属函数曲线（戒上型）

（4）有机质：有机质专家评估见表 5-5，土壤有机质隶属函数曲线（戒上型）见图 5-11。

表 5-5 有机质专家评估

有机质（克/千克）	20	24	28	30	32	35	40	50	60
隶属度	0.45	0.52	0.58	0.63	0.67	0.73	0.83	0.96	1.00

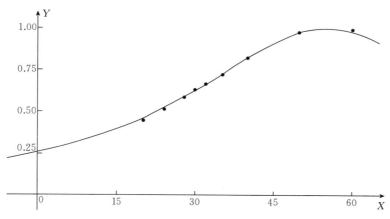

图 5-11 土壤有机质隶属函数曲线（戒上型）

（5）有效磷：有效磷专家评估见表 5-6，土壤有效磷隶属函数曲线（戒上型）见图 5-12。

表 5-6 有效磷专家评估

有效磷（毫克/千克）	5.0	10.0	15.0	20.0	25.0	30.0	35.0	40.0	45.0
隶属度	0.33	0.38	0.45	0.52	0.62	0.70	0.82	0.93	1.00

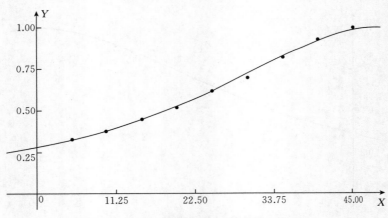

图 5-12 土壤有效磷隶属函数曲线（戒上型）

（6）有效锌：有效锌专家评估见表 5-7，土壤有效锌隶属函数曲线（戒上型）见图 5-13。

表 5-7 有效锌专家评估

有效锌（毫克/千克）	0.8	1.5	2.0	3.0	5.0	6.0	8.0	10.0
隶属度	0.40	0.45	0.50	0.55	0.70	0.80	0.93	1.00

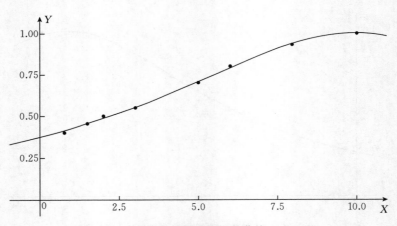

图 5-13 土壤有效锌隶属函数曲线（戒上型）

（7）障碍层位置：障碍层位置专家评估见表 5-8，障碍层隶属函数曲线（戒上型）见图 5-14。

表 5-8 障碍层位置专家评估

障碍层	11.0	13.0	15.0	17.0	19.0	22.0
隶属度	0.50	0.60	0.70	0.80	0.90	1.00

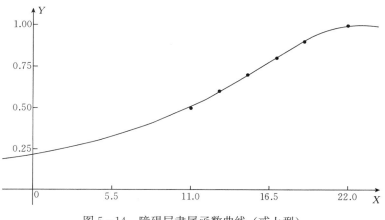

图 5 - 14　障碍层隶属函数曲线（戒上型）

五、进行耕地地力等级评价

耕地地力评价是根据层次分析模型和隶属函数模型，对每个耕地资源管理单元的农业生产潜力评价，再根据聚类分析的原理对评价结果进行分级，从而产生耕地地力等级，并将地力等级以不同的颜色在耕地资源管理单元图上表达。

（1）耕地生产潜力评价窗口：见图 5 - 15。

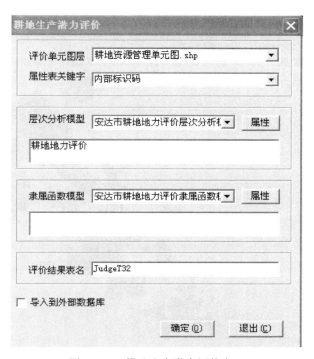

图 5 - 15　耕地生产潜力评价窗口

（2）耕地地力等级划分窗口：见图 5-16。

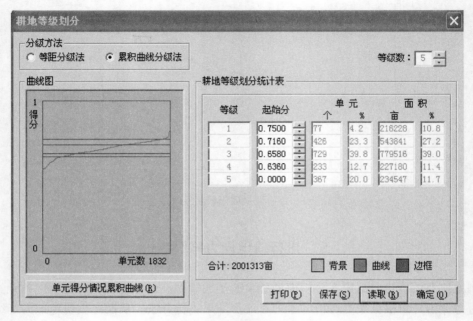

图 5-16　耕地地力等级划分窗口

（3）耕地资源管理单元：见图 5-17。

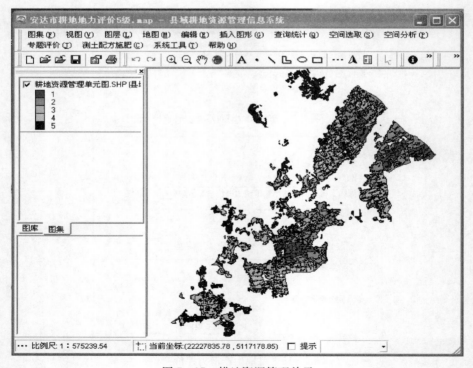

图 5-17　耕地资源管理单元

六、计算耕地地力生产性能综合指数（IFI）

$$IFI = \sum F_i \times C_i \; ; \; (i = 1, 2, 3 \cdots\cdots)$$

式中：IFI——耕地地力综合指数（Integrated Fertility Index）；

F_i——第 i 个评价因子的隶属度；

C_i——第 i 个评价因子的组合权重。

七、确定耕地地力综合指数分级方案

采取累积曲线分级法划分耕地地力等级，用加法模型计算耕地生产性能综合指数（IFI），将安达市耕地地力划分为 5 级。见表 5-9。

表 5-9　安达市耕地地力综合指数及地力分级

地力分级	综合指数（IFI）	耕地面积（公顷）	占耕地总面积（%）
一级	＞0.750 0	11 647.31	8.59
二级	0.716 0～0.750 0	30 548.87	22.53
三级	0.658 0～0.716 0	51 867.18	38.24
四级	0.636 0～0.658 0	26 825.93	19.78
五级	＜0.636 0	14 720.71	10.86
合计	—	135 610.00	100.00

八、归并农业部地力等级指标划分标准

耕地地力的另一种表达方式，即以产量表达耕地地力水平。农业部于 1997 年颁布了《全国耕地类型区耕地地力等级划分》农业行业标准，将全国耕地地力根据粮食单产水平划分为 10 个等级。在对安达市 1 832 个耕地地力调查点的实际年平均产量调查数据分析，根据其对应的相关关系，将用自然要素评价的耕地地力等级分别归入相应的概念型产量表示的地力等级体系。耕地地力（国家级）分级统计见表 5-10。

表 5-10　耕地地力（国家级）分级统计

国家级	产量（千克/公顷）
四	9 000～10 500
五	7 500～9 000
六	6 000～7 500
七	4 500～6 000

安达市评价结果表明，按照耕地地力国家级分级标准，安达市耕地大多数处于国家级的五级、六级，占全市耕地的80.55%；处于国家级四级的，占全市耕地的8.59%；处于国家级七级的，占全市耕地的10.86%。

第五节　耕地地力评价结果与分析

安达市耕地总面积为135 610公顷。本次耕地地力调查与质量评价将全市耕地划分为5个等级。一级耕地11 647.31公顷，占耕地面积的8.59%；二级耕地30 548.87公顷，占耕地面积的22.52%；三级耕地51 867.18公顷，占耕地面积的38.24%；四级耕地26 825.93公顷，占耕地面积的19.78%；五级耕地14 720.70公顷，占耕地面积的10.86%。安达市一级地属高产田，占全市总耕地面积8.59%；二级、三级地属中产田，占全市总耕地面积的60.77%；四级、五级地属低产田，占全市总耕地面积的30.64%。

一、一级地

安达市一级地面积为11 647.31公顷，占全市耕地总面积的8.59%。主要分布于老虎岗镇、吉星岗镇和羊草镇，土壤类型主要是黑钙土。安达市各乡（镇）一级地分布面积统计见表5-11，一级地土壤分布面积统计见表5-12。

表5-11　安达市各乡（镇）一级地分布面积统计

乡（镇）	耕地面积（公顷）	一级地面积（公顷）	占乡（镇）耕地面积（%）	占一级地面积（%）
任民镇	8 363.00	—	—	—
中本镇	6 097.00	—	—	—
火石山乡	8 409.00	—	—	—
青肯泡乡	7 882.00	15.35	0.19	0.13
安达镇	3 764.00	15.45	0.41	0.13
卧里屯乡	6 708.00	—	—	—
万宝山镇	10 277.00	—	—	—
羊草镇	14 991.00	5 182.80	34.57	44.50
升平镇	11 656.00	4.35	0.04	0.04
吉兴岗镇	16 314.00	5 307.81	32.54	45.57
老虎岗镇	13 704.00	1 121.55	8.18	9.63
昌德镇	11 656.00	—	—	—
太平庄镇	9 134.00	—	—	—
先源乡	4 150.00	—	—	—
其他	2 505.00	—	—	—
合计	135 610.00	11 647.31	8.59	100.00

表 5-12　安达市一级地土壤分布面积统计

土壤类型	耕地面积（公顷）	一级地面积（公顷）	占一级地面积（%）	占该土类面积（%）
草甸土	49 510.73	1 524.33	13.09	3.08
黑钙土	83 223.16	10 122.98	86.91	12.16
沼泽土	113.02	0	0	0
风沙土	2 763.09	0	0	0

　　一级地所处地带多为黑钙土、草甸土，地形较平缓，多分布在安达市的丘陵地和平岗地上，海拔为 134～212 米。由于地形部位高，地下水深达 50～70 米，因此地下水很少参与土壤的成土过程与土壤水分的循环。土壤水分的来源主要是大气降水，故该级地土壤水分的运动一般在 1 米土层内进行，降雨集中时可达到 2 米深的土层内。随着旱季与雨季的变迁，常产生表层土壤的季节性干旱现象，降低了自然土体中的有效养分，同时也将土壤深层中的可溶性盐分溶解而被带到地表，故使土壤呈碳酸盐反应。其成土母质主要以第四纪内海沉积物和冲积物在此基础上发育起来的黄土状黏土为主，在河流附近的低阶地上也有部分的冲积物母质。原始植被的草原化草甸类型，以杂草类"五花草塘"群落为主，由于现代农业的高速发展，原始植被已不复存在，都变成了人们赖以生存的农作物。草甸土和黑钙土主要分布在平坦的阶地和冲积地上，成土过程主要有两个：一个是腐殖质的积累过程；另一个是土壤中的物质淋溶与淀积过程。同时由于黑钙土和草甸土所处的地形部位高，随着时代的发展，黑钙土和草甸土在自然环境条件和人类生产活动的综合影响下，一级地土壤正在向着更加熟化的程度上发展，土壤基本没有侵蚀障碍因素。一级地耕层深厚，大多数在 20 厘米以上；土壤酸碱度（pH）为 8.2 左右，属微碱性土壤；土壤有机质平均值为 33.5 克/千克，全氮平均值为 1.88 克/千克，有效磷平均值为 20.14 毫克/千克，速效钾平均值为 218.76 毫克/千克，见表 5-13。

表 5-13　安达市一级地理化性状统计

项　目	平均值	90%样本值分布范围
有机质（克/千克）	33.50	27.4～46.3
pH	8.20	7.7～8.4
全氮（克/千克）	1.88	1.68～2.34
有效磷（毫克/千克）	20.14	16.8～33.6
速效钾（毫克/千克）	218.76	187.6～262.3

　　该级耕地抗旱抗涝能力强，是安达市的高产土壤，适于种植玉米、大豆等高产作物。产量水平较高，一般玉米产量为 10 250 千克/公顷以上。

二、二　级　地

　　安达市二级地面积为 30 548.87 公顷，占全市耕地总面积的 22.53%。主要分布于火石山乡、青肯泡乡、安达镇、卧里屯乡、羊草镇、升平镇、吉星岗镇和老虎岗镇。安达市各乡（镇）二级地分布面积统计见表5-14，二级地土壤分布面积统计见表5-15。

表5-14 安达市各乡（镇）二级地分布面积统计

乡（镇）	耕地面积（公顷）	二级地面积（公顷）	占乡（镇）耕地面积（%）	占二级地面积（%）
任民镇	8 363.00	—	—	—
中本镇	6 097.00	—	—	—
火石山乡	8 409.00	1 065.72	12.67	3.49
青肯泡乡	7 882.00	2 029.26	25.75	6.64
安达镇	3 764.00	2 071.68	55.04	6.78
卧里屯乡	6 708.00	—	—	—
万宝山镇	10 277.00	12.41	0.12	0.04
羊草镇	14 991.00	6 528.74	43.55	21.37
升平镇	11 656.00	1 247.39	10.70	4.09
吉兴岗镇	16 314.00	9 417.90	57.73	30.83
老虎岗镇	13 704.00	6 871.17	50.14	22.49
昌德镇	11 656.00	—	—	—
太平庄镇	9 134.00	—	—	—
先源乡	4 150.00	—	—	—
其他	2 505.00	1 304.60	52.08	4.27
合计	135 610.00	30 548.87	22.53	100.00

表5-15 安达市二级地土壤分布面积统计

土壤类型	耕地面积（公顷）	二级地面积（公顷）	占二级地面积（%）	占该土类面积（%）
草甸土	49 510.73	7 104.39	23.26	14.35
黑钙土	83 223.16	23 444.48	76.74	28.17
沼泽土	113.02	0	0	0
风沙土	2 763.09	0	0	0

二级地所处地带多为草甸土、黑钙土，地形较平缓，多分布在安达市的丘陵地和平岗地上，海拔为134～212米。由于地形部位高，地下水深达50～70米，因此地下水很少参与土壤的成土过程与土壤水分的循环。土壤水分的来源主要是大气降水，该级地土壤的水分运动一般在1米土层内进行，降雨集中时可达到2米深的土层内。随着旱季与雨季的变迁，常产生表层土壤季节性干旱现象，降低了自然土体中的有效养分，同时也将土壤深层中的可溶性盐分溶解而被带到地表，使土壤呈碳酸盐反应。其成土母质主要以第四纪内海沉积物和冲积物在此基础上发育起来的黄土状黏土为主，在河流附近的低阶地上也有部分的冲积物母质。原始植被的草原化草甸类型，以杂草类"五花草塘"群落为主，由于现代农业

的高速发展，原始植被已不复存在，都变成了人们赖以生存的农作物。草甸土和黑钙土主要分布在平坦的阶地和冲积地上，成土过程主要有两个：一个是腐殖质的积累过程；另一个是土壤中的物质淋溶与淀积过程。由于黑钙土和草甸土所处的地形部位高，随着时代的发展，黑钙土和草甸土在自然环境条件和人类生产活动的综合影响下，二级地土壤正在向着更加熟化的程度上发展，土壤基本没有侵蚀障碍因素。二级地耕层深厚，大多数在 20 厘米左右；土壤酸碱度（pH）为 8.2 左右，属微碱性土壤；土壤有机质平均值为 32.5 克/千克，全氮平均值为 1.76 克/千克，有效磷平均值为 18.40 毫克/千克，速效钾平均值为 204.46 毫克/千克，见表 5－16。

表 5－16　安达市二级地理化性状统计

项目	平均值	90%样本值分布范围
有机质（克/千克）	32.50	25.4～43.3
pH	8.20	7.6～8.8
全氮（克/千克）	1.76	1.30～5.7
有效磷（毫克/千克）	18.40	9.5～32.8
速效钾（毫克/千克）	204.46	156～256

该级耕地抗旱抗涝能力强，适于种植玉米、大豆等高产作物，产量水平较高，一般玉米产量为 8 750 千克/公顷以上。

三、三　级　地

安达市三级地面积为 51 867.18 公顷，占全市总耕地面积的 38.24%。除太平庄镇外其他 13 个乡（镇）均有分布。土壤类型主要为草甸土和黑钙土。安达市各乡（镇）三级地分布面积统计见表 5－17，三级地土壤分布面积统计见表 5－18。

表 5－17　安达市各乡（镇）三级地分布面积统计

乡（镇）	耕地面积（公顷）	三级地面积（公顷）	占乡（镇）耕地面积（%）	占三级地面积（%）
任民镇	8 363.00	987.07	11.80	1.90
中本镇	6 097.00	3 563.22	58.44	6.87
火石山乡	8 409.00	7 342.96	87.32	14.16
青肯泡乡	7 882.00	5 837.39	74.06	11.25
安达镇	3 764.00	1 676.62	44.54	3.23
卧里屯乡	6 708.00	5 860.71	87.37	11.30
万宝山镇	10 277.00	4 763.58	46.35	9.18
羊草镇	14 991.00	2 092.33	13.96	4.03
升平镇	11 656.00	5 359.61	45.98	10.33

（续）

乡（镇）	耕地面积 （公顷）	三级地面积 （公顷）	占乡（镇）耕地面积 （%）	占三级地面积 （%）
吉兴岗镇	16 314.00	1 588.29	9.74	3.06
老虎岗镇	13 704.00	5 094.68	37.18	9.82
昌德镇	11 656.00	5 548.91	47.61	10.70
太平庄镇	9 134.00	—	—	—
先源乡	4 150.00	951.41	22.93	1.83
其他	2 505.00	1 200.40	47.92	2.31
合计	135 610.00	51 867.18	38.24	100.00

表 5-18　安达市三级地土壤分布面积统计

土壤类型	耕地面积 （公顷）	三级地面积 （公顷）	占三级地面积 （%）	占该土类面积（%）
草甸土	49 510.73	18 443.90	35.56	37.25
黑钙土	83 223.16	32 041.28	61.78	38.50
沼泽土	113.02	—	—	—
风沙土	2 763.09	1 382.00	2.66	50.02

　　三级地除太平庄镇外全市各乡（镇）均有分布。其成土母质多为黄土状黏土，主要的成土过程有腐殖质的积累过程、钙的淋溶与淀积过程和附加草甸化过程。绝大部分耕地没有侵蚀或侵蚀较轻，基本上无障碍因素，耕层较深厚，耕层厚度为 16～20 厘米；土壤结构较好，多为粒状或小团块状结构，质地较适宜；土壤 pH 在 8.3 以上；土壤有机质平均值为 29.20 克/千克，全氮平均值为 1.83 克/千克，速效钾平均值为 195.44 毫克/千克，有效磷平均值为 15.96 毫克/千克，见表 5-19。

表 5-19　三级地理化性状统计

项目	平均值	90%样本值分布范围
有机质（克/千克）	29.2	18～40.2
pH	8.3	7.7～9.3
全氮（克/千克）	1.83	1.20～9.4
有效磷（毫克/千克）	15.96	8.1～31.2
速效钾（毫克/千克）	195.44	156～257

　　该级耕地保肥性能较好，抗旱排涝能力相对较强，适于种植各种作物，玉米产量水平一般在 8 260 千克/公顷。

四、四 级 地

　　安达市四级地面积为 26 825.93 公顷，占全市总耕地面积的 19.78%。主要分布于任

民镇、中本镇、万宝山镇、羊草镇、升平镇、昌德镇、先源乡等乡（镇）。安达市四级地
各乡（镇）分布面积统计见表 5-20，四级地土壤分布面积统计见表 5-21。

表 5-20　安达市各乡（镇）四级地分布面积统计

乡（镇）	耕地面积 （公顷）	四级地面积 （公顷）	占乡（镇）耕地面积 （%）	占四级地面积 （%）
任民镇	8 363.00	6 829.10	81.66	25.46
中本镇	6 097.00	2 533.57	41.55	9.44
火石山乡	8 409.00	0.31	0.004	0.001
青肯泡乡	7 882.00	—		
安达镇	3 764.00	0.25	0.007	0.001
卧里屯乡	6 708.00	785.10	11.70	2.93
万宝山镇	10 277.00	3 752.13	36.51	13.99
羊草镇	14 991.00	1 187.13	7.92	4.43
升平镇	11 656.00	5 044.65	43.28	18.81
吉兴岗镇	16 314.00	—		
老虎岗镇	13 704.00	474.82	3.46	1.77
昌德镇	11 656.00	5 999.59	51.47	22.36
太平庄镇	9 134.00			
先源乡	4 150.00	219.28	5.28	0.82
其他	2 505.00			
合计	135 610.00	26 825.93	19.78	100.00

表 5-21　安达市四级地土壤分布面积统计

土壤类型	耕地面积 （公顷）	四级地面积 （公顷）	占四级地面积 （%）	占该土类面积 （%）
草甸土	49 510.73	8 075.86	30.11	16.31
黑钙土	83 223.16	17 504.89	65.25	21.03
沼泽土	113.02	3.09	0.01	2.74
风沙土	2 763.09	1 242.09	4.63	44.95

　　四级地主要分布在坡地上、岗坡脚下及地势稍低的平地里。主要的成土过程有腐殖质
的积累过程、钙的淋溶与淀积过程和附加草甸化过程。绝大部分耕地盐渍化较重，碱性
高，基本上无障碍因素，耕层厚度在 15～20 厘米；土壤结构不良，多为小团块状结构，
质地较黏；土壤碱性，pH 在 8.5 左右，多分布在耕地与草原接壤地带。其土壤类型多为
薄层碳酸盐草甸黑钙土、盐化草甸土和碱化草甸土。土壤有机质平均值为 27.60 克/千克，
全氮平均值为 1.81 克/千克，速效钾平均值为 195.44 毫克/千克，有效磷平均值为 12.91
毫克/千克，见表 5-22。

表 5 - 22　四级地理化性状统计

项目	平均值	90%样本值分布范围
有机质（克/千克）	27.6	19.3～34.2
pH	8.5	7.8～9.7
全氮（克/千克）	1.81	1.10～8.2
有效磷（毫克/千克）	12.91	8.4～27.2
速效钾（毫克/千克）	195.44	156～257

该级耕地保肥性能较好，抗旱排涝能力中等，适于种植各种作物，玉米产量水平一般在 7 350 千克/公顷。

五、五 级 地

安达市五级地面积为 14 720.71 公顷，占全市总耕地面积的 10.86%。主要分布于先源乡、太平庄镇、老虎岗镇、万宝山镇、任民镇、昌德镇等乡（镇）。安达市五级地各乡（镇）分布面积统计见表 5 - 23，五级地土壤分布面积统计见表 5 - 24。

表 5 - 23　安达市各乡（镇）五级地分布面积统计

乡（镇）	耕地面积（公顷）	五级地面积（公顷）	占乡（镇）耕地面积（%）	占五级地面积（%）
任民镇	8 363.00	546.83	6.54	3.71
中本镇	6 097.00	0.21	0.003	0.001
火石山乡	8 409.00	—	—	—
青肯泡乡	7 882.00	—	—	—
安达镇	3 764.00	—	—	—
卧里屯乡	6 708.00	62.19	0.93	0.42
万宝山镇	10 277.00	1 748.89	17.02	11.88
羊草镇	14 991.00	—	—	—
升平镇	11 656.00	—	—	—
吉兴岗镇	16 314.00	—	—	—
老虎岗镇	13 704.00	141.78	1.03	0.96
昌德镇	11 656.00	107.50	0.92	0.73
太平庄镇	9 134.00	9 134.00	100.00	62.05
先源乡	4 150.00	2 979.31	71.79	20.24
其他	2 505.00	—	—	—
合计	135 610.00	14 720.71	10.86	100.00

表 5 - 24　安达市五级地土壤分布面积统计

土壤类型	耕地面积（公顷）	五级地面积（公顷）	占全市五级地面积（%）	占该土类面积（%）
草甸土	49 510.73	14 362.27	97.57	29.01
黑钙土	83 223.16	109.50	0.74	0.13
沼泽土	113.02	109.93	0.75	97.26
风沙土	2 763.09	139.00	0.94	5.03

　　五级地大都处在安达市低洼地域，其成土母质多为淤积物质，母质的质地有黏土状物质也有沙土。该地块在安达市地形上来看，相对高差在 30～70 厘米的地形，草甸土、盐土、碱土呈复区分布，土壤比较瘠薄，既不抗旱也不抗涝，土壤理化性状较差。耕层厚度为 15～18 厘米，土壤呈碱性，pH 在 8.8 以上；有机质平均值为 27.95 克/千克，速效钾平均值为 182.48 毫克/千克，有效磷平均值为 13.55 毫克/千克，全氮平均值为 1.97 克/千克，见表 5 - 25。

表 5 - 25　五级地理化性状统计

项目	平均值	90%样本值分布范围
有机质（克/千克）	27.9	24.6～33.2
pH	8.8	8.1～9.2
全氮（克/千克）	1.97	1.1～9.8
有效磷（毫克/千克）	13.5	9.4～22.6
速效钾（毫克/千克）	182.48	147～248

　　该级耕地土壤蓄水、抗旱、排涝能力较弱，适于种植耐盐碱作物，玉米产量水平一般为 5 930 千克/公顷。

第六章　耕地地力评价与区域配方施肥

不同的耕地土壤资源，具有不同的土壤类型与组合，并具有不同的土壤生产力及利用方向。耕地地力评价，是在查清土壤类型、特性、面积及其分布的基础上，进一步探讨土壤生产力与农业可持续发展之间的关系，明晰各种类型土壤所具有的特定生产力，农业生产上的利用特点和配置方向，从而为农业区划、土地利用总体规划以及各级政府部门决策提供相关信息。本次耕地地力调查结果表明，安达市土壤资源比较丰富。安达市共有黑钙土、草甸土、沼泽土和风沙土4个土类、7个亚类、8个土属、19个土种，总耕地面积135 610公顷。对土壤资源进行地力评价和数量统计，这对今后合理利用耕地资源，正确确定耕地布局，以及调整种植业结构具有十分重要的战略意义。

第一节　耕地施肥区划分

安达市的玉米产区，按产量、地形、地貌、土壤类型、≥10 ℃的有效积温、土壤养分、土壤属性及生产实践特点等可划分为3个测土施肥区域。一级耕地属于高产田，二级、三级耕地属于中产田，四级、五级地属于低产田。安达市各乡（镇）不同等级面积统计及占该级耕地面积比见表6-1。

表6-1　安达市各乡（镇）不同地力等级面积统计

乡（镇）	一级		二级		三级		四级		五级		总计（公顷）
	面积（公顷）	占总耕地面积比例（%）	面积（公顷）	占总耕地面积比例（%）	面积（公顷）	占总耕地面积比例（%）	面积（公顷）	占总耕地面积比例（%）	面积（公顷）	占总耕地面积比例（%）	
任民镇	—	—	—	—	987.07	0.73	6 829.10	5.03	546.83	0.40	8 363.00
中本镇	—	—	—	—	3 563.22	2.63	2 533.57	1.87	0.21	—	6 097.00
火石山乡	—	—	1 065.72	0.79	7 342.96	5.41	0.31	—	—	—	8 409.00
青肯泡乡	15.35	0.01	2 029.26	1.50	5 837.39	4.30	—	—	—	—	7 882.00
安达镇	15.45	0.01	2 071.68	1.53	1 676.62	1.24	0.25	—	—	—	3 764.00
卧里屯乡	—	—	—	—	5 860.71	4.32	785.10	0.58	62.19	0.05	6 708.00
万宝山镇	—	—	12.41	0.01	4 763.58	3.51	3 752.12	2.77	1 748.89	1.29	10 277.00
羊草镇	5 182.80	3.82	6 528.74	4.81	2 092.33	1.54	1 187.13	0.88	—	—	14 991.00
升平镇	4.34		1 247.39	0.92	5 359.61	3.95	5 044.65	3.72	—	—	11 656.00
吉兴岗镇	5 307.81	3.92	9 417.90	6.94	1 588.29	1.17	—	—	—	—	16 314.00
老虎岗镇	1 121.55	0.83	6 871.17	5.07	5 094.68	3.76	474.82	0.35	141.78	0.10	13 704.00
昌德镇	—	—	—	—	5 548.91	4.09	5 999.59	4.42	107.50	0.08	11 656.00

（续）

乡（镇）	一级		二级		三级		四级		五级		总计（公顷）
	面积（公顷）	占总耕地面积比例（%）	面积（公顷）	占总耕地面积比例（%）	面积（公顷）	占总耕地面积比例（%）	面积（公顷）	占总耕地面积比例（%）	面积（公顷）	占总耕地面积比例（%）	
太平庄镇	—	—	—	—	—	—	—	—	9 134.00	6.74	9 134.00
先源乡	—	—	—	—	951.41	0.70	219.28	0.16	2 979.31	2.20	4 150.00
其他	—	—	1 304.60	0.96	1 200.40	0.89	—	—	—	—	2 505.00
合计	11 647.3	8.59	30 548.87	22.53	51 867.18	38.24	26 825.93	19.78	14 720.71	10.86	135 610.00

一、高产田施肥区

本次耕地地力评价，将安达市耕地划分为 5 个等级。一级面积为 11 647.3 公顷，占全市总耕地面积的 8.59%，是安达市高产田施肥区。主要分布在青肯泡乡、安达镇、羊草镇、吉星岗镇和老虎岗镇。其中，青肯泡乡面积为 15.35 公顷，占全市一级地面积的 0.13%；安达镇面积为 15.45 公顷，占全市一级地面积的 0.13%；羊草镇面积为 5 182.80 公顷，占全市一级地面积的 44.50%；吉星岗镇面积为 5 307.81 公顷，占全市一级地面积的 45.57%；老虎岗镇面积为 1 121.55 公顷，占全市一级地面积的 9.63%。升平镇也有零星分布，面积为 4.34 公顷，占全市一级地面积的 0.04%。

安达市一级地土壤类型有厚层石灰性草甸黑钙土、中层石灰性草甸黑钙土、薄层石灰性草甸黑钙土、厚层黏壤质石灰性草甸土、中层黏壤质石灰性草甸土、薄层黏壤质石灰性草甸土、中层石灰性潜育草甸土、轻度苏打盐化草甸土、中度苏打盐化草甸土、重度苏打盐化草甸土 10 个土种。该区地势平缓，土壤质地松软，耕层深厚，保水保肥能力强，土壤理化性状优良，适合玉米生长发育，是玉米高产区。该区各项养分指标高，土壤理化性状较好，土壤有机质含量为 27.4～46.3 克/千克，平均值为 33.50 克/千克；有效磷含量为 16.8～33.6 毫克/千克，平均值 20.14 毫克/千克；速效钾含量为 187.6～262.3 毫克/千克，平均值为 218.76 毫克/千克；pH 为 7.7～8.4，平均值为 8.2；有效锌含量为 0.96～2.35 毫克/千克，平均值为 1.68 毫克/千克；耕层厚度为 18～24 厘米，平均值为 20.8 厘米。其他微量元素也都达到了极丰水平，质地均一，结构较好，多为粒状或小团块状结构，一般为轻壤、中壤；容重适中，平均值为 1.1 克/立方厘米。供肥保肥能力强，肥效稳而持久，在正常栽培条件下，作物产量水平较高并稳定。

二、中产田施肥区

二级、三级地是安达市中产田施肥区，除太平庄镇以外，其他各乡（镇）均有分布。面积总计为 82 416.05 公顷，占全市总耕地面积的 60.77%。其中，二级地面积为 30 548.87 公顷，占总耕地面积的 22.53%；三级地面积为 51 867.18 公顷，占总耕地面积的 38.24％。在二级地分布中，火石山乡面积为 1 065.72 公顷，占全市二级地面积的 3.49％；青肯泡乡面积为 2 029.26 公顷，占全市二级地面积的 6.64％；安达镇面积为 2 071.68公顷，占全市二级地面积的 6.78％；羊草镇面积为 6 528.74 公顷，占全市二级地面积的 21.37％；升平镇面积为 1 247.39 公顷，占全市二级地面积的 4.09％；吉星岗镇面积为 9 417.90 公顷，占全市二级地面积的 30.83％；老虎岗镇面积为 6 874.17 公顷，占全市二级地面积的 22.49％；其他耕地面积为 1 304.6 公顷，占全市二级地面积的 4.27％；万宝山镇也有零星分布，面积为 12.41 公顷，占全市二级地面积的 0.04％。在三级地分布中，任民镇面积为 987.07 公顷，占全市三级地面积的 1.90％；中本镇面积为 3 563.22 公顷，占全市三级地面积的 6.87％；火石山乡面积为 7 342.97 公顷，占全市三级地面积的 14.16％；青肯泡乡面积为 5 837.39 公顷，占全市三级地面积的 11.25％；安达镇面积为 1 676.62 公顷，占全市三级地面积的 3.23％；卧里屯乡面积为 5 860.71 公顷，占全市三级地面积的 11.30％；万宝山镇面积为 4 763.58 公顷，占全市三级地面积的 9.18％；羊草镇面积为 2 092.33 公顷，占全市三级地面积的 4.03％；升平镇面积为 5 359.61公顷，占全市三级地面积的 10.33％；吉星岗镇面积为 1 588.29 公顷，占全市三级地面积的 3.06％；老虎岗镇面积为 5 094.68 公顷，占全市三级地面积的 9.82％；昌德镇面积为 5 548.91 公顷，占全市三级地面积的 10.70％；先源乡面积为 951.41 公顷，占全市三级地面积的 1.83％；其他耕地面积为 1 200.4 公顷，占全市三级地面积的 2.31％。

该区主要土壤类型有厚层沙壤质石灰性黑钙、厚层石灰性草甸黑钙土、中层石灰性草甸黑钙土、薄层石灰性草甸黑钙土、薄层黄土质草甸黑钙土、厚层黏壤质石灰性草甸土、中层黏壤质石灰性草甸土、薄层黏壤质石灰性草甸土、中层石灰性潜育草甸土、薄层石灰性潜育草甸土、轻度苏打盐化草甸土、中度苏打盐化草甸土、重度苏打盐化草甸土、深位苏打碱化草甸土、中位苏打碱化草甸土和浅位苏打碱化草甸土 16 个土种。该地区地势平坦，质地稍硬，耕层适中，土壤理化性状一般，是玉米中产区。该区各项养分中等，土壤理化性状一般，土壤有机质含量为 18～43.3 克/千克，平均值为 30.17 克/千克；有效磷含量为 8.1～32.3 毫克/千克，平均值为 16.64 毫克/千克；速效钾含量为 156～257 毫克/千克，平均值为 198.03 毫克/千克；pH 为 6.9～9.3，平均值为 8.2；有效锌含量为 0.78～2.21 毫克/千克，平均值为 1.52 毫克/千克；其他微量元素较为丰富；耕层厚度为 16～24 厘米，平均值为 19.0 厘米。总体分析，该级地养分储存量、保水性能和供肥强度均低于高产田区。属于中低适应性土壤至中适应性土壤，必须采取相应措施才能达到高产稳产。

三、低产田施肥区

四级、五级地是安达市低产田施肥区，耕地面积总计为 41 546.64 公顷，占全市总耕地面积的 30.64％。其中，四级地面积 26 825.93 公顷，占全市总耕地面积的 19.78％；五级地面积为 14 720.71 公顷，占全市总耕地面积的 10.86％。在四级地分布中，任民镇面积为 6 829.10 公顷，占全市四级地面积的 25.46％；中本镇面积为 2 533.57 公顷，占全市四级地面积的 9.44％；卧里屯乡面积为 785.10 公顷，占全市四级地面积的 2.93％；万宝山镇面积为 3 752.131 公顷，占全市四级地面积的 13.99％；羊草镇面积为 1 187.13 公顷，占全市四级地面积的 4.43％；升平镇面积为 5 044.65 公顷，占全市四级地面积的 18.81％；老虎岗镇面积为 474.82 公顷，占全市四级地面积的 1.77％；昌德镇面积为 5 999.59 公顷，占全市四级地面积的 22.36％；先源乡面积为 219.28 公顷，占全市四级地面积的 0.82％。在五级地分布中，任民镇面积为 546.83 公顷，占全市五级地面积的 3.71％；卧里屯乡面积为 62.18 公顷，占全市五级地面积的 0.42％；万宝山镇面积为 1 748.89 公顷，占全市五级地面积的 11.88％；老虎岗镇面积为 141.78 公顷，占全市五级地面积的 0.96％；昌德镇面积为 107.50 公顷，占全市五级地面积的 0.73％；太平庄镇面积为 9 134.00 公顷，占全市五级地面积的 62.05％；先源乡面积为 2 979.31 公顷，占全市五级地面积的 20.24％；中本镇也有零星分布，面积为 0.21 公顷，占全市五级地面积的 0.001％。

该区主要分布在安达市的低洼区，由于地势低洼，易旱、易涝，春季以旱为主，盐害严重。土壤质地硬、耕性差，土壤理化性状不良，pH 高，地表可见盐、碱斑，土壤容重大。旱、涝和盐、碱都影响作物的生长发育，是玉米低产区。该区各项养分含量低，土壤结构差，耕层较薄，理化性状差。土壤有机质含量为 19.3～34.2 克/千克，平均值为 27.71 克/千克；有效磷含量为 8.4～27.2 毫克/千克，平均值为 13.11 毫克/千克；速效钾含量为 147～248 毫克/千克，平均值为 186.42 毫克/千克；pH 为 7.8～9.7，平均值为 8.61；有效锌含量为 0.76～2.14 毫克/千克，平均值为 1.31 毫克/千克；耕层厚度为 16～22 厘米，平均值为 18.29 厘米。该区耕地属低肥、低适应性土壤，适于种植耐瘠薄作物，是安达市应采取有针对性措施重点进行培肥改良的土壤。

安达市各施肥区土壤理化性状见表 6-2。

表 6-2　安达市各施肥区土壤理化性状

施肥区	有机质（克/千克）	有效磷（毫克/千克）	速效钾（毫克/千克）	有效锌（毫克/千克）	pH	耕层厚度（厘米）
高产田施肥区	34.06	21.18	220.37	1.68	8.20	20.80
中产田施肥区	30.17	16.64	198.03	1.52	8.23	19.00
低产田施肥区	27.71	13.11	186.42	1.31	8.61	18.29

第二节　地力评价施肥区与测土施肥单元的关联

通过耕地地力评价，建立了较完善的土壤数据库，科学合理地划分了市域施肥单元，避免了过去人为划分施肥单元指导测土配方施肥的弊端。过去我们在测土施肥确定施肥单元，多是采用区域土壤类型、基础地力产量、农户常年施肥量等粗劣的为农民提供配方。本次地力评价是采用地理信息系统提供的多项评价指标，综合各种施肥因素和施肥参数来确定较精密的施肥单元。主要根据耕地质量评价情况，按照耕地所在地的养分状况、自然条件、生产条件及产量状况，结合安达市多年的测土配方施肥肥效小区试验工作，按照不同地力等级情况确定玉米主栽作物的施肥比例，同时对施肥配方按照高产区和低产区进行了细化，在分区主配方的基础上，制定了按土测值、目标产量及种植品种特性确定的精准施肥配方。本次地力评价为安达市市域内确定了 1 832 个施肥单元；综合评价了各施肥单元的地力水平，为精准、科学地开展测土配方施肥工作提供依据。每个单元的施肥配方都不相同，大大提高了测土配方施肥的针对性、精确性、科学性，完成了测土配方施肥技术从估测分析到精准实施的提升过程。

施肥单元是耕地地力评价图中具有属性相同的图斑。在同一土壤类型中也会有多个图斑（施肥单元）。按耕地地力评价要求，安达市玉米产区可划分为 3 个测土施肥区域。在同一施肥区域内，按土壤自然生产条件相近、土壤肥力高低和土壤普查划分的地力分级标准确定测土施肥单元。

农业部自 2005 年起在全国组织启动了测土配方施肥工作，安达市各乡（镇）全部成为项目实施单位。为将这项工作落到实处，安达市农业技术推广中心在已有工作的基础上，研究探索应用现代信息技术全面推广测土配方施肥新技术，并在全市全面实施了基于"县域耕地资源管理信息系统"的"数字化测土配方施肥"工作。

一、测土配方施肥概述

1. 测土配方施肥概念

测土配方施肥就是以土壤测试和肥料田间试验为基础，根据土壤供肥性能、作物需肥规律和肥料效应，在合理施用有机肥的基础上，提出氮、磷、钾和中微量元素的适宜比例、用量，以及相应的施用技术（包括施用时间和施用方法），以满足作物均衡吸收各种营养，达到氮、磷、钾三要素平衡、有机养分与无机养分平衡、大量元素与中微量元素平衡，维持土壤肥力水平，减少养分流失和对环境的污染，达到高产、优质和高效的目的。

2. 数字化测土配方施肥

应用现代计算机、网络及 3S 等技术对土壤、作物、肥料等信息进行精确采集、统一管理、科学分析，根据施肥模型结合专家经验为每一个地块、每一种作物推荐最佳施肥方案，应用现代通信技术将施肥方案送到农民手中，实现精确施肥。与传统的测土配方施肥相比，数字化测土配方施肥充分应用现代信息技术范围大、确保实现辖区全覆盖，施肥方案"一地一作一方案"，确保准确可靠，信息传达技术多样、准确快捷，确保施肥方案送到农户手中，产、供、销统筹，确保施肥方案的落实。

3. 开展测土配方施肥的意义

（1）提高作物单产、保障粮食安全的客观要求。提高作物产量离不开土、肥、水、种四大要素。肥料在农业生产中的作用是不可或缺的，对农业产量的贡献约 40% 左右。人增地减的基本国情决定了提高单位耕地面积产量是必由之路，合理施肥能大幅度地提高作物产量。

（2）降低生产成本、促进节本增效的重要途径。当前黑龙江省肥料利用率不高，氮肥当季利用率仅有 30% 左右，约为发达国家的一半。每年全省仅氮肥损失就达 20 亿元人民币，节本增效潜力很大。实践证明，合理施肥后全省农业生产平均每公顷可节约纯氮45～75千克，每公顷节本增效可达300元以上。

（3）节约能源消耗、建设节约型社会的重大行动。化肥是资源依赖型产品，化肥生产必须消耗大量的天然气、煤、石油、电力和有限的矿物资源。节省化肥生产性支出对于缓解我国乃至国际能源紧张矛盾具有十分重要的意义，节约化肥就是节约资源。

（4）不断培肥地力、提高耕地产出能力的重要措施。配方施肥是耕地质量建设的重要内容，通过有机与无机相结合，用地与养地相结合，做到缺素补素，改良土壤，最大限度地发挥耕地的增产潜力。

（5）提高农产品质量、增强农业竞争力的重要环节。通过科学施肥，能克服过量施肥造成的徒长现象，减少作物倒伏，增强抗病虫害能力，从而减少农药的施用量，降低了农产品中农药残留的风险。

（6）减少肥料流失、保护生态环境的需要。目前农民盲目偏施或过量施用氮肥现象严重，氮肥大量流失，对水体富营养化和大气臭氧层的破坏十分严重。推行测土配方施肥技术是保护生态环境，促进农业可持续发展的必由之路。

二、测土配方施肥的原理与方法

1. 作物生长需要的营养元素

所有植物生长发育都要有16种元素：碳（C）、氢（H）、氧（O）、氮（N）、磷（P）、钾（K）、硫（S）、钙（Ca）、镁（Mg）、硼（B）、铁（Fe）、铜（Cu）、锌（Zn）、锰（Mn）、钼（Mo）、氯（Cl），另外一些元素如钠（Na）、钴（Co）、钒（V）、硅（Si）等尽管不是所有植物都必需的，但对某些植物是必需的。

在上述16种元素中有13种元素来自土壤，根据植物对元素的需要量将这些元素分为大量元素（N、P、K）、中量元素（S、Ca、Mg）、微量元素（B、Fe、Cu、Zn、Mn、Mo、Cl）。植物需吸收一定量的各种元素才能形成一定的生物产量，也才能获得一定的经济产量。为满足作物正常生长发育对各种元素的需要，必需人工增加土壤中相应元素的含量——施肥。

2. 施肥的基本原理

（1）施肥相关理论

① 养分归还学说。种植农作物每年带走大量的土壤养分，土壤虽是个巨大的养分库，但并不是取之不尽的，必须通过施肥的方式，把某些被作物带走的养分"归还"于土壤，才能保持土壤有足够的养分供应容量和强度。我国每年以大量化肥投入农田，主要是以氮、磷两大营养元素为主，而钾素和微量养分元素归还不足。

② 最小养分律（水桶定律）。早在150年前德国著名农业化学家李比希就提出"农作物产量受土壤中最小养分制约"。植物生长发育要吸收各种养分，但是决定作物产量的却是土壤中那个含量最小的养分，产量也在一定限度内随这个因素的增减而相对变化。因而忽视这个限制因素的存在，即使较多地增加其他养分也难以再提高作物产量。测土配方施肥主要是发现农田土壤中的最小养分，测定土壤中的有效养分含量，判定各种养分的肥力

等级，择其缺乏者施以某种养分肥料。

③ 各种营养元素同等重要与不可替代律。植物所需的各种营养元素，不论其在植物体内的含量多少，均具有各自的生理功能，它们各自的营养作用都是同等重要的。每一种营养元素具有其特殊的生理功能，是其他元素不能代替的。

④ 肥料效应报酬递减律。著名的德国化学家米采利希深入地研究了施肥量与产量的关系，在其他技术条件相对稳定的前提下，随着施肥量的渐次增加，作物产量随之增加，但作物的增产量（单位重量的施肥可以增加的产量）却随施肥量的增加而呈递减趋势。当施肥量超过一定限度后，如再增加施肥量，不仅不能增加产量，反而会造成减产。见图 6-1。

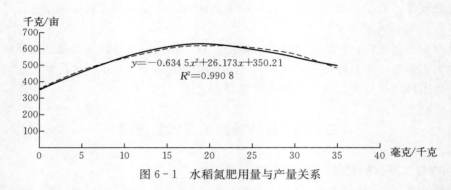

图 6-1　水稻氮肥用量与产量关系

施肥不是一个孤立的行为，而是农业生产中的一个环节，可用函数式来表达作物产量与环境因子的关系。

$Y=f$（N、W、T、G、L）

Y——农作物产量；

f——函数的符号；

N——养分；

W——水分；

T——温度；

G——CO_2 浓度；

L——光照。

该公式表示农作物产量是养分、水分、温度、CO_2 浓度和光照的函数。要使肥料发挥其增产潜力，必须考虑到其他 4 个主要因子，如肥料与水分的关系，在无灌溉条件的旱作农业区，肥效往往取决于土壤水分，在一定的范围内，肥料利用率随着水分的增加而提高。五大因子应保持一定的均衡性，方能使肥料发挥应有的增产效果。

（2）测土配方施肥基本程序：

测土，摸清土壤的家底，掌握土壤的供肥性能。就像医生看病，首先进行把脉问诊。

配方，根据土壤缺什么，确定补什么，就像医生针对病人的病症开处方抓"药"。其核心是根据土壤、作物状况和产量要求，产前确定施用肥料的配方、品种和数量。

施肥，执行上述配方，合理安排基肥和追肥比例，规定肥料施用时间和方法，以发挥肥料的最大增产作用。

（3）测土配方施肥基本方法：测土配方施肥的技术核心是根据土壤测试结果确定施肥品种及数量。因此如何确定肥料品种与数量是测土配方施肥准确性和精确度的关键。目前常用方法有地力分区法、目标产量法、田间试验法等。

① 地力分区法　地力分区配方法的基本做法是：按土壤肥力高低分成若干等级，或划出一个肥力均等的田片，作为一个配方区，综合试验结果和专家经验，估算出这一配方区内比较适宜的肥料种类及其施用量。优点：较为简便，提出的用量和措施接近当地的经验，方法简单，群众易接受。缺点：局限性较大，每种配方只能适应于生产水平差异较小的地区，而且依赖于一般经验较多，对具体田块来说针对性不强。在推广过程中必须结合试验示范，逐步扩大科学测试手段和理论指导的比重。

② 目标产量法　目标产量配方法是根据作物产量的构成，由土壤和肥料两个方面供应养分的原理来计算肥料的施用量。目标产量就是计划产量，是肥料定量的最原始依据。因此，配方施肥的第一个环节，首先要把目标产量定下来，而后根据目标产量来核定肥料的用量。目标产量并不是按照经验估计，或者把其他地区已经达到的绝对高产作为本地区的目标产量，更不能从主观愿望出发定一个高指标，而是由土壤肥力水平来确定。目标产量确定以后，就可以根据目标产量计算作物需要吸收多少养分来提出应施的肥料量，主要有两种方法：

a. 养分平衡法　"平衡"是相对的、动态的，是方法论。不同时空、不同作物的平衡施肥是变化的。

利用土壤养分测定值来计算土壤供肥量，然后再以斯坦福公式计算肥料需要量。

养分平衡法计算公式：

肥料需要量＝[（作物单位产量养分吸收量×目标产量）－（土壤养分测定值×0.15×校正系数）]／（肥料中养分含量×肥料当季利用率）

作物总吸收量＝作物单位产量养分吸收量×目标产量

土壤养分供给量（千克）＝土壤养分测定值×0.15×校正系数

土壤养分测定值以毫克/千克表示，0.15 为该养分在每亩 15 万千克表土中换算成千克/亩的系数。

校正系数＝（空白田产量×作物单位养分吸收量）／[养分测定值（毫克/千克）×0.15]

b. 地力差减法

原理：从目标产量中减去不施肥的空白田的产量，其差值就是增施肥料所能得到的产量，然后用这一产量来算出作物的施肥量。

计算公式：肥料需要量＝[作物单位产量养分吸收量×（目标产量－空白田产量）]／（肥料中养分含量×肥料当季利用率）

上述内容中"空白田产量"是作物在不施任何肥料的情况下所得的产量，即土壤生产的产量，它所吸收的养分，全部取自土壤，从目标产量中减去空白田产量，就应是施肥后所增加的产量。

c. 肥料效应函数法　不同肥料施用量对产量的影响，称为肥料效应。肥料用量与产量之间呈函数关系，这种关系在不同土壤上是不同的，需要通过田间试验来获取，从而确定肥料的最适用多因子、多水平田间试验法。如果要获取氮、磷、钾 3 种肥料的肥料效应函数，应布置 3 因子、多水平田间试验，这样试验小区将很多，试验因工作量太大变得难以进行。为了解决这个问题，现在已有许多减少试验小区的设计，如正交设计、正交旋转设计、最优设计等。"3414"试验方案是二次回归 D——最优设计的一种。既吸收了回归最优设计处理少、效率高的优点，又符合肥料试验和施肥决策的专业要求，是本次测土配方施肥工作指定的试验方法，且在实际应用中可以全部实施，也可部分实施。

三、参数试验点的选定

"3414"肥料试验是一个经典的、快捷的、全方位的田间肥料试验，无论设置在何处都能较准确地反映出该地块的养分动态变化信息，从而对该点的施肥做出判断。但以此用来推断，整个施肥单元则偏差较大。消除或减少偏差的唯一办法是在整个施肥单元设置 20 个以上的试验点，连续 3～5 年才能对整个施肥单元作出施肥判断。这在生产实际中很难实现。为了解决这一难题，我们在多年推广测土配方施肥的实践中发现，在同一测土施肥单元里，同一玉米品种百千克籽实从土壤中吸收的氮、磷、钾养分数量不因土测值的变化而变化；在同一施肥单元里，土壤碱解氮含量与玉米产量相关性很小，通过一点的"3414"肥料试验，完全可以推断整个施肥单元的氮肥用量；在同一施肥单元里，磷和钾的土壤测定值与玉米产量均有不同程度的相关性，而且土壤中钾的测定值与玉米产量相关性好。因此，可以根据"最小养分率"的原理选择磷或钾作为重点，在测土施肥单元里，以"3414"肥料试验为核心，按照土壤测定值的高、中、低分别设置多个单因子空白区、缺素区、全肥区辅助试验就可以得到磷或钾的丰缺指标。因此"3414"肥料参数试验点必须选择在测土施肥单元里的中等地力点上，即土壤中磷、钾含量在中间值附近。通过不同土壤测定值设置多点辅助试验，在很大程度上消除了"3414"肥料试验在推断整个测土施肥单元施肥上的偏差和大面积生产上应用"3414"肥料试验的局限性，可直观地根据土壤测定值指导农民具体施肥。

四、测土施肥单元养分丰缺指标的建立

1. "3414"肥料试验 本试验采用"3414"最优回归设计方案，即选取氮、磷、钾 3 个因素，4 个水平，14 个处理。不设重复。4 个水平的含义是 0 水平指不施肥，2 水平指当地最佳施肥量，1 水平＝2 水平×0.5，3 水平＝2 水平×1.5（该水平为过量施肥水平）。

试验地土壤测定值：有机质 28.8 克/千克、碱解氮 146 毫克/千克、有效磷 21.1 毫克/千克、速效钾 178 毫克/千克。

试验采用 6 行区，行长 10 米，小区面积 42 平方米，氮、磷、钾推荐施肥水平（2 水平）施肥量每公顷分别为 105 千克、75 千克、90 千克，1/3 的氮肥及全部的磷、钾肥做底肥破垄夹肥一次施入；其余 2/3 氮肥在玉米大喇叭口期（约 8 叶期）追施。各小区具体施肥量及产量见表 6 - 3。

表6-3 各小区具体施肥量及产量

试验编号	处理	氮（尿素）（克/亩）		磷（克/亩）	钾（克/亩）（硫酸钾）	小区产量（千克）
		底肥	追肥			
1	$N_0P_0K_0$	0.0	0.0	0.0	0.0	363.7
2	$N_0P_2K_2$	0.0	0.0	12.0	12.0	484.4
3	$N_1P_2K_2$	2.5	5.1	12.0	12.0	501.8
4	$N_2P_0K_2$	5.1	10.1	12.0	12.0	468.5
5	$N_2P_1K_2$	5.1	10.1	12.0	12.0	452.6
6	$N_2P_2K_2$	5.1	10.1	12.0	12.0	647.9
7	$N_2P_3K_2$	5.1	10.1	12.0	12.0	640.0
8	$N_2P_2K_0$	5.1	10.1	0.0	0.0	481.2
9	$N_2P_2K_1$	5.1	10.1	6.0	6.0	552.7
10	$N_2P_2K_3$	5.1	10.1	18.0	18.0	659.1
11	$N_3P_2K_2$	7.6	15.2	12.0	12.0	640.0
12	$N_1P_1K_2$	2.5	5.1	12.0	12.0	533.6
13	$N_1P_2K_1$	2.5	5.1	6.0	6.0	452.6
14	$N_2P_1K_1$	5.1	10.1	6.0	6.0	468.5

"3414"试验可以清楚地提供出玉米单位产量各种养分的吸收量等部分施肥信息，但不能指导整个施肥单元。为此，需要设置辅助田间缺素试验及确定不同土壤测定值相对应的施肥参数，来指导测土施肥单元的施肥配方。

2. 辅助田间缺素试验 在"3414"试验点周边测土农户中，选择土壤测定值不同的农户，分别采用 $N_2P_2K_0$、$N_2P_0K_2$ 的施肥处理。与"3414"试验的小区处理完全相同。土壤测定值居中农户设 $N_0P_0K_0$ 空白对照和 $N_2P_2K_2$ 全肥区。本试验在碳酸盐黑钙土施肥单元和碳酸盐草甸土施肥单元里分别选取土壤有效磷含量不同的测土户6户，每户采取 $N_2P_0K_2$ 处理，在土壤测定值居中农户设全肥区 $N_2P_2K_2$ 和空白 $N_0P_0K_0$ 处理；土壤速效钾含量不同的测土户5户，每户采取 $N_2P_2K_0$ 处理在土壤测定值居中户设 $N_0P_0K_0$ 和 $N_2P_2K_2$ 处理。通过不同土壤测定值的缺素区产量和全肥区产量即可得到不同土壤测定值对应的相对产量——即土壤养分的丰缺指标。

第三节 分区施肥

安达市按照高产田施肥区、中产田施肥区、低产田施肥区域3个施肥区域和不同施肥单元，特制订玉米高产田施肥推荐方案、玉米中产田施肥推荐方案、玉米低产田施肥推荐方案。

一、施肥分区属性查询

本次耕地地力调查，共采集土样 1 832 个，确定的评价指标 9 个，有机质、有效磷、速效钾、有效锌、pH、质地、耕层厚度、障碍层位置和积温，在地力评价数据库中建立了耕地资源管理单元图、土壤养分分区图。形成了有相同属性的施肥管理单元，按照不同作物、不同地力等级产量指标和地块，农户综合生产条件可形成针对地域分区特点的区域施肥配方；针对农户特定生产条件的分户施肥配方。

二、施肥单元关联施肥分区代码

根据"3414"试验、配方肥对比试验、多年氮磷钾最佳施肥量试验建立起来的施肥参数体系和土壤养分丰缺指标体系，选择适合安达市市域特定施肥单元的测土配方推荐方法（养分平衡法、丰缺指标法、氮磷钾比例法、以磷定氮法、目标产量法），计算不同级别施肥分区代码的推荐施肥量（N、P_2O_5、K_2O）。见表 6-4～表 6-6。

表 6-4　高产田施肥区代码与作物施肥推荐关联查询

施肥分区代码	碱解氮含量（毫克/千克）	施肥量（N）（千克/亩）	施肥分区代码	有效磷含量（毫克/千克）	施肥量（P_2O_5）（千克/亩）	施肥分区代码	速效钾含量（毫克/千克）	施肥量（K_2O）（千克/亩）
1	—	—	1	>100	10.5	1	>200	21
2	180～250	22.575	2	40～100	7.35	2	150～200	18.375
3	150～180	17.325	3	20～40	3.15	3	100～150	13.125
4	120～150	14.175	4	10～20	1.575	4	50～100	7.875
5	80～120	10.5	5	5～10	0.787 5	5	<50	5.25
6	<80	8.4	6	<5	0.525	6	—	—

表 6-5　中产田施肥区代码与作物施肥推荐关联查询

施肥分区代码	碱解氮含量（毫克/千克）	施肥量（N）（千克/亩）	施肥分区代码	有效磷含量（毫克/千克）	施肥量（P_2O_5）（千克/亩）	施肥分区代码	速效钾含量（毫克/千克）	施肥量（K_2O）（千克/亩）
1	—	—	1	>100	7.5	1	>200	15
2	180～250	16.125	2	40～100	5.25	2	150～200	13.125
3	150～180	12.375	3	20～40	2.25	3	100～150	9.375
4	120～150	10.125	4	10～20	1.125	4	50～100	5.625
5	80～120	7.5	5	5～10	0.562 5	5	<50	3.75
6	<80	6	6	<5	0.375	6	—	—

表6-6　低产田施肥区代码与作物施肥推荐关联查询

施肥分区 代码	碱解氮 含量 （毫克/千克）	施肥量 （N） （千克/亩）	施肥分区 代码	有效磷 含量 （毫克/千克）	施肥量 （P$_2$O$_5$） （千克/亩）	施肥分区 代码	速效钾 含量 （毫克/千克）	施肥量 （K$_2$O） （千克/亩）
1	—	—	1	>100	4.5	1	>200	9
2	180~250	9.675	2	40~100	3.15	2	150~200	7.875
3	150~180	7.425	3	20~40	1.35	3	100~150	5.625
4	120~150	6.075	4	10~20	0.675	4	50~100	3.375
5	80~120	4.5	5	5~10	0.337 5	5	<50	0.225
6	<80	3.6	6	<5	0.225	6	—	—

三、推荐施肥方案

自项目实施以来，按照农业部和黑龙江省土壤肥料管理站的要求，每年落实"3414"试验、常规五处理试验、配方肥示范、配方肥攻关等各项肥料参数试验，获得各主要施肥单元的各项施肥参数，建立了各单元施肥方程。初步完成了安达市主要土壤类型玉米的几种施肥模型。见表6-7。

表6-7　玉米的几种施肥模型

单位：千克/公顷

目标产量	有机肥	N	P$_2$O$_5$	K$_2$O	N、P、K 比例
12 000	22 500	229.5	129.0	75.0	1：0.56：0.31
10 500	22 500	180.0	97.5	67.5	1：0.54：0.38
9 000	22 500	168.0	78.75	60.0	1：0.48：0.36
7 500	30 000	142.5	71.25	56.25	1：0.53：0.42
6 000	30 000	120.0	60.0	52.5	1：0.5：0.44

第七章　耕地土壤存在的问题与土壤改良的主要途径

第一节　土壤的形成

安达市土壤呈复区分布，类型较多。群众说："一步三换土"，土壤是在多种因素的作用下形成的，其中某个因素的微小变化都会引起土壤的变异。同一土壤上下各层之间也有差异，产生多次分化，这是由于土壤在形成过程中发育而成的。安达市的土壤剖面层次及其代表符号：A 腐殖质层，B1（AB）过渡层或碱化层，B2 淀积层或积盐层，B3 过渡层（BC），C 母质层，G 潜育层，AD 泥面料层，ASC 盐结皮层。

上述各土壤剖面层次的形成是在长期成土过程中各种矛盾运动的结果。这些矛盾运动有淋溶和淀积，有机质的合成及分解、氧化和还原，盐化、碱化及脱盐、脱碱化等。

土壤里含有的水分有各种物质，如磷、钾、钙、镁等盐类，因而称为土壤溶液。当土壤水分达到饱和状态时，由于受地心引力的作用，水分向下渗漏，就把土壤里的一部分物质带到下层，上边土层产生了淋溶，下边土层就发生了淀积。土壤中的各种物质都有一定的溶解度和活性，各种物质间的溶解度、活性的差异，淋溶和淀积就有先有后。溶解度高、活性大的物质如氯化钙先淋溶，淀积得深；溶解度低、活性小的物质，如碳酸盐，后淋溶，淀积得浅。因此，使各种物质元素在土壤剖面上发生分异。

安达市岗地土壤表层中的钙，大部分与植物残体在分解过程中所产生的碳酸结合成重碳酸钙向下移动，并以碳酸钙的形式大量淀积于土层中，形成各种形式的碳酸钙聚积层。同时因地下水位较高，可通过毛管水的蒸发，把下层土中碳酸钙产生的淋溶和聚积过程而分别存在假菌丝体、眼斑、结核及层状等形式的碳酸钙聚积层。

低洼地的某些土壤经常处于干湿交替的状态，因而土壤在水分的影响下出现氧化还原交替。土壤有机质分解的中间产物也能够使土壤里某些物质发生还原。这就使一些变价元素如铁、锰等在氧化还原的影响下，发生淋溶和淀积，在土体里形成铁锰结核、斑点、条纹等新生体。根据这些新生体的形状、颜色、硬度、出现的部位等可以判断土壤的水分状况，它的形成促使土壤呈现层次性。

土壤有机质的合成和分解对土壤形成起着主导作用，它使土壤上层发生深刻变化，形成 A 层的各个亚层，并对底土产生影响。

安达市的气候特点是春季干旱，夏季雨量集中，地下水位高，地下水中溶解较多的有害盐类，因此使土壤产生盐化、碱化、脱盐脱碱化 3 个过程。盐化过程就是地下水中的盐分随水上升，不断向上层土体内聚积，达到一定量而形成盐土。碱化过程，就是上层土壤中的水溶性盐分逐渐碱化，达到一定量的代换性钠残留在土体之中，使土壤逐渐碱化而形成柱状碱土。脱盐脱碱化过程，是可溶性盐类和代换性钠同时被淋失，特别是在采取水利、农业、化学、生物等综合改良措施的条件下，淋失得更快而成为非盐渍化的正常土壤。土壤的多样性可从成土因素中找根据，土壤层次的不同可从上述那些矛盾运动中找原因。

安达市市域内各种土壤的形成可概括为以下几个过程。

一、碳酸钙的淋溶和累积过程

土壤中碳酸钙的淋溶和累积与大气降水、蒸发和植被类型密切相关。安达市岗地土壤在半干旱的气候条件下形成非淋溶型的土壤，在风化过程中，极易溶解的盐类，如氯、硫、钠、钾等碱金属的卤族元素化合物大部分被淋失；而较难溶解的硅、铝等氧化物，在风化壳中基本上没有移动，而风化壳中的碱土金属钙，无论是在土壤溶液或土壤胶体表面及地下水溶液中，一般都有使土壤呈中性至碱性的反应。在土壤表层中的钙大部分与植物残体分解过程中产生的碳酸结合成重碳酸钙向下移动，并以碳酸钙的形式大量淀积于土层下部，形成各种形式的碳酸钙聚积层。因碳酸钙的含量及不同土壤类型而分别以假菌丝体、眼斑、结核和层状等形式存在，钙积层的深度也因土壤类型而不同。黑钙土多出现在50厘米以下的层次，而草甸黑钙土因地下水位较高，可通过土体中毛管水的蒸发，下层土壤中的一部分碳酸钙移积于表土层中。

二、苏打盐渍化过程

安达市普遍存在着苏打盐化的成土过程，原因是成土母质为湖积沉积物，地下水矿化度较高，盐分组成以重碳酸钙和碳酸钠型为主。土壤中的盐分含量一般在 $0.2\%\sim3.0\%$，其盐分组成以苏打占绝对优势。在阳离子中的碳酸氢根和碳酸根的和占阴离子总量的 85% 左右，阳离子中钠离子和钾离子的和占阳离子总量的 90% 左右，土壤中的碳酸氢钠和碳酸钠的含量占总量的 $80\%\sim90\%$，因而形成典型的苏打盐土。

从安达市开采的深层地下水的含盐状况来看，在白垩纪地层的深层地下水具有较高的矿化度，一般每升含量在 $3\sim8$ 克，最高的每升达 $20\sim30$ 克，其盐分组成以氯化物和苏打占优势；硫酸盐含量高的每升达 $20\sim30$ 克，其盐分组成以氯化物和苏打占优势，硫酸盐含量极少。第三纪和第四纪的深层地下水，虽然矿化度较低，但也含少量的盐分，其盐分组成仍以苏打为主，碳酸氢根和碳酸根占阴离子总量的 $70\%\sim80\%$。由此可见，安达市平原地区苏打的形成受深层承压水的影响，使土壤有大量苏打累积。

安达市处于松嫩平原的低洼处，在松嫩平原四周山地多为花岗岩和玄武岩的风化物，在其组成的成分中有 $NaAlO_2$、Na_2SiO_2 及 $NaHSiO_2$ 的化合物与水和碳酸作用下即形成苏打，并随水流向平原的低地而逐渐累积。在安达市的地下水中含有稳定的 SiO_2，可见土壤苏打的形成是与硅酸化合物形成有一定关系。

三、腐殖化过程

安达市土壤在草甸草原和沼泽植被的作用下发生腐殖化过程，草甸草原植被，以长芝羽茅为主的长芝羽茅、兔子毛群丛和羊草为主的羊草群丛，它们的产草量都较高，每公顷达 1 500～2 000 千克，根系干重每公顷达 9 000～10 000 千克。由于这些植被枝叶繁茂，根系发达，有利于土壤有机质积累，从而形成较为丰富的腐殖质。据统计，安达市土壤有机质储量每公顷 200 吨左右。分布在低洼积水沼泽地的芦苇群丛，草根层厚 20 厘米左右，覆盖度 50%～70%，每公顷产草量 3 000～6 000 千克。虽然积累的有机质数量较多，但是，大部分均为未分解或分解不完全的草根层，仅黑土层中腐殖质含量稍高。

四、草甸化过程

发生在低平地或碟形洼地的土壤，因土壤水分含量高，在草甸植被的影响下，并受地下水浸润，土壤呈现明显的潜育过程和有机质的累积过程。在夏季草甸植被生长繁茂，局部低洼地区，地下水位距地表 1～3 米，能直接参与土壤形成过程。在降雨季节，地下水位抬高，使受地下水浸润的底层土壤，氧化还原电位低，处于嫌气状态，三价氧化物还原成二价氧化物。在干旱季节，地下水位下降，土壤变干，二价氧化物又氧化成三价氧化物，这样在土壤干湿交替状况下使土壤发生铁、锰化合物的移动和局部淀积，在土壤剖面中出现锈色胶膜和铁锰结核。此外，还有较多数量硅酸和微量元素的积累。由于草甸植物的生长繁茂，根系密集，有大量的腐殖质累积，形成较为良好的团粒状结构，这是草甸化过程的另一特征。另外，由于安达市土壤质地黏重，土壤冻层深达 2.3 米左右，冻结时间较长，因此，在土壤的融冻水也参加了土壤的形成过程。在较高的地形部位，也有草甸化过程，但不占主导地位，草甸化土过程不够明显。

五、沼泽化过程

在沼泽低洼处长期积水的地方，生长着茂密的三棱草、芦苇等沼泽植物，这些植物的鲜草产量较高，因而每年为土壤积累大量的有机物。这些有机物在积水的嫌气条件下，不能充分分解，于是在土壤的上部就积累了厚度不等的泥炭，产生泥炭化过程。同时由于水分过多，不透空气，使土壤与空气隔绝，氧化还原电位低，氧化铁还原成氧化亚铁呈灰蓝色，而部分氧化亚铁沿土体的毛细管上升，至上层被氧化形成锈斑，根据锈斑出现的部位可判断土壤沼泽化的程度。

第二节　土壤存在的问题

安达市土壤存在的主要问题有盐碱危害、土壤瘠薄、旱涝和耕层浅等问题，分别叙述如下。

一、盐碱危害

(一) 土壤盐渍化现状

安达市土壤以黑钙土、草甸土为主，pH 平均值为 8.36，共分 4 个土类。其中，黑钙土 83 223.16 公顷；占总耕地面积 61.37%；黑钙土是安达市的主要耕作土壤，黑土层较薄，呈微碱性。草甸土面积 49 510.73 公顷，占总耕地面积的 36.51%；草甸土土层厚，呈偏碱性，土质黏重，易板结变硬，通透性差，自然肥力较低，有机质含量偏低，耕性不良，大部分缺氮磷，对农作物生长不利，属低产土壤。沼泽土面积约 113.02 公顷，占耕地的 0.08%；该类土壤地势低洼，地下水位高，易积水，盐分容易聚积。风沙土面积 2 763.09 公顷，占总耕地面积的 2.04%；土壤多为壤质沙土，黑土层很薄，呈碱性。安达市的草原植被主要以多年生根茎型禾本草为主，有 45% 左右的杂草类，一年生植被很少，植被复合体明显。目前，安达市的草原植被种类 230 多种，其中可饲用的近百种，与 1982 年草场资源调查的情况相比较，植被没有发生太大的变化，只是增加了一些人工种植的豆科植物（草木樨、紫花苜蓿等）。目前，全市草原的植被生长现状大致可以分成以下 3 种类型：采草场的植被高度在 30 厘米左右，覆盖度在 70% 左右，由于受地势的影响，不同地势的草原植被优势品种不同，其中人工草场的植被主要以羊草为主，其数量占总数的 65% 以上，其他禾本科、豆科、杂草类植被仅占总数的 35% 左右；放牧场的植被高度在 10 厘米左右，覆盖度在 40% 左右，植物构成主要以羊草和杂草类生长群体为主，有的地块以羊草为主，有的地段以杂草类为主，碱斑地块基本没有植被生长。与 20 年前比较，草原植被的最大特点就是羊草的优势地位没有以前明显了，一些杂类物种占了上风。

　　盐碱化土壤在安达市无论耕地还是草原均分布很广，耕地主要以点片方式分布，草原分布则较为集中。现有盐碱化与易盐渍化土壤 4.5 万公顷，占全市耕地面积的 33.18%；草原中盐碱化与易盐渍化土壤 10.5 万公顷，占全市草原总面积的 89.88%。安达市盐化土壤主要有盐化草甸土和盐化沼泽土两个亚类，又分为轻度苏打盐化草甸土、中度苏打盐化草甸土、重度苏打盐化草甸土和薄层苏打盐化沼泽土 4 个土种，主要分布在万宝山镇、昌德镇、卧里屯乡、先源乡；碱化土壤主要是碱化草甸土 1 个亚类，又分为浅位苏打碱化草甸土、中位苏打碱化草甸土和深位苏打碱化草甸土 3 个土种，主要分布在万宝山镇、昌德镇、太平庄镇、老虎岗镇。其他乡（镇）也都有不同程度的盐碱土分布。安达市土壤 pH 较高，耕地土壤平均值为 8.36，草原平均值为 8.96。耕地中碱斑 pH 超过 10，草原碱斑 pH 为 10.5。耕地土壤含盐量高，含盐量为 0.066%～0.153%，平均值为 0.094 4%。土壤有害盐分以碳酸氢钠为主。

（二）导致土壤盐渍化的主要原因

　　安达市盐碱化与易盐渍化土壤面积大，危害重，是在自然因素及多种生产因素共同影响下形成的。

　　1. 地理位置的影响　从地形地势上看，安达市地处松嫩平原低洼处，境内无江无河，形成闭流区，地下水中溶有很多有害盐类，降水一多低洼处自然积水，土壤深层的盐碱及地面明碱溶解到地表积水，待地表水蒸发后，有害盐、碱自然析出，覆盖地表，形成白色盐碱颗粒。长此以往，造成土壤盐碱化。

　　2. 气候条件的影响　从气候条件看，安达市地处松嫩平原盐碱干旱地区，半干旱气候，年降水量小，蒸发量大，加之区内水系很不发达，引起盐分在耕作层的聚积，形成了盐碱化土壤。

　　3. 水资源配给不足的影响　安达市水资源地下水约为 2.7 亿立方米（按总面积计

算），而耕地占有水资源约为1亿立方米左右，已用水资源已达6 000万立方米，基本达到极限的可开采量，造成地下水水位下降。地表水资源按径流计算，在保证率80％以上时，多年径流基本为零，只能靠北部引嫩水补给水资源。由于近年来北部引嫩水量逐年减少，到1994年基本断流，现有水利涝区、灌区工程难以运行使用，导致区域内大小水库、泡泽工程在少有的丰水期水满为患；多数枯水年份蓄水严重不足，致使许多大小泡泽多年无水可用，加重了干旱和地下水位的下降，加剧了土地盐碱化。

4. 受大庆油田生产影响严重　由于毗邻大庆，安达市受大庆温室效应的影响和粉煤灰的污染较重，导致气温相对较高，干旱较重，油田开发过度抽取地下水，致使区域地下水位下降。与此同时，油田在勘探钻井过程中，车辆及机械设备损毁草原，油污、废水也对草原造成污染，致使草原破坏非常严重，加之盲目的放牧采草，使草原生态环境恶化，对气候的调节功能逐渐减弱，进一步加剧了气候的干旱，加速了盐碱的生成。

5. 耕作方式的影响　一家一户的耕作方式，造成地块比较零散，大型农机具和农田水利设施的使用受限，取而代之的小型农机具，造成耕地土壤犁底层上升，孔隙度变小，土壤蓄渗水能力下降。另外，由于近年来化肥、农药施用量的增加，造成土壤中有机质含量下降，土壤板结，保水保肥能力下降，加重了土壤的盐碱化。

（三）土壤盐碱化对经济发展及生态环境造成的危害

土壤的高度盐碱化，造成本地区农作物产量低下，大面积草场退化，植物种类减少，严重阻碍着种植业和畜牧业的可持续发展，并大大影响了生态系统的平衡，导致区域环境逐步恶化，给本地区的经济发展及生态环境的建设带来了不可估量的影响，已成为制约安达市经济快速发展和农民增收的"瓶颈"。如不加大治理力度，农牧业生产将面临越来越重的自然条件的威胁。

1. 造成土壤有机质含量减少，耕作层变浅　土地的盐碱化和长期的重用轻养，导致自然植物或农作物生长不好，土壤有机质数量越来越少，土壤结构不良，肥力下降，耕作层变浅。有关资料显示，安达市耕地有机质含量1982年平均值为31.04克/千克，而2008年平均值为29.43克/千克，每年以约0.5％的速度下降，同时，导致耕作层越来越浅。安达市土地耕层1982年约为20厘米，而2008年15～18厘米，耕层以下20厘米左右即形成板块，土壤保肥、供肥、保水、供水能力越来越差。

2. 农作物产量及农产品品质下降，严重制约着农牧业生产的发展　由于土壤pH较高，加之干旱的影响，导致盐碱地块作物根系吸水困难，幼苗极易枯死，或发生"烧苗"而死，造成缺苗断垄，致使农作物减产，严重阻碍了农业生产的发展。目前，安达市中低产田的90.2％为盐碱化土壤，平均每公顷产量只有3 000千克左右；干旱使安达市每年粮食减产1亿千克左右，收入减少约8 000万元。另外，由于植物吸收了大量的盐分，阻碍作物吸收其他必需的物质，使其生理代谢极易发生紊乱，导致农产品品质一定程度的下降。与此同时，受干旱和盐碱的影响，草原退化程度也日趋加重，放牧草场地表裸露，碱斑连片，牧草植被破坏严重，草产量大幅度减产，草质下降，影响了畜牧业的发展。目前，安达市人工草场的产量只有3 000千克/公顷左右，天然未退化的草原产干草量平均仅1 500千克/公顷左右，退化的天然草场的产干草量不足1 050千克/公顷左右。就放牧场来说，其产量就更难达到以上的标准了，与20年前每公顷产草3 000千克以上相比，草原的生物产量明显下降了，除人工草场外，其他草场的生产量下降了20%～50%。

3. 导致地下水水位下降　由于土壤中聚积了大量的盐分，地表径流下渗透系数减少，地表水利用率较低，安达市地下水水位逐年下降。安达市沿大庆边界的先源乡、卧里屯乡、安达镇、万宝山镇、升平镇、昌德镇6个乡（镇）的85个村地下水位下降尤其明显，平均下降1.5～2.0米。目前，有的乡（镇）因地下水水位下降，地下取水已相当有限，部分耕地机电井布局呈现相对过剩局面，如卧里屯乡，单井之间间隔远低于350米，有的甚至不足50米，机电井布局不合理造成了地下水超量开采现象，直接影响农业生产。

4. 导致自然生态环境恶化　随着大庆油田的开发，二氧化硫、烟尘等的排放量逐年增大，形成十分不利的小区域气候，致使降雨少、温度高和污染严重，加重了安达市耕地和草原的盐碱化程度，对安达市的自然和生态环境造成了巨大影响。据2001年大气监测表明，安达市大气首要污染物是TPS（总悬浮微粒），其平均浓度为0.43毫克/立方米，二氧化硫平均浓度为0.204毫克/立方米，氮氧化物平均浓度为0.121毫克/立方米，降水pH为4.6，空气污染指数为165，空气质量级别为较低的三级。近10年安达市平均年降水量368毫米，比历年平均值428毫米平均减少60毫米；平均气温4.4 ℃，比历年平均气温3.3 ℃平均高1.1 ℃。由于温度高、降水少，草原出现了大面积碱斑，裸地进而大幅度增加，导致近年来草原逆向演变加剧，优质牧草逐年减少，草场涵水固土能力明显下降，草原风灾、旱灾、涝灾频繁发生，草原生态系统明显恶化，形成干旱-盐碱-干旱-植物受害加重的恶性循环态势。

二、土壤瘠薄

安达市土壤肥力低，土质瘠薄，经本次土壤普查，全市多数土壤的基础肥力低，属于肥力高等的一级土地只有8.59%，属于中等肥力的二级土地占22.53%，属于较低肥力的三级土地占38.24%，属于肥力极低的四级土地占19.78%，属于不经改良无生产能力的五级土地占10.86%，这就表明安达市改良土壤肥力的任务是繁重而艰巨的。

三、旱涝灾害

土壤旱涝灾害是作物产量低而不稳的主要原因。据调查计结果，自1950—2008年58年期间，就发生旱灾40次，涝灾18次，旱灾以1968年及1975年最重，受灾面积为86 460公顷和83 133.33公顷。涝灾以1961年最重，受灾面积36 000公顷，其中绝产27 333.33公顷。往往是旱涝交替，春旱秋涝。总的趋势是以旱灾为严重。

按照土壤易旱和旱涝的程度，把土壤进行分组，可以看到安达市易旱耕地土壤占46.44%，易涝土壤占29.31%，正常土壤24.25%，如遇特殊年份，旱或涝波及的范围会更大。

形成安达市旱涝自然灾害的主要原因是气候，地形和土壤

1. 气候条件　安达市降水量分布不匀，是造成旱涝的直接原因。年降水量428.7毫米，春季播种期间，少雨多风，降水量仅占全年降水量的10.6%，蒸发量是降水量的3～

4倍，且大风次数多，土壤含水量很低，严重影响作物种子发芽出苗。夏、秋季雨水大，降水量达全年降水总量的80%，土壤含水量不时达饱和状态，因而形成春旱秋涝灾害。

2. 地形和水文地质条件　降雨落到地表以后，一部分渗入土壤，当土壤水分达到饱和之后，渗吸结束，转入慢慢地渗漏阶段。多余的水分以径流的形式，沿斜坡向低地集中，这就是降水到地面的重新分配，也就导致低地成涝。安达市地形起伏，岗洼交错，降雨后岗地跑水，洼地积水，形成岗旱洼涝灾害。

在春季干旱期间，种子发芽需要水分却得不到满足的时期，地下水正在处在枯水位，无法大量补给土壤耕层水分。夏天雨季丰水期，土壤水分过多，地下水位又增高，造成顶托，难以排出地表积水，也是造成旱涝灾害的重要原因。

3. 土壤条件　安达市绝大多数的土壤中含有钠离子，质地黏重；干时硬，湿时泥泞；降低了土壤的入渗能力，不担旱，不担涝。

4. 人为因素　耕作管理仍存在不合理的问题，例如，不合理的耕翻，耕作粗放，垄距过密等，从而降低了土壤的抗旱、抗涝能力。

四、土壤侵蚀

土壤侵蚀也称水土流失，包括水蚀和风蚀两种。安达市水蚀面积很少，主要是风蚀。风蚀遍及全市，范围广，发生时间较长，几乎一年四季都有发生，因而它的危害严重。它是土壤肥力减退，土壤生产能力低的主要原因之一。

风蚀是土壤的慢性病，往往引起不可逆转的生态性灾难，其后果是严重的。风蚀的直接后果是耕层由厚变薄，土色由黑变黄，地板由暄变硬，地力由肥变瘦。安达市土壤的"破皮黄""破皮硬"土，并非原来如此，大都是由水土流失造成的。有的地块由于受风蚀灾害，重者被迫弃耕，轻者补种和毁种，使肥料和种子遭到很大损失，还误了农时。

安达市土壤风蚀的主要原因是气象因素、土地因素和人为因素。春季降雨少干旱，并且风多而猛，加之草甸土、黑钙土所处地势高，多漫岗地形，土壤干而酥，耐蚀性低，这些都是发生风蚀的自然条件。另外，人对土壤侵蚀起主导作用，不适当毁草开荒，使自然植被遭到破坏，表土裸露，耕作粗放，森林覆被率低等都为土壤侵蚀创造了条件。

五、耕层变浅

2008年秋季，我们在安达市各乡（镇）进行了玉米田土壤耕层现状的调查，共计踩点18个，调查了目前玉米田耕层的厚度、犁底层的厚度、相对应的土壤容重以及有效耕层土壤量。这些数据的调查完全能够代表安达市玉米田以小四轮整地的土壤耕层现状。

（一）调查的方法

1. 调查点选择　选择在地面平坦的，具有代表性的典型地块中间，远离村口、路边等耕层受到破坏，或地表切割剧烈，土壤受到侵蚀的地段设点观察。

2. 自然情况调查　每个点调查玉米的种植品种、收获密度（调查50平方米的收获株数）、耕作方式、上年产量（上茬作物）、玉米施肥情况等。

3. 调查剖面的挖掘方法　在选定的地点上与垄向垂直方向挖调查剖面。剖面的长度为两个完整垄的垄距（从垄沟开始），宽 50 厘米、深 40 厘米，挖掘的剖面横向与垄向垂直，竖向与地面垂直。

4. 耕层深度调查　首先确定耕层基准线，调查垄的垄侧向下 30 厘米处为耕层基准线，分别测定两个垄的垄沟至犁底层和基准线至犁底层的距离（A、a，两垄 3 个垄沟共计 3 组数据），垄侧至犁底层和基准线至犁底层的距离（B、b，两垄 4 个垄侧共计 4 组数据），垄顶至犁底层和基准线至犁底层的距离（C、c，两垄 2 个垄顶共计 2 组数据），测量

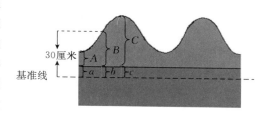

图 7-1　垄作剖面测量示意图

的部位见图 7-1，最后明确耕层深度和有效耕层土壤量，绘出耕层与犁底层交界面的剖面图。数据采集时连续测定 2 垄（包括 2 个垄顶，3 个垄底，4 个垄侧），由左至右一一对应。

5. 容重调查　在土壤耕层深度调查结束后，进行容重测定。

测定位置为 5～10 厘米、20～25 厘米、35～40 厘米（距离从垄侧算起，垄侧为垄顶至垄底高度的 1/2 高度处）和犁底层处，每个剖面重复 3 次（图 7-2）。测定方法采用环刀法。

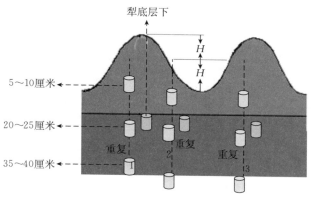

图 7-2　垄作容重测定示意图

6. 有效耕层土壤量的计算

平均耕层深度＝$(A_1+B_1+C_1+B_2+A_2+B_3+C_2+B_4+A_3)/9$

平均犁底层距基准线的深度＝$(a_1+b_1+c_{1+}b_2+a_2+b_3+c_2+b_4+a_3)/9$

其中，A_1、B_1、C_1、B_2、A_2、B_3、C_2、B_4、A_3 为示意图 1 中表示的耕层厚度；a_1、b_1、c_1、b_2、a_2、b_3、c_2、b_4、a_3 为示意图 1 中表示的犁底层距基准线深度（犁底层厚度），数值为表 7-1 中具体对应测得的 18 个数据。

有效耕层土壤量（千克/公顷）＝平均耕层深度（米）×面积（10^4 平方米）×5～10 厘米的土壤容重（克/立方厘米）×1 000

表 7-1　土壤耕层调查表（18 点平均值）

采样地点	安达镇	采样日期	10 月 9 日
采样人员	赵瑞华	土壤类型	碳酸盐黑钙土
上年种植作物	玉米	耕作方法	垄作
种植品种	吉单 261	种植密度	3 500 株

（续）

上年产量	556 千克/亩	施肥情况	复合肥 35 千克/亩
垄底距犁底层距离（A_1）	13 厘米	垄底对应处犁底层距基线距离（a_1）	8 厘米
垄侧距犁底层距离（B_1）	18 厘米	垄底对应处犁底层距基线距离（b_1）	12 厘米
垄顶距犁底层距离（C_1）	15 厘米	垄顶对应处犁底层距基线距离（c_1）	12 厘米
垄侧距犁底层距离（B_2）	13 厘米	垄底对应处犁底层距基线距离（b_2）	8 厘米
垄底距犁底层距离（A_2）	13 厘米	垄底对应处犁底层距基线距离（a_2）	9 厘米
垄侧距犁底层距离（B_3）	15 厘米	垄底对应处犁底层距基线距离（b_3）	9 厘米
垄顶距犁底层距离（C_2）	20 厘米	垄顶对应处犁底层距基线距离（c_2）	10 厘米
垄侧距犁底层距离（B_4）	16 厘米	垄底对应处犁底层距基线距离（b_4）	10 厘米
垄底距犁底层距离（A_3）	13 厘米	垄底对应处犁底层距基线距离（a_3）	8 厘米
	重复 1	重复 2	重复 3
5～10 厘米容重	120.1 克/100 立方厘米	129.2 克/100 立方厘米	133.4 克/100 立方厘米
犁底层处容重	148.5 克/100 立方厘米	155.2 克/100 立方厘米	163.1 克/100 立方厘米
20～25 厘米容重	113.3 克/100 立方厘米	124.3 克/100 立方厘米	126.4 克/100 立方厘米
35～40 厘米容重	138.1 克/100 立方厘米	132.2 克/100 立方厘米	137.2 克/100 立方厘米
有效耕层土壤量	192 615 600（千克/公顷）		

注：该表所填写的为 18 个剖面的调查数据的平均值。

（二）调查结果

平均耕层深度＝(13＋18＋15＋13＋13＋15＋20＋16＋13)/9＝15.1 厘米；

平均犁底层距基准线的深度＝(8＋12＋12＋8＋9＋9＋10＋10＋8)/9＝9.5 厘米（犁底层厚度）；

5～10 厘米平均容重为 127.56（克/100 立方厘米）；

犁底层处容重为 155.93（克/100 立方厘米）；

20～25 厘米平均容重为 121.3（克/100 立方厘米）；

35～40 厘米平均容重为 135.83（克/100 立方厘米）；

有效耕层土壤量＝0.151×面积（10^4 平方米）×127.56（克/100 立方厘米）×1 000＝192 615 600（千克/公顷）。

（三）小结

通过调查，安达市玉米田耕层厚度平均值只有 16.5 厘米，直接影响着安达市耕地土壤的理化性状，耕层薄、犁底层厚是人为长期不合理的生产活动所形成的，两者是息息相关的。通过调查，安达市造成耕层浅、犁底层厚的主要原因是：由于适应干旱为了保墒和引墒而进行浅耕，翻地达不到深度要求，只在 15 厘米左右，采取重耙耙地和压大石头磙子等措施，而使土壤压紧，形成了薄的耕作层和厚的犁底层。翻、耙、耢、压不能连续作业，机车进地次数多，对土壤压实形成坚硬层次，部分土壤质地黏重、板结、土壤颗粒小，互相吸引力大，有的地块虽然进行了浅翻深松，但时间不长，由于降雨土壤黏粒不断沉积又恢复原状。这也是形成耕层薄、犁底层厚的一个主要原因。

耕作土壤构造大都有耕层、犁底层等层次，良好的耕作土壤要有一个深厚的耕作层（20 厘米）即可满足作物生长发育的需要。犁底层是耕作土壤不可免的一个层次，如在一定的深度下（20 厘米以下）形成很薄的犁底层，既不影响根系下扎，还能起托水托肥作用，这种犁底层不但不是障碍层次，且对作物生长发育还能起到有一定意义的作用。安达市大多数的土壤不是这种情况，大都是耕层薄、犁底层厚，有害而无利。耕层薄、犁底层厚主要有以下几点害处。

1. 通气透水性差　犁底层的容重大于耕层的容重，而孔隙度低于耕层的孔隙度。犁底层的总孔隙度、通气孔隙、毛管孔隙均低于耕层，另外犁底层质地黏重，片状结构，遇水膨胀很大，使总孔隙度变小，而在孔隙中几乎完全是毛管孔隙，形成了隔水层，影响通气透水，使耕作层与心土层之间的物质转移、交换和能量的传递受阻。由于通气透水性差，使微生物的活动减弱，影响有效养分的释放。

2. 易旱易涝　由于犁底层水分物理性质不好，在耕层下面形成一个隔水的不透水层。雨水多时渗到犁底层便不能下渗，这样，既影响蓄墒，又易引起表涝，在岗地容易形成地表径流而冲走养分。另一方面，久旱不雨，耕层里的水分很快就被蒸发掉，而底墒由于犁底层容易造成表涝和表旱，并且因上下水气不能交换而减产。

3. 影响根系发育　一是耕层浅，作物不能充分吸收水分和养分；二是犁底层厚而硬，作物根系不能深扎，只能在浅的犁底层上盘结，不但不能充分吸收土壤的养分和水分，而且容易倒伏，使作物吃不饱、喝不足。

六、重用轻养，化肥投入比例不合理

对于土壤资源的合理利用，不光是设法向土壤索取，同时也要积极地补给，边用边养，用养结合，使地力不断提高。实际上现在广大农户的做法恰恰相反，他们靠天吃饭，向地要粮，多取少补，重用轻养，导致土壤肥力日趋下降。现有部分农户受传统意识与投入成本限制，氮磷肥料严重超高量使用，钾素肥料投入严重不足，氮肥利用率有相当一部分地块仅为 10% 左右。因养分供应极度失衡，作物病虫害严重，农田农药用量大幅度增加，导致生产条件较好的耕地土壤盐害，严重碱化，破坏结构，农药残留，土壤污染问题十分突出，土壤生物性状严重衰退，生产性能大幅度下降。土壤有机质与速效钾快速下降的后果严重性，应引起高度重视。

七、种植制度不合理

近几年来，玉米作为安达市主要栽培作物，面积有增无减，玉米种植面积常年保持在120 000～135 000 千克/公顷，占全市耕地面积的 88.5% 左右。有的地块从第一轮土地承包至今一直种植玉米，从来没有轮作过，轮作制度在这些地区基本上属于空谈，土地得不到根本的休养，土质越来越瘠薄，也就是群众常说的"地越种越乏"。又因许多农户过量使用长效除草剂，以及一味地追求高产，跨区种植，导致玉米大面积减产甚至绝产现象的发生。除草剂残留严重，使很多耕地不能种植其他经济作物，给农业结构调整造成了一定的困难。化肥使用不合理，主要是不注重氮、磷、钾 3 种元素的平衡供应，造成养分间比例失衡，导致有效磷、速效钾的供应存在严重的不平衡，利用率低，大部分散失在土壤和水、气中。玉米等作物多年重茬种植问题是安达市农业发展的重大瓶颈问题。

第三节　土壤改良

　　土壤改良是指针对土壤的不良性状和障碍因素，采取相应的物理或化学措施，改善土壤现状，提高土壤肥力，增加作物产量，以及改善人类生存土壤环境的过程。土壤改良工作一般根据各地的自然条件、经济条件等情况因地制宜地制定切实可行的规划，逐步实施，以达到有效地改善土壤生产性状和环境条件的目的。根据本次耕地地力调查，安达市耕地中存在盐碱危害、土壤瘠薄、旱涝灾害、土壤侵蚀、耕层浅等问题，且重用轻养，化肥投入比例不合理，耕地土壤肥力严重减退，种植结构不合理。可采取如下措施进行土壤改良。

一、盐碱土改良

（一）治理土地盐碱化的方法

　　多年来，安达市对盐碱土的改良非常重视，投入了大量的人力、物力、财力。治理土地盐碱化方法如下：

　　1. 施用改土剂　在采取水利和农艺措施的同时，施用一些改土剂，如沸石、生石灰、康地宝、三纳渣、糠醛渣等，既可消除游离碱和代换性钠，又可降低碱化度和碱性，同时还可改善土壤的物理性状。2000—2006 年，黑龙江省水利设计院在安达市万宝山镇的草原上进行了盐碱土改良试验，主要农艺措施为利用振动式深松犁进行土壤深松、整地，播种前喷施盐碱土改良剂康地宝，同时种植抗盐碱性植物紫花苜蓿、内蒙古大头草、草木樨等十几个品种；适时合理灌溉。试验几年来，效果明显，既改良了盐碱土壤，又从中筛选出了多种抗盐碱性植物品种。

　　2. 旱田改水田，以水制碱　黑龙江省农业科学院 1985—1991 年在中本镇的试验证明，通过种植水稻，土壤的含盐量由 1985 年的 0.140% 降低至 1991 年 0.072%，pH 由 1985 年的 8.5 降低至 1991 年 7.8，由此开发治理了盐碱型中低产田。

　　3. 增施农肥，培肥改土　通过 2006 年、2007 年和 2008 年 3 年的试验表明，在每年每公顷施农肥 45 立方米的前提下，耕层土壤有机质含量 3 年增加了 0.4%，pH 降低了 0.3，含盐量降低 0.022%。由此可以证明，增施农肥既可改良土壤又能培肥地力，是促进农业高产稳产的根本性措施。

　　4. 加强排水灌溉措施，促进土体脱盐和防止返盐　排水可以调节和控制地下水位在临界深度以下，使土壤不致返盐，以满足作物对土壤、水、肥、气、热的要求。灌溉可以把盐碱土表层的盐分淋洗至下层，用排水沟把溶解的盐分排走。

5. 增加大中型农业机械、以机治硬脱盐　安达市大多数土壤黑土层浅，深翻容易把底层的黄土或暗碱翻上来，使表土的性质变劣。因此，根据安达市的土壤特点，采取用大型机械连片种植，联合作业，采取浅翻深松，垄沟深松、耕松结合，有利于熟化土壤，提高地力，接纳较多的雨水，有明显的脱盐效果。

6. 利用生物剂，改良盐渍化土壤　通过施用生物制剂，可以改良土壤的理化性状，提高土壤的肥力、地力，增加土壤的蓄水保墒能力，改善土壤的盐渍化状况。

（二）治理土地盐碱化的措施

安达市在开发治理盐碱土虽然取得了一些成绩，但由于需要治理的面积较大、技术和措施不完善、资金不足等因素的影响，效果还不明显。根据盐碱土形成的成因及以往对盐碱土治理积累的经验，结合安达市实际，我们认为，安达市作为盐碱化的重灾区，要想治理土地盐碱化问题，重点做好以下工作：

1. 必须解决水资源供给问题　水资源不足是导致安达市土地盐碱化的一个重要因素，因而要借尼尔基水库建设的契机，积极向上争取，加大北部引嫩向安达地区的供水量，解决水资源供给问题。尼尔基水库、双阳河水库建成及明青截流沟整治工程完善后，不但提高了安达市的防洪能力，而且也能保证地表水资源。建议加强东湖水库的建设，争取使其库容量达到1亿立方米。同时，对王花泡、青肯泡等蓄洪区进行增容及配套建设，利用蓄洪区蓄水调蓄，以增加可调蓄量，供农业生产用水，又有利于建设良好的生态环境。安达市王花泡、青肯泡蓄洪区设计蓄水量分别为2.6亿立方米和1.5亿立方米以上，双阳河水库的建成和明青截流沟工程的改造后，这两个蓄洪区不但能承担大的洪水，而且在蓄洪区上游流域无化工企业，无污染源，所拦蓄的坡积水水质好，适应灌溉和养殖业生产。在此基础上，加大耕地和草原节水灌溉力度，实现水资源的合理充分利用。大力植树造林，注重水土保持，注重风蚀治理，加大拦蓄水和小流域治理工程建设。

2. 加强排水、灌区工程建设　安达市自20世纪70年代起，修建了4个灌区工程，分别是太平庄、中本、老虎岗、任民灌区。当时水田灌溉面积达到5 666.67公顷，旱田达到6 666.67公顷。后来由于北部引嫩水资源不足，并逐年减少，到1994年基本断流，各灌区工程分别停滞，目前，除中本灌区工程存在外，其他灌区由于无人管理，建筑工程已被严重破坏。尼尔基水库建成后，东湖水库成为尼尔基灌溉工程末端的反调节水库。为此，要充分发挥东湖水库的枢纽工程作用，建设安达灌区，对原建成的太平庄、中本、老虎岗、任民4个灌区重新改扩建，使灌溉能力达到60 000公顷。同时，对安达市卧里屯、吉星岗、老虎岗、昌德和太平庄5个涝区进行修复建设，实现安达市旱能灌、涝能排的工程体系。这样就可以恢复安达市的水稻种植，增强旱田灌溉能力，对盐碱地的治理和农业的增产增收有重大推动作用。

3. 综合利用盐碱地治理技术与措施，以点带面，全面治理土壤盐碱化　按照土壤的理化指标，对成熟的盐碱地治理方法进行推广应用，分片采取相应的技术措施。对耕地多为低洼易涝地块但水源充足的地区采取旱改水，以水治碱来改良土壤；对碱斑面积大的地区，采取施用康地宝、沸石、糠醛渣等改土剂对耕地碱斑进行改良；对干旱型盐碱土地区，采取灌排结合的治理措施；对瘦硬型盐碱土区，采取利用大型机械进行连片和联合作业，进行浅翻深松，耕埴土壤进行土壤改良。

4. 加大秸秆还田力度，推广发展沼气能源 要鼓励农民尽最大可能把农作物根茬还田，秸秆粉碎直接还田，秸秆过腹还田，增加土壤中的有机质含量。实验证明，秸秆还田可在 5 年内增加土壤有机质 1.5 个百分点，第二年产量可提高 10％左右。同时还要利用安达市畜牧业的优势，把牲畜的粪便用于农村沼气建设，然后把生产沼气所产生的废液、废渣用作肥料施到农田中去，从而改善土壤理化性状，提高土地的产出能力。

二、土壤瘠薄的改良

安达市采用改土措施增进土壤养分。增加土壤有机质和养分含量，改良土壤性状，提高土壤肥力。主要是多施农家肥及有机肥。结合土壤深耕，切断表土与底土毛细管的联系，让有机肥料转化成腐殖质，促使表层土形成团粒结构，提高土壤肥力。还可以通过平整土地，土壤培肥，种植耐碱作物与绿色肥料等农业生物措施，改良土壤，提高肥力；或使用土壤化学改良剂改良土壤。

三、发展旱田灌溉

安达市属于半干旱气候区，其特点是十春九旱，黑钙土、草甸土等主要农业用地，则经常出现土壤水分不足，成为农业生产发展的主要限制因素。积极推行旱作农业，充分利用天然降水，合理使用地表及地下水资源，实行节水灌溉，是解决安达市干旱缺水问题的关键所在。因地制宜地实行排、蓄、截、灌和改土相结合的方针，积极兴建田间水利工程和平整土地，保证灌溉水源，并大力推广使用抗旱品种和抗旱肥料，推广秋翻秋耙春免耕技术、地膜集流增墒覆盖技术、机械化一条龙坐水种技术、喷灌和滴灌技术、小白龙交替分根间歇灌溉技术等。

四、土壤侵蚀的防治措施

在采取防治措施时，应从地表径流形成地段开始，沿径流运动路线，因地制宜，步步设防治理，实行预防和治理相结合，以预防为主；治坡与治沟相结合，以治坡为主；工程措施与生物措施相结合，以生物措施为主。只有采取各种措施综合治理、集中治理和持续治理，才能奏效。

（一）生物措施

生物工程措施是指为了防治土壤侵蚀，保持和合理利用水土资源而采取的造林种草、绿化荒山，农林牧综合经营，以增加地面覆被率，改良土壤，提高土地生产力，发展生产，繁荣经济的水土保持措施，也称水土保持林草措施。林草措施除了起涵养水源、保持水土的作用外，还能改良培肥土壤，提供燃料、饲料、肥料和木料，促进农、林、牧、副各业综合发展，改善和调节生态环境，具有显著的经济、社会和生态效益。生物防护措施可分两种：一种是以防护为目的的生物防护经营型，如黄土地区的垣地护田林、丘陵护坡林、沟头防蚀林、沟坡护坡林、沟底防冲林、河滩护岸林、山地水源林、固沙林等；另一种是以林木生产为目的的林业多种经营型，有草田轮作、林粮间作、果树林、油料林、用材林、放牧林、薪炭林等。

（二）农业技术措施

水土保持农业技术措施，主要是水土保持耕作法，是水土保持的基本措施。它包括的范围很广，按其所起的作用可分为三大类：

1. 以改变地面微小地形，增加地面粗糙率为主的水土保持农业技术措施　拦截地表水，减少土壤冲刷。主要包括横坡耕作、沟垄种植、水平犁沟、筑埂作垄等高种植丰产沟等。

2. 以增加地面覆盖为主的水土保持农业技术措施　其作用是保护地面，减缓径流，增强土壤抗蚀能力。主要有间作套种、草田轮作、草田带状间作、宽行密植、利用秸秆杂草等进行生物覆盖、免耕或少耕等措施。

3. 以增加土壤入渗为主的农业技术措施　疏松土壤，改善土壤的理化性状，增加土壤抗蚀、渗透、蓄水能力。主要有增施有机肥、深耕改土、纳雨蓄墒，并配合耙耱、浅耕等，以减少降水损失，控制水土流失。

防治土壤侵蚀，必须根据土壤侵蚀的运动规律及其条件，采取必要的具体措施。但采取任何单一防治措施，都很难获得理想的效果，必须根据不同措施的用途和特点，遵循如下综合治理原则：治沟与治坡相结合，工程措施与生物措施相结合，田间工程与蓄水保土耕作措施相结合，治理与利用相结合，当前利益与长远利益相结合。实行以小流域为单元，坡沟兼治，治坡为主，工程措施、生物措施和农业措施相结合的集中综合治理方针，才可收到持久稳定的效果。

（三）水利工程措施

1. 坡面治理工程　按其作用可分为梯田、坡面蓄水工程和截流防冲工程。梯田是治坡工程的有效措施，可拦蓄90%以上的水土流失量。梯田的形式多种多样，田面水平的为水平梯田，田面外高里低的为反坡梯田，相邻两水平田面之间隔一斜坡地段的为隔坡梯田，田面有一定坡度的为坡式梯田。坡面蓄水工程主要是为了拦蓄坡面的地表径流，解决人畜和灌溉用水，一般有旱井、涝池等。截流防冲工程主要指山坡截水沟，在坡地上从上到下每隔一定距离，横坡修筑的可以拦蓄、输排地表径流的沟道。它的功能是可以改变坡长，拦蓄暴雨，并将其排至蓄水工程中，起到截、缓、蓄、排等调节径流的作用。

2. 沟道治理工程　主要有沟头防护工程、谷坊、沟道蓄水工程和淤地坝等。沟头防护工程是为防止径流冲刷而引起的沟头前进、沟底下切和沟岸扩张，保护坡面不受侵蚀的水保工程。首先，在沟头加强坡面治理，做到水不下沟。其次，巩固沟头和沟坡，在沟坡两岸修鱼鳞坑、水平沟、水平阶等工程，造林种草，防止冲刷，减少下泻到沟底的地表径流；在沟底从毛沟到支沟至干沟，根据不同条件，分别采取修谷坊、淤地坝、小型水库和塘坝等各类工程，起到拦截洪水泥沙，防止山洪危害的作用。

3. 小型水利工程　主要为了拦蓄暴雨时的地表径流和泥沙，可修建与水土保持紧密结合的小型水利工程，如蓄水池、引洪漫地等。

五、耕层浅的改良

（一）深耕改土

耕层浅的土壤，深耕能使紧实的犁底层部分被疏松，若结合施有机肥，使行土逐步熟化即能增加松软的耕层厚度，扩大作物根系活动的范围。耕层深浅是当前农业生产的一个重要问题，当然深耕并不是越深越好，要视作物根系、土壤性质等情况而定。深耕要掌握"逐年加深结合施肥"的原则，以免降低耕层土壤的肥力。

（二）精耕细作

1. 适时耕耙　在宜耕的含水量条件下进行耕耙有利于创造良好的耕层构造。耕地时把下层切开土垡翻转，使上下层混合均匀、土块破碎。耙地进一步破碎土块平整田面，使耕层土壤匀细疏松，在土壤含水量适宜的情况下耙地能使部分细土粒黏结成团，增进团粒状结构的形成。近年来，科技工作者通过实践总结出一种新的旱地耕作模式，在耕地时采用间耕形成虚部和实部，下雨时虚部土壤孔隙大，有利于雨水下渗和保持水分；旱时由于实部毛细管作用，有利于水分向上运动。

2. 及时中耕松土　雨后旱地需及时中耕松土保持表层疏松状态，水田要进行耘田、搁田。近年来，我国大部分地区改革耕作方法实行少耕法和免耕法，认为不必要的耕作不但浪费劳力、机具和燃料，而且破坏良好的耕层构造和团粒状结构，使土壤耕性变劣。尤其是大型农机具的应用，使土壤压板问题日益突出，车轮所到之处，土壤极端压实而闭结，作物根系难以伸展，严重影响土壤通气透水。在我国农业机械化过程中对此问题应予以重视。

（三）轮作与培肥

1. 合理轮作　可以利用作物根系来改良耕层构造。轮作一般可采用水旱轮作、不同作物轮作等方式。

（1）水旱轮作：水旱轮作对耕地层构造影响非常明显。在水田期间土壤长期淹水，胶结物质难以脱水，结构分散土粒沉实。在旱作期间排水作畦土壤趋于干燥，有利于胶体脱水形成结构体，耕层内的土壤总孔隙度也有所增加。在有条件的地方建议每隔几年就进行1次水旱轮作。

（2）不同作物间轮作：同一种作物，长期在同一块土壤种植会引起土壤养分失衡。另外不同作物，秸秆和根系碳氮比不同，相互调节有利于土壤微生物的活动，促进有机物质分解，从而起到改良土壤的作用。

2. 增施有机肥和生物菌肥

（1）在测土配方施肥的基础上大力提倡种植绿肥，施用堆肥、厩肥及沼肥等有机肥料：绿肥是重要的有机肥料之一。能改善土壤结构，提高土壤肥力，为农作物提供多种有效养分，同时也改良了土壤结构。增施农家肥和沼肥，大力提倡秸秆还田。有机肥料腐熟后，一方面促进土壤团粒状结构形成，有效改进耕层构造；另一方面能提供大量养分，增加土壤有机质。

（2）施用生物菌肥和土壤改良剂清理土壤中的杂物：施用生物菌肥，有利于促进氮元素的转化和大分子有机质的分解，改善土壤结构。土壤改良剂可以减少养分流失，促进团粒状结构形成。另外，清除土壤中的塑料薄膜和编织袋等杂物，也可以改良土壤结构。

六、合理轮作、用地养地

（一）增施有机肥料，提高土壤有机质含量

土壤有机质是土壤肥力的重要指标，是衡量土壤肥瘠的重要指标，它是土壤团粒状结构，尤其是水稳性团粒状结构的胶结构，具有协调水、肥、气、热的功能。土壤有机质有作物需要的多种营养元素，是养分的主要来源。

目前，家畜、家禽粪尿及人粪尿及厩肥圈肥、绿肥是很好的有机肥料。现如今养猪、羊等逐渐减少，粪便数量亦逐渐减少，根本不能满足需要。

作物秸秆也是一种很好的有机肥料，秸秆还田增加了土壤有机质，改善了土壤性质，保水保肥，节省了人力、物力。但目前做到秸秆还田的仍比较少，还应大力宣传推广。

（二）大搞农田基本建设要以改土治水为中心，实行水、田、林、路综合治理

丘陵地区要有水土保持的良好措施，要搞好植树造林，开发水源，防止水土流失等，达到水不出沟，土不下坡，保水保肥，平原地区要实行"园田"化种植，要兴修水利，做到遇旱能灌，遇涝能排，旱涝保收。要因地制宜，治水改土，培肥土壤，提高土壤肥力。

（三）合理轮作，用养结合

合理轮作是用地与养地相结合的有效措施。因为各种植物由于生物学特征不同，对土壤有不同的影响，如有的植物需肥多，从土中带走的养分多，地力消耗大，那么这些植物主要是用地。而豆科植物和绿肥作物，能固定空气中的氮素，还能利用土壤中深层养分，不仅对土壤养分消耗的少，甚至还能增加养分，种植这种作物就能养地。用地植物与养地植物进行轮作，就是用养结合。

（四）合理施肥，培肥土壤

肥料是植物增产的物质基础，合理施用肥料，尤其是合理施用化学肥料是大幅度提高植物产量水平、改善植物产品品质的一项重要技术。

合理施肥是一项理论性与技术性都很强的农业措施，肥料的合理施用，包括有机肥料与无机肥料的配合，各种营养成分的适宜配比，肥料品种的正确选择，经济的施肥量，适宜的施肥时间、施肥方法等。施肥是否合理的主要标志是能否提高肥料利用率与经济效益。

七、种植结构调整

种植业结构调整并不是单纯的扩大经济作物的面积，简单的"减玉米，种菜、种水稻"，关键是优化粮食作物与经济作物的比例，从增加种植效益和农民收入出发，因地制宜进行，合理地改、合理地减，发展效益农业。合理布局、区域调整、因地适种、要稳定粮食总产，挖掘增产潜力，改进栽培管理手段，提高科技含量，使粮食作物的品质、产量不断提高。要面向市场需求，来调整种植结构，发展优质、高产的粮食作物，利用廉价的粮食为原料，大力发展畜牧业，提高粮食转化率，使粮经作物协调发展，让农民体验到不仅种植经济作物能致富，粮食作物同样也能致富。

附录

附录1 安达市耕地地力调查与平衡施肥专题调查报告

第一节 概 况

安达市地处黑龙江省西南部松嫩平原腹地，地理坐标北纬 46°01′~47°01′，东经 124°53′~125°55′。南距省会哈尔滨 120 千米，北至"鹤城"齐齐哈尔 160 千米，与世界石油名城大庆毗邻接壤；周围与青冈、兰西、肇东、肇州、林甸 5 个县市为邻，位于哈大齐经济带上的黄金地段，是哈大齐工业走廊上的节点城市。滨洲铁路、哈大高速公路穿越市区，明沈、安昌、安绥、安兰等 10 余条国家级和省级公路网集城乡，大庆至广州的大广高速跨境而过，新建的大庆机场咫尺可及，交通四通八达，方便快捷。安达是中国著名的奶牛之乡和肉牛基地，是世界著名的奶牛带。草原面积 116 826.32 公顷，年产优质牧草 2 亿千克，是世界三大优质草场之一，素有"中国奶牛之乡"之称。安达市属于北温带大陆性半干旱季风气候区，四季分明。冬季漫长，受蒙古冷高压控制，寒冷、少雪、多西北风；春季，气旋活动频繁，短暂多风，低温易旱，春风次数多、干旱少雨；夏季，受西太平洋副热带高压影响，盛行西南暖湿气流，温热多雨；秋季，西南风南撤，冷暖交替，多秋高气爽天气，降温急剧，常受低温、早霜危害，属于半干旱农业区。1985—2011 年，年平均气温 4.3 ℃，活动积温 2 901.5 ℃，无霜期历年平均为 145 天，年均降水量 434.6 毫米，蒸发量 1 566.3 毫米，蒸发量为降水量的 3.6 倍，水质矿化度 0.15~0.3 克/升。安达市是典型的农牧业大市。

安达市所辖 10 镇（安达镇、任民镇、升平镇、万宝山镇、羊草镇、中本镇、太平庄镇、老虎岗镇、昌德镇、吉星岗镇）、4 乡（青肯泡乡、卧里屯乡、火石山乡、先源乡）、3 个街道办事处（铁西街道办事处、新兴街道办事处、安虹街道办事处）。全市总人口 50.91 万人，其中城镇居民 25.01 万人，农业人口 25.9 万人，农村劳动力 15.27 万人。全市拥有耕地 135 610.00 公顷，草原 116 826.32 公顷，湿地 25 333.30 公顷，林地 15 715.62公顷。财政总收入 18 亿元，农牧林渔业总产值 850 573 万元。其中，农业产值 318 284 万元，林业产值 5 062 万元，牧业产值 509 244 万元，渔业地区生产总值 13 890 万元。农村人均纯收入 10 050 元。

由于国家对粮食作物实施"一免三补"等惠农政策，粮食收入的保护价政策，极大地鼓舞了广大农民的种粮积极性，粮食种植面积逐年增加。安达市粮食作物生产呈逐年增长的趋势，1949 年全市粮豆总产仅 60 500 吨；1970 年粮食总产 89 500 吨，比 1949 年增加 29 000 吨，22 年平均每年增加 1 318.18 吨；1980 年粮食总产 117 000 吨；1992 年粮食总产 368 000 吨，比 1980 年增加 251 000 吨，12 年间平均每年增加 41 833 吨；2011 年粮食总产 1 180 300 吨，比 1992 年粮食总产增加 812 300 吨，20 年间年平均增加 40 615 吨，粮豆总产连年跃上新台阶；2011 年粮食总产达到了 1 180 300 吨，粮食单产达到 9 568.8 千克/公顷。是国家重要的商品粮生产基地市。

一、开展专题调查的背景

（一）安达市肥料使用的延革

安达市垦殖已有近 100 年的历史，肥料应用也有近 50 年的历史。从肥料应用和发展历史来看，大致可分为 4 个阶段：

1. 20 世纪 60 年代前后，耕地主要依靠有机肥料来维持作物生产和保持土壤肥力，作物产量不高，施肥面积约占耕地面积的 80% 左右。应用作物主要是谷子、糜子、玉米等作物，化肥应用主要是以硫酸铵为主的氮素肥料，主要用作玉米追肥。

2. 20 世纪 70 年代，仍以有机肥为主，化肥为辅，总量只有 5 000 多吨，应用作物主要是粮食作物和少量经济作物，除氮肥外，磷肥得到了一定范围的推广应用，主要是硝铵、硫酸铵和过磷酸钙。

3. 20 世纪 80 年代，中共十一届三中全会后，农民有了土地的自主经营权，随着化肥在粮食生产作用的显著提高，农民对化肥的应用开始认可，尤其是磷酸二铵的应用，使粮食作物产量有了大幅度的提高，化肥开始大面积推广应用，化肥总量达 25 000 吨，平均公顷用肥达 0.28 吨，施用有机肥的面积和数量逐渐减少。

4. 20 世纪 90 年代初，开始实行因土、因作物的诊断配方施肥，氮、磷、钾的配施在农业生产得到应用。氮肥主要是硝酸铵、尿素、硫酸铵、碳酸氢铵，磷肥以磷酸二铵为主，钾肥、复合肥、微肥、生物肥和叶面肥推广面积也逐渐增加。

这几年随着农业部配方施肥技术的深化和推广，黑龙江省土壤肥料管理站先后开展了推荐施肥技术和测土配方施肥技术的研究和推广，广大土肥科技工作者积极参与，针对当地农业生产实际进行了施肥技术的重大改革。

（二）安达市肥料肥效演变分析

安达市 1985—2011 年肥料和粮食产量统计见附表 1-1。

附表 1-1　化肥施用量与粮食总产统计

项目	1985 年	1988 年	1992 年	1997 年	2005 年	2011 年
农肥施用量（百万吨）	2.24	2.13	1.74	1.82	2.39	2.7
化肥施用量（万吨）	20.2	26.9	34.2	45.7	47.0	74.0
粮食总产（万吨）	6.2	9.6	13.5	20.2	44.3	118.0

从 1985—2011 年耕地面积从 11.65 万公顷增加至 13.56 万公顷。耕作方式从牛马犁过渡至以中小型拖拉机为主，作物品种从农家品种更新为杂交种和优质高产品种，肥料投入从农家肥为主过渡到以化肥为主导，并且化肥用量连年大幅度增加，农家肥用量大幅度减少，粮食产量也连年大幅度提高。见附图 1-1。

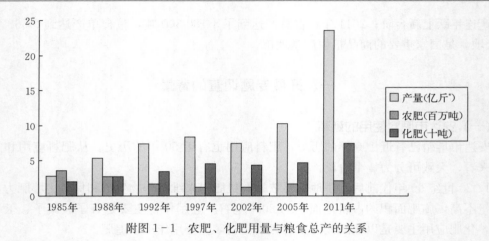

附图 1-1　农肥、化肥用量与粮食总产的关系

附图 1-1 说明了安达市从 1985—2011 年 26 年来肥料与粮食产量的变化规律。26 年变化过程又分为两个阶段，前 10 年化肥用量逐年递增，农肥逐年递减；在 1997 年时，农肥用量降至最低，全市 60％以上耕地不施农肥，化肥用量在 1997 年以后开始逐年递增。

二、开展专题调研的必要性

耕地是作物生长的基础，了解耕地土壤的地力状况和供肥能力是实施平衡施肥最重要的技术环节。因此，开展耕地地力调查，查清耕地的各种营养元素的状况，对提高科学施肥技术水平，提高化肥的利用率，改善作物品质，防止环境污染，维持农业可持续发展等都有着重要的意义。

（一）开展耕地地力调查，提高平衡施肥技术水平，是稳定粮食生产保证粮食安全的需要

保证和提高粮食产量是人类生存的基本需要。粮食安全不仅关系到经济发展和社会稳定，还有深远的政治意义。近几年来，我国一直把粮食安全作为各项工作的重中之重，随着经济和社会的不断发展，耕地逐渐减少和人口不断增加的矛盾将更加激烈，21 世纪人类将面临粮食等农产品不足的巨大压力，安达市作为国家商品粮基地是维持国家粮食安全的坚强支柱，必须充分发挥科技保证粮食的持续稳产和高产。平衡施肥技术是节本增效、增加粮食产量的一项重要技术，随着作物品种的更新和布局的变化，土壤的基础肥力也发生了变化，在原有基础上建立起来的平衡施肥技术，不能适应新形势下粮食生产的需要，必须结合本次耕地地力调查和评价结果，对平衡施肥技术进行重新研究，制定适合本地生产实际的平衡施肥技术措施。

（二）开展耕地地力调查，提高平衡施肥技术水平，是增加农民收入的需要

安达市是以农业为主的县级市，粮食生产收入占农民收入的很大比重，是维持农民生产和生活所需的根本。在现有条件下，自然生产力低下，农民不得不靠投入大量化肥来维持粮食的高产，化肥投入占整个生产投入的 50％以上，但化肥效益却逐年下降，要想科

＊　斤为非法定计量单位，1 斤＝250 克。——编者注

学合理地搭配肥料品种和施用技术，以期达到提高化肥利用率，增加产量、提高效益的目的，就必须结合本次耕地地力调查来进行平衡施肥技术的研究。

（三）开展耕地地力调查，提高平衡施肥技术水平，是实现绿色农业的需要

随着中国加入 WTO 对农产品提出了更高的要求，农产品流通不畅就是由于质量低、成本高造成的，农业生产必须从单纯地追求高产、高效向绿色（无公害）农产品方向发展，这些问题的解决都必须要求了解和掌握耕地土壤肥力状况，掌握绿色（无公害）农产品对肥料施用的质化和量化的要求，对平衡施肥技术提出了更高、更严的要求，所以，必须进行平衡施肥的专题研究。

第二节　耕地地力评价方法

一、评价原则

本次安达市耕地地力评价是完全按照国家耕地地力评价技术规程进行的。在工作中主要坚持了以下几个原则：一是统一的原则，即统一调查项目、调查方法、野外编号、调查表格、组织化验、地力评价；二是充分利用现有成果的原则，即以安达市第二次土壤普查、安达市土地利用现状调查和安达市基本农田保护区划定等已有的成果作为评价的基础资料；三是应用高新技术的原则，即在调查方法、数据采集及处理、成果表达等方面全部采用了高新技术。

二、调查内容

安达市本次耕地地力评价的内容是根据当地政府的要求和农业生产实践的需要确定的，充分考虑了成果的实用性和公益性。主要有以下几个方面：一是耕地的立地条件，包括经纬度、海拔高度、地形地貌、成土母质、土壤侵蚀类型及侵蚀程度；二是土壤属性，包括有效磷、速效钾、有效锌、有效铜、有效锰、有效铁、有效硼等；三是土壤障碍因素，包括障碍层类型及出现位置等；四是农田基础设施条件，包括抗旱、排涝能力和农田防护林网建设等；五是农业生产情况，包括良种应用、化肥施用、病虫害防治、轮作制度、耕翻深度、秸秆还田和灌溉保证率等。

三、评价方法

在收集有关耕地情况资料，进行外业补充调查及室内化验分析的基础上，建立起安达市耕地质量管理数据库，通过 GIS 系统平台，采用 ArcView 软件对调查的数据和图件进行数值化处理，最后利用全国耕地地力评价软件系统 V2.0 进行耕地地力评价。

1. 建立空间数据库　将安达市土壤图、行政区划图、土地利用现状图等基本图件扫描后，用屏幕数字化的方法进行数字化，即建成安达市地理评价系统空间数据库。

2. 建立属性数据库　将收集、调查和分析化验的数据资料按照数据字典的要求规范整理后，输入数据库系统，即建成了安达市地理评价系统属性数据库。

3. 确定评价因子　根据全国耕地地力调查评价指标体系，经过专家采用经验法进行选取，将安达市耕地地力评价因子确定为 9 个，包括有机质、有效磷、速效钾、有效锌、pH、质地、耕层厚度、障碍层位置、积温。

4. 确定评价单元　把数字化后的安达市土壤图、基本农田保护区规划图和土地利用现状图相叠加，形成的图斑即为安达市耕地地力评价单元，共确定形成评价单元 1 832 个。

5. 确定指标权重　组织专家对选定的各评价因子进行经验评估，确定指标权重。

6. 数据标准化　选用隶属函数法和专家经验法等数据标准化方法，对安达市耕地地力评价指标进行株距标准化，并对定性数据进行数值化描述。

7. 计算综合地力指数　选用累加法计算每一个评价单元的中和地力指数。

8. 划分地力等级　根据综合地力指数分布，确定分级方案，划分地力等级。

9. 归入全国耕地地力等级系统　依据《全国耕地类型区、耕地地力等级划分》（NY/T 309—1996），归纳整理各级耕地地力要素主要指标，结合专家经验，将安达市各级耕地归入全国耕地地力等级体系。安达市耕地地力等级分别为国家四级、五级、六级、七级耕地。

10. 划分中低产田类型　依据《全国中低产田类型划分与改良技术规范》（NY/T 309—1996），分析评价耕地土壤主导障碍因素，划分并确定安达市中低产田类型。

第三节　专题调查的结果与分析

一、耕地地力等级调查结果与分析

安达市总耕地面积为 135 610 公顷。耕地土壤的主要类型有黑钙土、草甸土、沼泽土和风沙土 4 个土类。其中，黑钙土面积 83 223.16 公顷，占总耕地面积的 61.37%；草甸土面积 49 510.73 公顷，占总耕地面积的 36.51%；沼泽土面积 113.02 公顷，占总耕地面积的 0.08%；风沙土面积 2 763.09 公顷，占总耕地面积的 2.04%。

本次耕地地力调查和质量评价将全市农田划分为 5 个等级，一级地面积为 11 647.31 公顷，占总耕地面积的 8.59%；二级地面积 30 548.87 公顷，占总耕地面积的 22.52%；三级地面积为 51 867.18 公顷，占总耕地面积的 38.24%；四级地面积为 26 825.93 公顷，占总耕地面积的 19.78%；五级地面积 14 720.71 公顷，占总耕地面积的 10.86%。一级地属本市域内高产土壤，面积为 11 647.3 公顷，占总耕地面积的 8.59%；二级、三级地属中产土壤，面积为 82 416.06 公顷，占全市总耕地面积的 60.77%；四级、五级地属低产土壤，面积为 41 546.63 公顷，占全市总耕地面积的 30.64%。以上 5 个等级地力划分为安达市本地域的耕地地力划分，由于安达市土壤受成土母质以及其他自然因素的影响，本身腐殖质层薄，肥力不高、盐碱化严重的缺点，即便是安达市的一级地按黑龙江省标准横向比较也是较低的，只是在安达市地域内综合地力条件较好。从以上数据说明，市区耕地中低产田土壤面积较大，说明安达市耕地还有很大的增产潜力，同时耕地培肥与改良工作任重道远。安达市耕地地力综合指数分级见附表 1-2，安达市耕地地力评价等级归入国家地力等级见附表 1-3。

附表 1-2　耕地地力综合指数分级

地力分级	地力综合指数分级（IFI）
一级	＞0.750 0
二级	0.716 0～0.750 0
三级	0.658 0～0.716 0
四级	0.636 0～0.658 0
五级	＜0.636 0

附表 1-3　安达市耕地地力评价等级及归入国家地力等级

安达市地力等级	管理单元数（个）	抽取单元数（个）	近3年平均产量（千克/公顷）	参照国家农业标准归入国家地力等级
一	77	77	10 250	四
二	426	426	8 750	五
三	729	729	8 260	五
四	233	233	7 350	六
五	367	367	5 930	七

按照《全国耕地地力等级划分标准》进行归并，安达市耕地现有国家四级地面积为11 647.31公顷，占总耕地面积的8.59%；五级地面积为82 416.06公顷，占总耕地面积的60.77%；六级地面积为26 825.93公顷，占全市总耕地面积的19.78%；七级地面积14 720.71公顷，占全市总耕地面积的10.86%。

从不同的地力等级分布特征来看，耕地等级的高低与有效土层厚度、质地、土壤类型、障碍层类型、地貌类型密切相关。安达市高产田主要分布在青肯泡乡、安达镇、羊草镇、吉星岗镇、老虎岗镇。青肯泡乡、安达镇、羊草镇的一级地，处于低岗波状平原的平坦地区；吉星岗镇、老虎岗镇的一级地，处于低岗波状平原的漫岗地。特点是所处地势平缓，耕层深厚，土壤质地良好，土壤类型多为草甸黑钙土。中产田除太平庄镇以外的其他各乡（镇）均有分布，其特点是处于平原漫岗坡下的低平地，土壤质地较好，土壤存在障碍因素，土壤类型多为石灰性草甸土，该类土壤多分布在黑钙土区地势低洼的地方，呈复区分布。低产田分布在平原中的低洼地或在内陆湖边缘的低地，如太平庄镇。特点是土壤质地黏重，排水能力差，耕层较浅，土壤存在障碍因素，盐渍化明显，土壤类型多为盐化草甸土、碱化草甸土和潜育草甸土。

安达市地力等级面积统计见附表 1-4，各乡（镇）不同地力等级面积见附表 1-5。

附表 1-4　安达市不同地力等级面积统计

地力分级	一级	二级	三级	四级	五级	合计
耕地面积（公顷）	11 647.31	30 548.87	51 867.18	26 825.93	14 720.71	135 610.00
占总耕地面积（%）	8.59	22.53	38.24	19.78	10.86	100.00

附表 1-5 安达市各乡（镇）不同地力等级面积统计

单位：公顷

乡（镇）	总计	一级	二级	三级	四级	五级
任民镇	8 363.00	—	—	987.07	6 829.10	546.83
中本镇	6 097.00	—	—	3 563.22	2 533.57	0.21
火石山乡	8 409.00	—	1 065.72	7 342.96	0.31	—
青肯泡乡	7 882.00	15.35	2 029.26	5 837.39	—	—
安达镇	3 764.00	15.45	2 071.68	1 676.62	0.25	—
卧里屯乡	6 708.00	—	—	5 860.71	785.10	62.19
万宝山镇	10 277.00	—	12.41	4 763.58	3 752.13	1 748.89
羊草镇	14 991.00	5 182.80	6 528.74	2 092.33	1 187.13	—
升平镇	11 656.00	4.35	1 247.39	5 359.61	5 044.65	—
吉兴岗镇	16 314.00	5 307.81	9 417.90	1 588.29	—	—
老虎岗镇	13 704.00	1 121.55	6 871.17	5 094.68	474.82	141.78
昌德镇	11 656.00	—	—	5 548.91	5 999.59	107.50
太平庄镇	9 134.00	—	—	—	—	9 134.00
先源乡	4 150.00	—	—	951.41	219.28	2 979.31
其他	2 505.00	—	1 304.60	1 200.40	—	—
合计	135 610.00	11 647.31	30 548.87	51 867.18	26 825.93	14 720.71

（一）一级地

安达市一级地总面积 11 647.31 公顷，占全市耕地总面积的 8.59%，主要分布在 6 个乡（镇）。在一级地分布中青肯泡乡面积为 15.35 公顷，占全市一级地面积的 0.13%；安达镇面积为 15.45 公顷，占全市一级地面积的 0.13%；羊草镇面积为 5 182.80 公顷，占全市一级地面积的 44.50%；吉星岗镇面积为 5 307.82 公顷，占全市一级地面积的 45.57%；老虎岗镇面积为 1 121.44 公顷，占全市一级地面积的 9.63%。升平镇也有零星分布，面积为 4.35 公顷，占全市一级地面积的 0.04%。土壤类型主要是黑钙土。安达市一级地土壤类型分布面积统计见附表 1-6，各乡（镇）一级地分布面积统计见附表 1-7，各土种一级地分布面积统计见附表 1-8。

附表 1-6 安达市一级地土壤类型分布面积统计

土壤类型	耕地面积（公顷）	一级地面积（公顷）	占全市一级地面积（%）	占该土类面积（%）
草甸土	49 510.73	1 524.33	13.09	3.08
黑钙土	83 223.16	10 122.98	86.91	12.16
沼泽土	113.02	0	0	0
风沙土	2 763.09	0	0	0

附表 1-7 安达市各乡（镇）一级地分布面积统计

乡（镇）	耕地面积（公顷）	一级地面积（公顷）	占该乡（镇）耕地面积（%）	占全市一级地面积（%）
任民镇	8 363.00	—	—	—
中本镇	6 097.00	—	—	—
火石山乡	8 409.00	—	—	—
青肯泡乡	7 882.00	15.35	0.19	0.13
安达镇	3 764.00	15.45	0.41	0.13
卧里屯乡	6 708.00	—	—	—
万宝山镇	10 277.00	—	—	—
羊草镇	14 991.00	5 182.80	34.57	44.50
升平镇	11 656.00	4.35	0.04	0.04
吉兴岗镇	16 314.00	5 307.81	32.54	45.57
老虎岗镇	13 704.00	1 121.55	8.18	9.63
昌德镇	11 656.00	—	—	—
太平庄镇	9 134.00	—	—	—
先源乡	4 150.00	—	—	—
其他	2 505.00	—	—	—
合计	135 610.00	11 647.31	8.59	100.00

附表 1-8 安达市一级地各土种分布面积统计

土种	面积（公顷）	一级地面积（公顷）	占一级地面积（%）	占该土种面积（%）
薄层石灰性草甸黑钙土	56 132.48	3 967.01	34.06	7.07
中层石灰性草甸黑钙土	22 412.06	5 076.02	43.58	22.65
厚层石灰性草甸黑钙土	2 847.62	613.88	5.27	21.56
中层黄土质草甸黑钙土	1 798.15	466.07	4.00	25.92
厚层黄土质草甸黑钙土	32.85	—	—	—
薄层石灰性潜育草甸土	440.84	—	—	—
中层石灰性潜育草甸土	82.69	0.24	—	0.29
厚层石灰性潜育草甸土	4.14	—	—	—
薄层黏壤质石灰性草甸土	15 222.55	646.99	5.55	4.25
中层黏壤质石灰性草甸土	3 372.95	434.09	3.73	12.87
厚层黏壤质石灰性草甸土	4 347.57	138.40	1.19	3.18
浅位苏打碱化草甸土	1 279.9	—	—	—
中位苏打碱化草甸土	74.46	—	—	—
深位苏打碱化草甸土	1 031.47	—	—	—
轻度苏打盐化草甸土	7 099.21	23.94	0.21	0.34

（续）

土种	面积（公顷）	一级地面积（公顷）	占一级地面积（%）	占该土种面积（%）
中度苏打盐化草甸土	7 199.31	273.18	2.35	3.79
重度苏打盐化草甸土	9 355.64	7.49	0.06	0.08
薄层石灰性草甸沼泽土	113.02	—	—	—
固定草甸风沙土	2 763.09	—	—	—
总计	135 610	11 647.31	100.00	8.59

　　一级地所处地带多为草甸土、黑钙土，地形较平缓，多分布在安达市的丘陵地和平岗地上，海拔高程为 134～212 米。由于地形部位高，地下水深达 50～70 米，因此地下水很少参与土壤的成土过程与土壤水分的循环。土壤水分的来源主要是大气降水，故该级地土壤的水分运动一般在 1 米土层内进行，降雨集中时可达到 2 米深的土层内。随着旱季与雨季的变迁，常产生表层土壤的季节性干旱现象，降低了自然土体中的有效养分，同时也将土壤深层中的可溶性盐分溶解而被带到地表，故使土壤呈碳酸盐反应。其成土母质主要以第四纪内海沉积物和冲积物在此基础上发育起来的黄土状黏土为主，在河流附近的低阶地上也有部分的冲积物母质。原始植被的草原化草甸类型，以杂草类"五花草塘"群落为主，由于现代农业的高速发展，原始植被已不复存在，都变成了人们赖以生存的农作物。草甸土和黑钙土主要分布在平坦的阶地和冲积地上，成土过程主要有两个：一个是腐殖质的积累过程；另一个是土壤中的物质淋溶与淀积过程。同时由于黑钙土和草甸土所处的地形部位高，随着时代的发展，黑钙土和草甸土在自然环境条件和人类生产活动的综合影响下，一级地土壤正在向着更加熟化的程度上发展，土壤基本没有侵蚀障碍因素。一级地耕层深厚，大多数在 20 厘米以上；土壤酸碱度（pH）为 8.2 左右，属微碱性土壤；土壤有机质平均值为 33.5 克/千克，全氮平均值为 1.88 克/千克，有效磷平均值为 20.14 毫克/千克，速效钾平均值为 218.76 毫克/千克。见附表 1-9。

附表 1-9　安达市一级地理化性状统计

项目	平均值	90%样本值分布范围
有机质（克/千克）	33.50	27.4～46.3
pH	8.20	7.7～8.4
全氮（克/千克）	1.88	1.68～2.34
有效磷（毫克/千克）	20.14	16.8～33.6
速效钾（毫克/千克）	218.76	187.6～262.3

　　该级耕地抗旱抗涝能力强，适于种植玉米、大豆等高产作物。产量水平较高，一般为 10 250 千克/公顷以上。

（二）二级地
　　安达市二级地面积为 30 548.87 公顷，占全市耕地总面积的 22.53%。主要分布于火石山乡、青肯泡乡、安达镇、卧里屯乡、万宝山镇、羊草镇、升平镇、吉星岗镇、老虎岗镇和昌德镇 10 个乡（镇）。在二级地分布中，火石山乡面积为 1 065.72 公顷，占全市二级地面积的 3.49％；青肯泡乡面积为 2 029.26 公顷，占全市二级地面积的 6.64％；安达镇面积为 2 071.68 公顷，占全市二级地面积的 6.78％；羊草镇面积为 6 528.74 公顷，占全市二级地面积的 21.37％；升平镇面积为 1 247.39 公顷，占全市二级地面积的 4.08％；吉星岗镇面积为 9 417.90 公顷，占全市二级地面积的 30.83％；老虎岗镇面积为 6 874.17 公顷，占全市二级地面积的 22.49％；其他耕地面积为 1 304.6 公顷，占全市二级地面积的 4.27％；万宝山镇也有零星分布，面积为 12.41 公顷，占全市二级地面积的 0.04％。土壤类型主要为草甸土和黑钙土。安达市二级地土壤类型分布面积统计见附表 1-10，各乡（镇）二级地分布面积统计见附表 1-11，二级地各土种分布面积统计见附表 1-12。

附表 1-10　安达市二级地土壤类型分布面积统计

土壤类型	耕地面积（公顷）	二级地面积（公顷）	占全市二级地面积（％）	占该土类面积（％）
草甸土	49 510.73	7 104.39	23.26	14.35
黑钙土	83 223.16	23 444.48	76.74	28.17
沼泽土	113.02	0	0	0
风沙土	2 763.09	0	0	0

附表 1-11　安达市二级地各乡（镇）分布面积统计

乡（镇）	耕地面积（公顷）	二级地面积（公顷）	占该乡（镇）耕地面积（％）	占二级地面积（％）
任民镇	8 363.00	—	—	—
中本镇	6 097.00	—	—	—
火石山乡	8 409.00	1 065.72	12.67	3.49
青肯泡乡	7 882.00	2 029.26	25.75	6.64
安达镇	3 764.00	2 071.68	55.04	6.78
卧里屯乡	6 708.00	—	—	—
万宝山镇	10 277.00	12.41	0.12	0.04
羊草镇	14 991.00	6 528.74	43.55	21.37
升平镇	11 656.00	1 247.39	10.70	4.09
吉兴岗镇	16 314.00	9 417.90	57.73	30.83
老虎岗镇	13 704.00	6 871.17	50.14	22.49
昌德镇	11 656.00	—	—	—
太平庄镇	9 134.00	—	—	—
先源乡	4 150.00	—	—	—
其他	2 505.00	1 304.60	52.08	4.27
合计	135 610.00	30 548.87	22.53	100.00

附表 1-12 安达市二级地各土种分布面积统计

土种	面积（公顷）	二级地面积（公顷）	占二级地面积（%）	占该土种面积（%）
薄层石灰性草甸黑钙土	56 132.48	14 745.00	48.27	26.27
中层石灰性草甸黑钙土	22 412.06	7 457.65	24.41	33.28
厚层石灰性草甸黑钙土	2 847.62	1 062.06	3.48	37.30
中层黄土质草甸黑钙土	1 798.15	179.77	0.59	10.00
厚层黄土质草甸黑钙土	32.85	—	—	—
薄层石灰性潜育草甸土	440.84	—	—	—
中层石灰性潜育草甸土	82.69	7.93	0.03	9.59
厚层石灰性潜育草甸土	4.14	—	—	—
薄层黏壤质石灰性草甸土	15 222.55	2 753.81	9.01	18.09
中层黏壤质石灰性草甸土	3 372.95	—	—	—
厚层黏壤质石灰性草甸土	4 347.57	775.02	2.54	17.83
浅位苏打碱化草甸土	1 279.9	—	—	—
中位苏打碱化草甸土	74.46	—	—	—
深位苏打碱化草甸土	1 031.47	95.84	0.31	9.29
轻度苏打盐化草甸土	7 099.21	220.28	0.72	3.10
中度苏打盐化草甸土	7 199.31	2 810.88	9.20	39.04
重度苏打盐化草甸土	9 355.64	440.63	1.44	4.71
薄层石灰性草甸沼泽土	113.02	—	—	—
固定草甸风沙土	2 763.09	—	—	—
总计	135 610	30 548.87	100.00	22.53

  二级地所处地带多为草甸土和黑钙土，多分布在安达市的丘陵地和平岗地上。二级地的地形地貌、自然条件和成土过程都与一级地相同，只是土壤有微侵蚀障碍因素，耕层厚度及土壤理化性状较一级地稍低。土壤酸碱度为 8.2 左右，属微碱性土壤，土壤有机质平均值为 32.5 克/千克，全氮平均值为 1.76 克/千克，有效磷平均值为 18.4 毫克/千克，速效钾平均值为 204.46 毫克/千克。见附表 1-13。

附表 1-13 安达市二级地理化性状统计

项目	平均值	90%样本值分布范围
有机质（克/千克）	32.5	25.4～43.3
pH	8.2	7.6～8.8
全氮（克/千克）	1.76	1.30～5.7
有效磷（毫克/千克）	18.4	9.5～32.8
速效钾（毫克/千克）	204.46	156～256

  该级耕地抗旱抗涝能力强，适于种植玉米、大豆等高产作物。产量水平较高，一般为

8 750 千克/公顷以上。

（三）三级地

安达市三级地总面积为 51 867.18 公顷，占总耕地面积的 38.25%，主要分布于除太平庄镇外的其他 13 个乡（镇）。在三级地分布中，任民镇面积为 987.07 公顷，占全市三级地面积的 1.90%；中本镇面积为 3 563.22 公顷，占全市三级地面积的 6.87%；火石山乡面积为 7 342.97 公顷，占全市三级地面积的 14.16%；青肯泡乡面积为 5 837.39 公顷，占全市三级地面积的 11.25%；安达镇面积为 1 676.62 公顷，占全市三级地面积的 3.23%；卧里屯乡面积为 5 860.71 公顷，占全市三级地面积的 11.30%；万宝山镇面积为 4 763.58 公顷，占全市三级地面积的 9.18%；羊草镇面积为 2 092.33 公顷，占全市三级地面积的 4.03%；升平镇面积为 5 359.61 公顷，占全市三级地面积的 10.33%；吉星岗镇面积为 1 588.29 公顷，占全市三级地面积的 3.06%；老虎岗镇面积为 5 094.68 公顷，占全市三级地面积的 9.82%；昌德镇面积为 5 548.91 公顷，占全市三级地面积的 10.70%；先源乡面积为 951.41 公顷，占全市三级地面积的 1.83%；其他耕地面积为 1 200.4 公顷，占全市三级地面积的 2.31%。土壤类型主要为草甸土和黑钙土。安达市三级地各分布面积统计见附表 1-14～附表 1-16。

附表 1-14　安达市三级地土壤类型分布面积统计

土壤类型	耕地面积（公顷）	三级地面积（公顷）	占全市三级地面积（%）	占该土类面积（%）
草甸土	49 510.73	18 443.9	35.56	37.25
黑钙土	83 223.16	32 041.28	61.78	38.50
沼泽土	113.02	0	0	0
风沙土	2 763.09	1 382.00	2.66	50.02

附表 1-15　安达市三级地各乡（镇）分布面积统计

乡（镇）	耕地面积（公顷）	三级地面积（公顷）	占乡（镇）耕地面积（%）	占全市三级地面积（%）
任民镇	8 363.00	987.07	11.80	1.90
中本镇	6 097.00	3 563.22	58.44	6.87
火石山乡	8 409.00	7 342.97	87.32	14.16
青肯泡乡	7 882.00	5 837.39	74.06	11.25
安达镇	3 764.00	1 676.62	44.54	3.23
卧里屯乡	6 708.00	5 860.71	87.37	11.30
万宝山镇	10 277.00	4 763.58	46.35	9.18
羊草镇	14 991.00	2 092.33	13.96	4.03
升平镇	11 656.00	5 359.61	45.98	10.33
吉兴岗镇	16 314.00	1 588.29	9.74	3.06
老虎岗镇	13 704.00	5 094.68	37.18	9.82
昌德镇	11 656.00	5 548.91	47.61	10.70

（续）

乡（镇）	耕地面积（公顷）	三级地面积（公顷）	占乡（镇）耕地面积（%）	占全市三级地面积（%）
太平庄镇	9 134.00	—	—	—
先源乡	4 150.00	951.41	22.93	1.83
其他	2 505.00	1 200.40	47.92	2.31
合计	135 610.00	51 867.18	38.24	100.00

附表 1-16　安达市三级地各土种分布面积统计

土种	面积（公顷）	三级地面积（公顷）	占三级地面积（%）	占该土种面积（%）
薄层石灰性草甸黑钙土	56 132.48	21 448.78	41.35	38.21
中层石灰性草甸黑钙土	22 412.06	8 834.57	17.03	39.42
厚层石灰性草甸黑钙土	2 847.62	1 133.63	2.19	39.81
中层黄土质草甸黑钙土	1 798.15	1 152.31	2.22	64.08
厚层黄土质草甸黑钙土	32.85	32.85	0.06	100.00
薄层石灰性潜育草甸土	440.84	105.01	0.20	23.82
中层石灰性潜育草甸土	82.69	30.31	0.06	36.65
厚层石灰性潜育草甸土	4.14			
薄层黏壤质石灰性草甸土	15 222.55	5 899.96	11.38	38.76
中层黏壤质石灰性草甸土	3 372.95	522.77	1.01	15.50
厚层黏壤质石灰性草甸土	4 347.57	2 088.22	4.03	48.03
浅位苏打碱化草甸土	1 279.9	367.25	0.71	28.69
中位苏打碱化草甸土	74.46	74.46	0.14	100.00
深位苏打碱化草甸土	1 031.47	680.57	1.31	65.98
轻度苏打盐化草甸土	7 099.21	4 049.58	7.81	57.04
中度苏打盐化草甸土	7 199.31	2 892.27	5.58	40.17
重度苏打盐化草甸土	9 355.64	1 172.63	2.26	12.53
薄层石灰性草甸沼泽土	113.02	—	—	—
固定草甸风沙土	2 763.09	1 382.01	2.66	50.02
合计	135 610.00	51 867.18	100.00	38.24

　　三级地除太平庄镇外全市各乡（镇）均有分布。其成土母质多为黄土状黏土，主要的成土过程有腐殖质的积累过程、钙的淋溶与淀积过程和附加草甸化过程。绝大部分耕地没有侵蚀或侵蚀较轻，有轻微障碍因素，耕层较深厚，一般在 16～20 厘米，结构较好，多为粒状或小团块状结构，质地较适宜；土壤属中性碱，pH 平均在 8.3 以上；土壤有机质平均值为 29.2 克/千克，全氮平均值为 1.83 克/千克，速效钾平均值为 195.44 毫克/千克，有效磷平均值为 15.96 毫克/千克。见附表 1-17。

附表 1-17　安达市三级地理化性状统计

项目	平均值	90%样本值分布范围
有机质（克/千克）	29.2	18～40.2
pH	8.3	7.7～9.3
全氮（克/千克）	1.83	1.20～9.4
有效磷（毫克/千克）	15.96	8.1～31.2
速效钾（毫克/千克）	195.44	156～257

该级耕地保肥性能较好，抗旱排涝能力相对较强，适于种植各种作物，产量水平一般在 8 260 千克/公顷。

（四）四级地

安达市四级地面积为 26 825.93 公顷，占全市总耕地面积的 19.78%。主要分布于任民镇、中本镇、卧里屯乡、老虎岗镇、万宝山镇、羊草镇、升平镇、昌德镇、先源乡等11 个乡（镇）。在四级地分布中，任民镇面积为 6 829.10 公顷，占全市四级地面积的 25.46%；中本镇面积为 2 533.57 公顷，占全市四级地面积的 9.44%；卧里屯乡面积为 785.10 公顷，占全市四级地面积的 2.93%；万宝山镇面积为 3 752.13 公顷，占全市四级地面积的 13.99%；羊草镇面积为 1 187.13 公顷，占全市四级地面积的 4.43%；升平镇面积为 5 044.65 公顷，占全市四级地面积的 18.81%；老虎岗镇面积为 474.82 公顷，占全市四级地面积的 1.77%；昌德镇面积为 5 999.59 公顷，占全市四级地面积的 22.36%；先源乡面积为 219.28 公顷，占全市四级地面积的 0.82%。安达市四级地各分布面积统计见附表 1-18～附表 1-20。

附表 1-18　安达市四级地土壤分布面积统计

土壤类型	耕地面积（公顷）	四级地面积（公顷）	占全市四级地面积（%）	占该土类面积（%）
草甸土	49 510.73	8 075.86	30.11	16.31
黑钙土	83 223.16	17 504.89	65.25	21.03
沼泽土	113.02	3.09	0.01	2.74
风沙土	2 763.09	1 242.09	4.63	44.95

附表 1-19　安达市四级地各乡（镇）分布面积统计

乡（镇）	四级地面积（公顷）	占乡（镇）耕地面积（%）	占全市四级地面积（%）
任民镇	6 829.10	81.66	25.46
中本镇	2 533.57	41.55	9.44
火石山乡	0.31	0.004	0.001
青肯泡乡	—	—	—
安达镇	0.25	0.007	0.001

（续）

乡（镇）	四级地面积（公顷）	占乡（镇）耕地面积（%）	占全市四级地面积（%）
卧里屯乡	785.10	11.70	2.93
万宝山镇	3 752.13	36.51	13.99
羊草镇	1 187.13	7.92	4.43
升平镇	5 044.65	43.28	18.81
吉兴岗镇	—	—	—
老虎岗镇	474.82	3.46	1.77
昌德镇	5 999.59	51.47	22.36
太平庄镇	—	—	—
先源乡	219.28	5.28	0.82
其他			
合计	26 825.93	19.78	100.00

附表 1-20　安达市四级地各土种分布面积统计

土种	面积（公顷）	四级地面积（公顷）	占四级地面积（%）	占该土种面积（%）
薄层石灰性草甸黑钙土	56 132.48	15 924.72	59.36	28.37
中层石灰性草甸黑钙土	22 412.06	957.97	3.64	4.35
厚层石灰性草甸黑钙土	2 847.62	38.05	0.14	1.33
中层黄土质草甸黑钙土	1 798.15	—	—	—
厚层黄土质草甸黑钙土	32.85			
薄层石灰性潜育草甸土	440.84	243.30	0.91	55.19
中层石灰性潜育草甸土	82.69			
厚层石灰性潜育草甸土	4.14			
薄层黏壤质石灰性草甸土	15 222.55	1 896.77	7.07	12.46
中层黏壤质石灰性草甸土	3 372.95	1 258.34	4.69	37.31
厚层黏壤质石灰性草甸土	4 347.57	907.35	3.38	20.87
浅位苏打碱化草甸土	1 279.9	908.52	3.39	68.08
中位苏打碱化草甸土	74.46			
深位苏打碱化草甸土	1 031.47	151.62	0.57	14.70
轻度苏打盐化草甸土	7 099.21	2 500.85	9.32	35.23
中度苏打盐化草甸土	7 199.31	579.23	2.16	8.05
重度苏打盐化草甸土	9 355.64	195.18	0.73	2.09
薄层石灰性草甸沼泽土	113.02	3.94	0.01	3.49
固定草甸风沙土	2 763.09	1 242.09	4.63	44.95
合计	135 610.00	26 825.93	100.00	19.78

四级地主要分布在坡地上或岗坡脚下及地势稍低的平地里。主要的成土过程有腐殖质的积累过程、钙的淋溶与淀积过程和附加草甸化过程。绝大部分耕地盐渍化较重碱性高，障碍因素明显，耕层较深厚，一般在 15～20 厘米，结构不良，多为小团块状结构，质地较黏，土壤碱性，pH 在 8.5 左右，多分布在耕地与草原接壤地带。其土壤主要类型为薄层碳酸盐草甸黑钙土、盐碱化草甸土或盐土、碱土。土壤有机质平均值为 27.60 克/千克，全氮平均值为 1.81 克/千克，速效钾平均值为 195.44 毫克/千克，有效磷平均值为 12.91 毫克/千克。见附表 1-21。

附表 1-21　安达四级地理化性状统计

项目	平均值	90%样本值分布范围
有机质（克/千克）	27.6	19.3～34.2
pH	8.5	7.8～9.7
全氮（克/千克）	1.81	1.10～8.2
有效磷（毫克/千克）	12.91	8.4～27.2
速效钾（毫克/千克）	195.44	156～257

该级耕地保肥性能较好，抗旱排涝能力中等，适于种植各种作物，产量水平一般在 7 350 千克/公顷。

（五）五级地

安达市五级地面积为 14 720.71 公顷，占全市总耕地面积的 10.86%。主要分布于先源乡、太平庄镇、昌德镇、老虎岗镇、万宝山镇、任民镇、卧里屯乡、中本镇 8 个乡（镇）。在五级地分布中，任民镇面积为 546.83 公顷，占全市五级地面积的 3.71%；卧里屯乡面积为 62.18 公顷，占全市五级地面积的 0.42%；万宝山镇面积为 1 748.89 公顷，占全市五级地面积的 11.88%；老虎岗镇面积为 141.78 公顷，占全市五级地面积的 0.96%；昌德镇面积为 107.50 公顷，占全市五级地面积的 0.73%；太平庄镇面积为 9 134.00公顷，占全市五级地面积的 62.05%；先源乡面积为 2 979.31 公顷，占全市五级地面积的 20.24%；中本镇也有零星分布，面积为 0.21 公顷，占全市五级地面积的 0.001%。安达市五级地各分布面积统计见附表 1-22～附表 1-24。

附表 1-22　安达市五级地土壤类型分布面积统计

土壤类型	耕地面积（公顷）	五级地面积（公顷）	占全市五级地面积（%）	占该土类面积（%）
草甸土	49 510.73	14 362.27	97.57	29.01
黑钙土	83 223.16	109.50	0.74	0.13
沼泽土	113.02	109.93	0.75	97.26
风沙土	2 763.09	139.00	0.94	5.03

附表 1 - 23 安达市五级地各乡（镇）分布面积统计

乡（镇）	耕地面积（公顷）	五级地面积（公顷）	占乡（镇）耕地面积（%）	占五级地面积（%）
任民镇	8 363.00	546.83	6.54	3.71
中本镇	6 097.00	0.21	0.003	0.001
火石山乡	8 409.00	—	—	—
青肯泡乡	7 882.00	—	—	—
安达镇	3 764.00	—	—	—
卧里屯乡	6 708.00	62.19	0.93	0.42
万宝山镇	10 277.00	1 748.89	17.02	11.88
羊草镇	14 991.00	—	—	—
升平镇	11 656.00	—	—	—
吉兴岗镇	16 314.00	—	—	—
老虎岗镇	13 704.00	141.78	1.03	0.96
昌德镇	11 656.00	107.50	0.92	0.73
太平庄镇	9 134.00	9 134.00	100.00	62.05
先源乡	4 150.00	2 979.31	71.79	20.24
其他	2 505.00			
合计	135 610.00	14 720.71	10.86	100.00

附表 1 - 24 安达市五级地各土种分布面积统计

土种	面积（公顷）	五级地面积（公顷）	占五级地面积（%）	占该土种面积（%）
薄层石灰性草甸黑钙土	56 132.48	46.97	0.32	0.08
中层石灰性草甸黑钙土	22 412.06	67.85	0.46	0.30
厚层石灰性草甸黑钙土	2 847.62	—	—	—
中层黄土质草甸黑钙土	1 798.15	—	—	—
厚层黄土质草甸黑钙土	32.85	—	—	—
薄层石灰性潜育草甸土	440.84	92.53	0.63	20.99
中层石灰性潜育草甸土	82.69	44.21	0.30	53.47
厚层石灰性潜育草甸土	4.14	4.14	0.03	100.00
薄层黏壤质石灰性草甸土	15 222.55	4 025.02	27.34	26.44
中层黏壤质石灰性草甸土	3 372.95	1 157.75	7.87	34.32
厚层黏壤质石灰性草甸土	4 347.57	438.58	2.98	10.09
浅位苏打碱化草甸土	1 279.9	4.13	0.03	3.23
中位苏打碱化草甸土	74.46	—	—	—
深位苏打碱化草甸土	1 031.47	103.44	0.70	10.03

（续）

土种	面积（公顷）	五级地面积（公顷）	占五级地面积（%）	占该土种面积（%）
轻度苏打盐化草甸土	7 099.21	304.56	2.07	4.29
中度苏打盐化草甸土	7 199.31	643.15	4.37	8.95
重度苏打盐化草甸土	9 355.64	7 539.71	51.22	80.59
薄层石灰性草甸沼泽土	113.02	109.08	0.74	96.51
固定草甸风沙土	2 763.09	138.99	0.94	5.03
合计	135 610.00	14 720.71	100.00	10.86

五级地大都处在安达市低洼地域，其成土母质多为淤积物质，母质的质地有黏土状物质也有沙土，该地块在安达市小区地形上来看，相对高差在30～70厘米的地形，草甸土、盐土、碱土呈复区分布，土壤比较瘠薄，既不抗旱也不抗涝，土壤理化性状较差。耕层厚度为15～20厘米，土壤呈碱性，pH在8.8以上；有机质平均值为27.95克/千克，速效钾平均值为182.48毫克/千克，有效磷平均值为13.55毫克/千克，全氮平均值为1.97克/千克。见附表1-25。

附表1-25　五级地理化性状统计

项目	平均值	90%样本值分布范围
有机质（克/千克）	27.9	24.6～33.2
pH	8.8	8.1～9.2
全氮（克/千克）	1.97	1.10～9.8
有效磷（毫克/千克）	13.5	9.4～22.6
速效钾（毫克/千克）	182.48	147～248

该级耕地土壤蓄水、抗旱、抗涝能力较弱，适于种植耐盐碱作物，产量水平一般为5 930千克/公顷。

二、耕地肥力状况调查结果与分析

（一）耕地地力等级变化

本次耕地地力评价结果显示，安达市耕地地力等级结构发生了较大的变化。一级地土壤面积增加，比例由第二次土壤普查时的3.7%上升至8.59%；二级地土壤面积稍有下降，比例由第二次土壤普查时的22.7%下降至22.53%；三级地土壤面积减少，比例由第二次土壤普查时的60.1%下降至38.24%；四级地土壤面积增加，比例由第二次土壤普查时的12.1%上升至19.78%；五级地土壤面积增加，比例由第二次土壤普查时的1.4%上升至10.86%。

分析安达市耕地地力等级结构变化的主要原因，一是近些年来随着农业科技的进步，粮食产量的不断提高，促进了农民在肥料施用量上的投入。在中高产田区化肥施用量逐年增加，以及安达市是畜牧大市，畜牧业发展迅速促使农家肥的使用量也不断增加，使得二级、三级地的土壤熟化速度增快，地力等级提高为一级地。二是由于人口的不断增长，第二次土壤普查时期的耕地面积已不能满足现有人口的数量对土地的需要，促使耕地不断被开垦，使在第二次土壤普查时期，评价为不适于耕作的土壤被开垦为耕地使用。这些后期开垦的土地土壤肥力低下，盐渍化明显，是四级、五级地面积比例增加的主要原因。二级、三级地与第二次土壤普查时期的比例略有降低，其原因为二级、三级地一小部分提高为一级地。大多数耕地重用轻养，化学肥料养分投入比例不合理，造成耕地土壤肥力减退。

（二）耕地土壤肥力状况

本次耕地地力评价工作，共对 1 832 个土样的有机质、全氮、有效磷、速效钾和微量元等进行了分析。

1. 土壤有机质及大量元素

（1）土壤有机质：调查结果表明，安达耕地土壤有机质平均含量 29.43 克/千克，变幅在 18.00～46.3 克/千克。其中，有机质含量大于 40 克/千克，占耕地总面积的 0.07%；有机质含量为 30～40 克/千克，占耕地总面积的 40.60%；有机质含量为 20～30 克/千克，占耕地总面积的 58.66%；有机质含量为 10～20 克/千克，占耕地总面积的 0.67%。与第二次土壤普查土壤有机质平均含量 31.04 克/千克比较，平均值下降了 1.61 克/千克。

（2）土壤全氮：安达市耕地土壤中全氮平均含量 1.82 4 克/千克，变幅在 1.10～9.80 克/千克，全市土壤全氮含量主要集中在 1.5～2.0 克/千克，占耕地总面积的 46.20%，大于 2.0 克/千克的占耕地总面积的 24.42%，1.0～1.5 克/千克的占耕地总面积的 29.38%。

（3）土壤有效磷：本次调查安达耕地土壤有效磷平均为 15.54 毫克/千克，变幅在 8.10～34.10 毫克/千克。与第二次土壤普查比较，安达耕地土壤有效磷有很大改善。20 年前土壤有效磷平均值 13.67 毫克/千克，本次调查在 20 毫克/千克以下，大于 20 毫克/千克的面积也明显增加。与第二次土壤普查相比提高了 1.87 毫克/千克。

（4）土壤速效钾：调查表明，安达市土壤速效钾平均 194.7 毫克/千克，变幅在 147.0～263.0 毫克/千克。速效钾含量大于 200 毫克/千克的面积占耕地总面积的 46.98%；速效钾含量在 150～200 毫克/千克的占耕地总面积的 52.96%；速效钾含量 100～150 毫克/千克的占耕地总面积的 0.06%。第二次土壤普查时，有效钾含量≥200 毫克/千克的面积占 68.7%，本次普查面积与之相比减少了 21.72%。

附表 1-26　安达市耕地养分含量统计

项目	有机质（克/千克）	全氮（克/千克）	有效磷（毫克/千克）	有效钾（毫克/千克）
平均值	29.43	1.824	15.54	194.70
变幅	18.00～46.30	1.10～9.80	8.10～34.10	147.00～263.00

2. 微量元素　土壤微量元素虽然作物需求量不大，但它们同大量元素一样，在植物生理功能上是同等重要和不可替代的。微量元素的缺乏不仅会影响作物生长发育、产量和

品质，而且会造成一些生理性病害。如缺锌导致玉米白化病和水稻赤枯病。本次耕地地力调查和质量评价中把微量元素作为衡量耕地地力的一项重要指标。本次耕地地力调查安达市土壤微量元素情况见附表 1-27。

附表 1-27　安达市土壤微量元素调查情况

项目	平均值	变化幅度	极缺	轻度缺	适中	丰富	极丰富
有效锌（毫克/千克）	1.45	0.76~2.35	0.5	0.5~1.0	1.3	>2	—
有效铜（毫克/千克）	1.56	0.31~15.01	<0.1	0.1~0.2	0.2~1.0	1.0~1.8	>1.8
有效铁（毫克/千克）	2.5	0.9~5.4	<2.5	2.5~4.5	4.5~10	10~20	>20
有效锰（毫克/千克）	3.1	0.6~30.0	>5.0	—	—	>15	—

（1）土壤有效锌：依据土壤微量元素丰缺标准，本次调查有效锌范围主要集中在 0.76~2.35 毫克/千克，低于 0.5 毫克/千克的有 3.93%，大于 2 毫克/千克的占 6.43%。因此，安达市耕地土壤有效锌属于中等水平。对高产作物玉米，尤其又是对锌敏感作物，应施锌肥。

（2）土壤有效铜：在调查的 1 832 个样本中，有效铜平均值为 1.56 毫克/千克，土壤有效铜极为丰富。

（3）土壤有效铁：在调查的 1 832 个样本中，有效铁平均值为 2.5 毫克/千克，最大值 5.4 毫克/千克，最小值 0.9 毫克/千克。

（4）土壤有效锰：在调查的 1 832 个土样中，有效锰平均值为 3.1 毫克/千克，最大值 30.0 毫克/千克，最小值 0.6 毫克/千克。

（三）高中低土壤肥力分布情况

根据各类土壤评定等级标准，把安达市各类土壤划分为 3 个耕地类型：

1. 高肥力土壤　为一级地。

2. 中肥力土壤　为二级、三级地。

3. 低肥力土壤　为四级、五级地。

安达市一级地面积 11 647.31 公顷，占全市总耕地面积的 8.59%，是安达市高产田施肥区。二级、三级地是安达市中产田施肥区，除太平庄镇以外，其他各乡（镇）均有分布，面积为 82 416.06 公顷，占全市总耕地面积的 60.77%。其中，二级地面积为 30 548.87公顷，占总耕地面积的 22.53%；三级地面积 51 867.18 公顷，占总耕地面积的 38.24%。四级、五级地为低产田施肥区，耕地面积为 41 546.64 公顷，占全市总耕地面积的 30.64%。其中，四级地面积为 26 825.93 公顷，占全市总耕地面积的 19.78%；五级地面积为 14 720.71 公顷，占全市总耕地面积的 10.86%。

安达市耕地中低产田面积较大，土壤 pH 较高，耕地土壤平均为 8.37。耕地中碱斑 pH 值超过 9.5；含盐量高，耕地土壤含盐量为 0.066%~0.153%，平均 0.094 4%；土壤有害盐分以碳酸氢钠为主。中低产田主要为盐渍化及易盐渍化土壤。低产田为盐渍化土壤，主要分布在太平庄镇、先源乡、万宝山镇、昌德镇、卧里屯乡等；中产田为易盐渍化土壤，主要分布在万宝山镇、昌德镇、太平庄镇、任民镇、吉星岗镇、火石山乡、升平镇、老虎岗镇等。

(四) 障碍因素及其成因

1. 盐碱危害

（1）安达市土壤盐渍化现状：安达市土壤以黑钙土、草甸土为主，pH 平均值为 8.36，共分 4 个土类。其中，黑钙土 83 223.16 公顷，占总耕地面积 61.37%；黑钙土是安达市的主要耕作土壤，黑土层较薄，呈微碱性。草甸土面积 49 510.73 公顷，占总耕地面积的 36.51%；草甸土土层厚，呈偏碱性，土质黏重，易板结变硬，通透性差，自然肥力较低，有机质含量偏低，耕性不良，大部分缺氮、磷，对农作物生长不利，属低产土壤。沼泽土面积为 113.02 公顷，占耕地面积的 0.08%；该类土壤地势低洼，地下水位高，易积水，盐分容易聚积。风沙土面积为 2 763.09 公顷，占总耕地面积的 2.04%；该土壤疏松，黑土层薄，呈微碱性。安达市的草原植被主要以多年生根茎型禾本草为主，并有 45% 左右的杂草类，一年生植被很少，植被复合体明显。目前，安达市的草原植被种类 230 多种，其中可饲用的近百种，与 1982 年草场资源调查的情况相比较，植被没有发生太大的变化，只是增加了一些人工种植的豆科植物（草木樨、紫花苜蓿等）。目前安达市草原的植被生长现状大致可以分成以下 3 种类型：采草场的植被高度在 30 厘米左右，覆盖度在 70% 左右，由于受地势的影响，不同地势的草原植被优势品种不同，其中人工草场的植被主要以羊草为主，数量占总数的 65% 以上，其他禾本科、豆科、杂草类植被仅占总数的 35% 左右；放牧场的植被高度在 10 厘米左右，覆盖度在 40% 左右，植物构成主要以羊草和杂草类生长群体为主，有的地段以羊草为主，有的地段以杂草类为主；碱斑地块基本没有植被生长。与 20 年前比较，草原植被的最大特点就是羊草的优势地位没有以前明显了，一些杂草类物种占了上风。

盐碱化土壤在安达市无论耕地还是草原均分布很广，耕地主要以点片方式分布，草原分布则较为集中。现有盐碱化与易盐渍化土壤 4.5 万公顷，占全市耕地面积的 33.19%；草原中盐碱化与易盐渍化土壤 10.5 万公顷，占全市草原总面积的 89.88%。安达市盐化土壤主要有盐化草甸土和盐化沼泽土两个亚类，又分为轻度苏打盐化草甸土、中度苏打盐化草甸土、重度苏打盐化草甸土和薄层苏打盐化沼泽土 4 个土种，主要分布在万宝山镇、昌德镇、卧里屯乡、先源乡；碱化土壤主要是碱化草甸土 1 个亚类，又分为浅位、中位和深位苏打碱化草甸土 3 个土种，主要分布在万宝山镇、昌德镇、太平庄镇、老虎岗镇。其他乡（镇）也都有不同程度的盐碱土分布。安达市土壤 pH 较高，耕地土壤平均为 8.36，草原平均为 8.96。耕地中碱斑 pH 超过 9.5，草原碱斑 pH 为 10.5。含盐量高，耕地土壤含盐量为 0.066%~0.153%，平均值为 0.094 4%。土壤有害盐分以碳酸氢钠为主。

（2）导致土壤盐渍化的主要原因：安达市盐碱化与易盐渍化土壤面积大、危害重，这是自然因素及多种生产因素共同影响下形成的。

① 地理位置的影响。从地形地势上看，安达市地处松嫩平原低洼处，境内无江无河，形成闭流区，地下水中溶有很多有害盐类，雨水多，低洼处自然积水，土壤深层的盐碱及地面明碱溶解到地表积水中，待地表水蒸发掉后，有害盐、碱自然析出，覆盖地表，形成白色盐碱颗粒。长此以往，造成土壤盐碱化。

② 气候条件的影响。从气候条件看，安达市地处松嫩平原盐碱干旱地区、半干旱气

候，年降水量小，蒸发量大，加之区域内水系很不发达，引起盐分在耕作层的聚积，形成了盐碱化土壤。

③ 水资源配给不足的影响。安达市水资源地下水约为 2.7 亿立方米（按总面积计算），而耕地占有水资源约为 1 亿立方米左右，已用水资源达 6 000 万立方米，基本达到极限的可开采量，造成地下水水位下降。地表水资源按径流计算，在保证率 80% 以上时，多年径流基本为零，只能靠北部引嫩水补给水资源。由于近年来北部引嫩水量逐年减少，到 1994 年基本断流，现有水利涝区、灌区工程难以运行使用，导致区域内大小水库、泡泽工程在少有的丰水期水满为患，多数枯水年份蓄水严重不足，致使许多大小泡泽多年无水可用，加重了干旱和地下水位的下降，加剧了土地盐碱化。

④ 大庆油田生产影响严重。由于毗邻大庆，安达市受大庆温室效应的影响和粉煤灰的污染较重，导致气温相对较高，干旱较重。油田开发过度抽取地下水，致使区域地下水位下降。与此同时，油田在勘探钻井过程中，车辆及机械设备损毁草原，油污、废水也对草原造成污染，致使草原破坏非常严重，加之盲目的放牧采草，使得草原生态环境恶化，对气候的调节功能逐渐减弱，进一步加剧了气候的干旱，加速了盐碱的生成。

⑤ 耕作方式的影响。一家一户的耕作方式，造成地块比较零散，大型农机具和农田水利设施的使用受限，取而代之的小型农机具，造成耕地土壤犁底层上升，孔隙度变小，土壤蓄渗水能力下降。另外，由于近年来化肥和农药施用量的增加，造成土壤中有机质含量下降，土壤板结，保水保肥能力下降，加重了土壤的盐碱化。

2. 土壤瘠薄

（1）安达市土壤瘠薄状况：安达市土壤肥力低，土质瘠薄，经本次耕地地力调查，全市多数土壤的基础肥力低。属于肥力高的一级土地只占总耕地面积的 8.59%，属于中等肥力的二级土地占总耕地面积的 22.53%，肥力较低的三级土地占总耕地面积的 38.24%，肥力极低的四级土地占总耕地面积的 19.78%，属于不经改良就无生产能力的五级土地占总耕地面积的 10.86%。表明安达市改良土壤肥力的任务是繁重而艰巨的。

（2）土壤瘠薄产生的原因：一是自然因素，由于气候干旱，植被覆盖率相对降低，植物生长缓慢，导致土层薄，有机质含量低，土壤养分少，肥力低下。二是土壤侵蚀，安达市虽然地处松嫩平原，但是境内地形起伏，岗洼交错，降雨后岗地跑水，洼地积水，又逢春季大风，造成了安达市耕地土壤的水蚀和风蚀，使土层变薄，土壤贫瘠。三是现行的耕作制度是造成土层变薄的一个重要因素。由于连年小型机械浅翻作业，犁底层紧实，导致土壤接纳降水的能力较低，容易产生径流。同时，地表长期裸露休闲，破坏了土壤结构，在干旱多风的春季，容易造成表层黑土随风移动，即发生风蚀。四是有机肥施用量减少。在 20 世纪 80 年代以前，农民一直把增施有机肥作为增产的重要措施，但近年来由于农村外出务工人员的增多，现有农村劳动力不足，农民逐渐选择增加施用便捷方便的化肥来提高产量，而不再注重有机肥的施用。使化肥用量猛增，有机肥用量下降，影响土壤肥力的维持和提高。

3. 旱涝灾害

（1）安达市旱涝灾害的状况：土壤旱涝灾害是作物产量低而不稳的主要原因。据调查，自 1950—2011 年，60 多年间就发生旱灾 40 次、涝灾 18 次。旱灾以 1968 年及 1975

年最重，受灾面积为 86 460 公顷和 83 133.33 公顷；涝灾以 1961 年最重，受灾面积 36 000 公顷，其中绝产 27 333.33 公顷，往往是旱涝交替，春旱秋涝。总的趋势是以旱灾为严重。

按照土壤旱涝的程度，把土壤进行分组，可以看到安达市易旱耕地土壤占 46.44%，易涝土壤占 29.31%，正常土壤 24.25%，如遇特殊年份，旱或涝波及的范围会更大。

（2）形成安达市旱涝自然灾害的主要原因是气候，地形和土壤：

① 气候条件。安达市降水量分布不均，是造成旱涝的直接原因。年降水量 428.7 毫米，春季播种期间，少雨多风，降水量仅占全年降水量的 10.6%，蒸发量是降水量的 3～4 倍，且大风次数多，土壤含水量很低，严重影响作物种子发芽出苗。夏秋季雨大，降水量达全年降水总量的 80%，土壤含水量不时达到饱和状态，因而形成春旱秋涝灾害。

② 地形和水文地质条件。降雨落到地表以后，一部分渗入土壤，当土壤水分达到饱和之后，渗吸结束，转入慢慢地渗漏阶段。多余的水分以径流的方式，沿斜坡向低地集中，这就是降水到地面的重新分配，也就导致低地成涝。本市地形起伏，岗洼交错，降雨后岗地跑水，洼地积水，形成岗旱洼涝灾害。

在春季干旱期间，种子发芽需要水分却得不到满足的时期，地下水正处在枯水位，无法大量补给土壤耕层水分。在夏天雨季丰水期，土壤水分过多，地下水位又增高，造成顶托，难于排出地表积水，也是造成旱涝灾害的重要原因。

③ 土壤条件。安达市绝大多数的土壤中含有钠离子，质地黏重，干时硬，湿时泥泞，降低了土壤的入渗能力，不担旱，不担涝。

④ 人为因素。耕作管理仍存在不合理的问题，例如不合理的耕翻，耕作粗放，垄距过密等，从而降低了土壤的抗旱抗涝能力。

4. 土壤侵蚀　土壤侵蚀也称水土流失，包括水蚀和风蚀两种。安达市水蚀面积很少，主要是风蚀，风蚀遍及全市，范围广、发生时期较长，几乎一年四季都有发生，因而它的危害很严重。它是土壤肥力减退、土壤生产能力低的主要原因之一。

风蚀是土壤的慢性病，往往引起不可逆转的生态性灾难，其后果是严重的。风蚀的直接后果是耕层由厚变薄，土色由黑变黄，地板由暗变硬，地力由肥变瘦。安达市土壤的破皮黄、破皮硬土，并非原土壤就是如此，大都是由水土流失造成的。有的地块由于受风蚀灾害，重者被迫弃耕，轻者补种和毁种，肥料和种子遭受很大损失，还误了农时。

安达市土壤风蚀的主要原因是气象因素、土地因素和人为因素，春季降雨少干旱，并且风多而猛，加之草甸土、黑钙土所处地势高，多漫岗地形、土壤干而酥，耐蚀性低，这些都是发生风蚀的自然条件。另外，人对土壤侵蚀起主导作用，不适当毁草开荒，使自然植被遭到破坏，表土裸露，耕作粗放，森林覆被率低等都为土壤侵蚀创造了条件。

5. 耕层变浅　通过调查，安达市玉米田耕层厚度平均只有 16.5 厘米，直接影响着安达市耕地土壤的理化性状，耕层薄、犁底层厚是人为长期不合理的生产活动所形成的，两者是息息相关的。

安达市造成耕层浅、犁底层厚的主要原因是：由于适应干旱为了保墒和引墒而进行浅耕，翻地达不到深度要求，只在 15 厘米左右，采取重耙耙地和压大石头磙子等措施，而使土壤压紧，形成了薄的耕作层和厚的犁底层。翻、耙、耢、压不能连续作业，机车进地次数多，对土壤压实形成坚硬层次，部分土壤质地黏重、板结、土壤颗粒小，互相吸引力大，有的地块虽然进行了浅翻深松，但时间不长，由于降雨，土壤黏粒不断沉积又恢复原状。这也是形成耕层薄、犁底层厚的一个主要原因。

6. 重用轻养、化肥投入比例不合理，耕地土壤肥力严重减退　对于土壤资源的合理利用，不光是设法向土壤索取，同时也要积极地补给。边用边养，用养结合，使地力不断提高。实际上现在广大农户的做法恰恰相反，他们靠天吃饭，向地要粮，多取少补，重用轻养，导致土壤肥力日趋下降。现有部分农户受传统意识与投入成本限制，氮磷肥料严重超量使用，钾素肥料投入严重不足，氮肥利用率有相当一部分地块仅为10%左右。因养分供应极度失衡，作物病虫害严重，农田农药用量大幅度增加，导致生产条件较好的耕地土壤盐碱化严重，结构破坏，农药残留、土壤污染问题十分突出，土壤生物性状严重衰退，生产性能大幅度下降。土壤有机质与速效钾快速下降的后果严重性，应引起高度重视。

7. 种植制度不合理问题　近几年来，玉米作为安达市主要栽培作物，面积有增无减，玉米种植面积常年保持在120 000～135 000公顷，占全市耕地面积的88.5%以上。有的地块从第一轮土地承包至今一直种植玉米，从来没有轮作过，轮作制度在本地区基本上属于空谈，土地得不到根本的休养，土质越来越瘠薄，也就是群众常说的"地越种越乏"。又因许多农户过量使用长效除草剂，以及一味地追求高产，跨区种植，导致玉米大面积减产甚至绝产现象的发生。除草剂残留严重，使很多耕地不能种植其他经济作物，给农业结构调整造成了一定的困难。化肥使用不合理，主要是不注重氮、磷、钾三种元素的平衡供应，造成养分间比例失衡，导致有效磷、速效钾的供应存在严重的不平衡，利用率低，大部分散失在土壤和水、气中。玉米等作物多年重茬种植问题是安达市农业发展的重大瓶颈问题。

三、施肥情况调查结果与分析

本次调查农户肥料施用情况，共计调查1 832户农民。安达市主要土类施肥情况统计见附表1-28。

附表1-28　安达市主要土类施肥情况统计

单位：千克/公顷

土类	有机肥	纯N	P_2O_5	K_2O	N：P_2O_5：K_2O
黑钙土	15 000	189	109.5	52.5	1：0.58：0.28
草甸土	16 875	166.5	91.5	34.5	1：0.41：0.19

在调查的1 832户农户中，平均每公顷施用化肥390千克，其中，氮肥195千克/公顷，主要来自尿素、复合肥和磷酸二铵，磷肥150千克/公顷，主要来自磷酸二铵和复合肥，钾肥45千克/公顷，主要来自复合肥和硫酸钾、氯化钾等，安达市总体施肥水平较高，氮、磷、钾比例为1：0.8：0.2，磷肥用量仍然过大，钾肥不足，与科学施肥比例相比还有一定的差距。

从肥料品种看，安达市的化肥品种已由过去的尿素、磷酸二铵和钾肥向高浓度复合肥和长效复合（混）肥方向发展，复合肥比例已上升到 62％左右。在调查的 1 832 户农户中，有 91％农户能够做到氮、磷、钾搭配施用，还有 9％农户主要使用磷酸二铵和尿素。

从不同施肥区域看，玉米高产区域整体施肥水平也较高，平均公顷施肥量为 750 千克，氮、磷、钾施用比例 1∶0.6∶0.3，如老虎岗镇、吉星岗镇、羊草镇等。低产区施肥水平也相对较低，平均公顷施肥量 300 千克，氮、磷、钾施用比例 1∶0.8∶0.15，如太平庄镇、先源乡、昌德镇等。合理调整好低产区施肥布局和施肥结构，是提高安达市粮食产量的一个重要措施。

第四节　耕地土壤养分与肥料施用存在的问题

一、农肥投入量不足

1997—2002 年，在安达市进行调查中发现，全市有 87.6％的农户种植粮食作物不施农家肥。其中，80.52％的农户种玉米不施农肥，97.06％的农户种大豆不施农肥，小麦和杂粮不施农肥；蔬菜、经济作物施农肥用量较大，但不施农肥的农户仍占 35.79％。农肥投入较多的主要是畜牧产业大的乡（镇）和大户。小麦、大豆根茬全部还田，玉米根茬有 65％还田。2005—2011 年，这一现象有所好转，但是农肥投放仍然不足。尤其是粮食作物，施用农肥的农户只有 62％，公顷施农肥量为 22.5 吨左右。

二、化肥投入总量偏低

安达市的化肥用量每年大约为 5.3 万吨（实物），安达市的耕地面积 135 610.00 公顷，平均每公顷施化肥 390 千克，化肥用量远远不足。同时还存在着养分失衡，普遍存在着重施氮磷肥、钾肥不足和不施中微量元素肥料的现象。有些地区多年来一直仅靠 1～2 种营养元素肥料来维持生产，连年如此，土壤中营养元素的比例严重失调。

三、养分失衡

一是区域不平稳，经济发达区、粮食生产区施肥量和科学用肥方面好一些，经济后进地区和边远地区差一些；二是农户间不平衡，盲目施肥较普遍，户间施肥差距大；三是作物间投肥不平衡，经济效益好的作物施肥好于一般作物。

1977 年以后，应用肥料主要是氮肥，以尿素、碳酸氢铵为主。1977—1987 年，开始增施磷肥，以过磷酸钙和磷酸二铵为主要肥源。过磷酸钙基本上用作复混肥料的原料。20 世纪 90 年代中后期以来，由于大力推广配方施肥技术，三元素复混肥料用量逐年增加，从而调整了肥料元素结构，化肥中的 $N∶P_2O_5∶K_2O$ 由 1994 年的 1∶0.79∶0.09 变为 2008 年的 1∶0.75∶0.25。

四、平衡施肥服务不配套

安达市平衡施肥技术已经普及推广了多年,并已形成一套比较完善的技术体系,但在实际应用过程中,技术推广与物资服务相脱节,购买不到所需肥料,造成平衡施肥难以发挥应有的科技优势。今后我们要探索一条方便快捷和科学有效的技物相结合的服务体系。

第五节　平衡施肥规划和对策

一、平衡施肥规划

依据《耕地地力调查与质量评价技术规程》,安达市基本农田保护区耕地分为5个等级。见附表1-29。

附表 1-29　耕地面积分级统计

地力分级	一级	二级	三级	四级	五级	合计
耕地面积(公顷)	11 647.31	30 548.87	51 867.18	26 825.93	14 720.71	135 610.00
占全市耕地总面积(%)	8.59	22.53	38.24	19.78	10.86	100.00

根据各类土壤评定等级标准,把安达市各类土壤划分为3个耕地类型:

(1) 高肥力土壤:一级地。

(2) 中肥力土壤:包括二级地和三级地。

(3) 低肥力土壤:包括四级地和五级地。

根据3个耕地土壤类型制定安达市平衡施肥总体规划。

玉米平衡施肥技术　根据安达市耕地地力等级、玉米种植方式、产量水平及有机肥使用情况,确定安达市玉米平衡施肥技术指导意见。安达市玉米不同地力等级施肥模式见附表1-30。

附表 1-30　安达市玉米不同地力等级施肥模式

地力等级	目标产量(千克/公顷)	有机肥(千克/公顷)	N(千克/公顷)	P_2O_5(千克/公顷)	K_2O(千克/公顷)	N、P、K 比例
一级	12 000	22 500	229.5	129.0	75.0	1∶0.56∶0.31
二级	10 500	22 500	180.0	97.5	67.5	1∶0.54∶0.38
三级	9 000	22 500	168.0	78.75	60.0	1∶0.48∶0.36
四级	7 500	30 000	142.5	71.25	56.25	1∶0.53∶0.42
五级	6 000	30 000	120.0	60.0	52.5	1∶0.5∶0.44

在肥料施用上,提倡底肥、口肥和追肥相结合。氮肥:全部氮肥的1/3做底肥,2/3

做追肥。磷肥：全部磷肥的 70％做底肥，30％做口肥（水肥）。钾肥：做底肥，随氮肥和磷肥、有机肥深层施入。

二、平衡施肥对策

通过开展耕地地力调查与质量评价、施肥情况调查和平衡施肥技术，安达市总体施肥概况具体表现在氮肥投入偏低，磷肥投入偏高，钾和微量元素肥料相对不足。根据安达市农业生产实际，科学合理施肥总的原则是增氮、减磷、加钾和补微。围绕种植业生产制定出平衡施肥的相应对策和措施。

（一）增施优质有机肥料，保持和提高土壤肥力

积极引导农民转变观念，从农业生产的长远利益和大局出发，加大有机肥积造数量，提高有机肥质量，扩大有机肥施用面积，制定出沃土工程的近期目标。一是在根茬还田的基础上，逐步实行高根茬还田，增加土壤有机质含量；二是大力发展畜牧业，通过过腹还田，补充、增加堆肥、沤肥数量，提高肥料质量；三是大力推广畜禽养殖场，将粪肥工厂化处理，发展有机复合肥生产，实现有机肥的产业化、商品化；四是针对不同类型土壤制定出不同的技术措施，并对这些土壤进行跟踪化验，设点监测观察结果。

（二）加大平衡施肥的配套服务

推广平衡施肥技术，关键在技术和物资的配套服务，解决有方无肥、有肥不专的问题。因此要把平衡技术落到实处，必须实行"测、配、产、供、施"一条龙服务，通过配肥站的建立，生产出各施肥区域所需的专用型肥料，农民依据配肥站储存的技术档案购买到自己所需的配方肥，确保技术实施到位。

（三）制定和实施耕地保养的长效机制

在《黑龙江省基本农田保护条例》的基础上，尽快制定出适合当地农业生产实际，能有效保护耕地资源，提高耕地质量的地方性政策法规，建立科学耕地养护机制，使耕地发展利用向良性方向发展。

附录 2　安达市耕地地力评价与玉米适宜性评价专题报告

安达市作为全国的重要商品粮基地县，玉米一直是主导产业。近几年玉米的播种面积一直保持在 67 000 公顷左右，但单产不高、总产不稳，平均每公顷产量只有 7 500 千克。不同的乡（镇）、不同的地块差距较大，最高的每公顷产量可达 15 000 千克以上，而盐碱低洼地块只有 5 250 千克/公顷的产量。产量差距大也说明了安达市玉米增产潜力巨大，如何发展好安达市的玉米产业，是当前摆在安达市农技人员面前的一大课题。1998—2007年安达市玉米播种面积、单产、总产情况见附表 2-1。

附表 2-1　安达市玉米播种面积、单产、总产情况（1998—2007 年）

类　　别	1998 年	1999 年	2000 年	2001 年	2002 年	2003 年	2004 年	2005 年	2006 年	2007 年
播种面积（公顷）	55 800	56 333	58 733	43 600	47 600	44 333	17 733	65 733	62 200	63 867
单产（千克/公顷）	6 060	6 330	5 145	3 585	4 275	5 925	4 410	4 860	6 870	6 420
总产（万吨）	338.4	357.1	302.3	156.5	204.0	262.4	210.9	319.8	427.6	410.0

因此，我们根据地力评价结果，评价出适宜种植的区域，更好发展安达市玉米生产，为安达市玉米生产提供指导意义。

一、评价技术路线

（一）确定评价单元及评价因子

安达市玉米适宜性评价工作是在耕地地力评价基础上进行的，我们聘请黑龙江省知名专家和熟悉安达市情况、了解当地自然与土壤状况的专家一起进行综合分析，最后筛选出 7 个对安达市玉米生长影响较大的指标作为适宜性评价的评价因子，分别是速效钾、有效磷、pH、有机质、障碍层位置、有效锌和积温。

（二）评价单元赋值

根据不同类型数据特点，通过点分布图、矢量图、等值线图为评价单位获取数据。得到图形与属性相连的、以评价单元为基本单位的评价信息。通过加权统计、属性提取等方法给评价单元赋值。

（三）确定评价因子隶属度

所谓评价指标标准化就是要对每一个评价单元不同数量级、不同量纲的评价指标数据进行 0～1 化。数值型指标的标准化，采用数学方法进行处理；概念型指标标准化先采用专家经验法，对定性指标进行数值化描述，然后进行标准化处理。

模糊评价法是数值标准化最通用的方法。它是采用模糊数学的原理，建立起评价指标值与耕地生产能力的隶属函数关系，其数学表达式 $\mu = f(x)$。μ 是隶属度，这里代表生产能力；x 代表评价指标值。根据隶属函数关系，可以对于每个 x 算出其对应的隶属度 μ，是

0～1中间的数值。在本次评价中，将选定的评价指标与耕地生产能力的关系分为戒上型函数、戒下型函数、峰型函数、直线型函数以及概念型5种类型的隶属函数。前4种类型可以先通过专家打分的办法对一组评价单元值评估出相应的一组隶属度，根据这两组数据拟合隶属函数，计算所有评价单元的隶属度；后一种是采用专家直接打分评估法，确定每一种概念型的评价单元的隶属度。以下是各个评价指标隶属函数的建立和标准化结果：

1. 速效钾 速效钾隶属度评价结果见附表2-2，速效钾隶属度评估结果函数见附图2-1。

附表2-2 速效钾隶属度评价结果

速效钾（毫克/千克）	100	150	200	250	300	400
隶属度	0.5	0.6	0.7	0.8	0.9	1.0

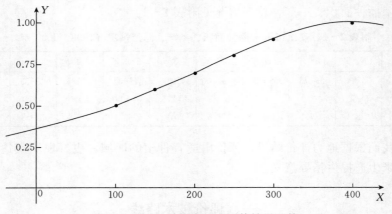

附图2-1 速效钾隶属度评估结果函数

2. 有效磷 有效磷隶属度评价结果见附录2-3，有效磷隶属度评价结果函数见附图2-2。

附表2-3 有效磷隶属度评价结果

有效磷（毫克/千克）	5	10	15	20	25	30	35	40	45
隶属度	0.33	0.38	0.45	0.52	0.62	0.70	0.82	0.93	1.00

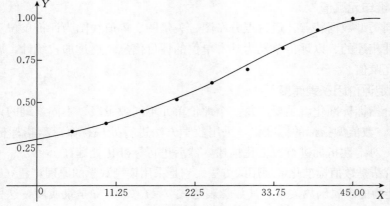

附图2-2 有效磷隶属度评估结果函数

3. pH pH隶属度评价结果见附表2-4，pH隶属度评估结果函数见附图2-3。

附表2-4　pH隶属度评价结果

pH	6.5	7	7.5	7.8	8	8.2	8.3	8.5	8.8	9
隶属度	0.90	1.00	0.93	0.83	0.73	0.65	0.60	0.52	0.45	0.38

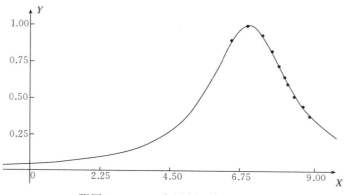

附图2-3　pH隶属度评估结果函数

4. 有机质 有机质隶属度评价结果见附表2-5，有机质隶属度评估结果函数见附图2-4。

附表2-5　有机质隶属度评价结果

有机质（克/千克）	20	24	28	30	32	35	40	50	60
隶属度	0.45	0.52	0.58	0.63	0.67	0.73	0.83	0.98	1.00

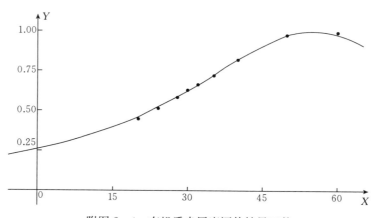

附图2-4　有机质隶属度评估结果函数

5. 障碍层位置 障碍层位置隶属度评价结果见附录2-6，障碍层位置隶属度评估结果函数见附图2-5。

附表2-6　障碍层位置隶属度评价结果

障碍层位置	11	13	15	17	19	22
隶属度	0.5	0.6	0.7	0.8	0.9	1.0

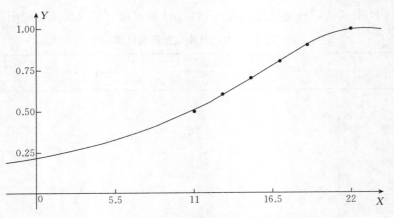

附图 2-5 障碍层位置隶属度评估结果函数

6. 有效锌 有效锌隶属度评价结果见附表 2-7，有效锌隶属度评估结果函数见附图 2-6。

附表 2-7 有效锌隶属度评价结果

有效锌（毫克/千克）	0.8	1.5	2	3	5	6	8	10
隶属度	0.40	0.45	0.50	0.55	0.70	0.80	0.93	1.00

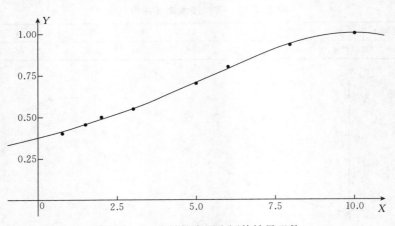

附图 2-6 有效锌隶属度评估结果函数

7. 积温 积温隶属度评价结果见附表 2-8。

附表 2-8 积温隶属度评价结果

积温（℃）	2 400	2 550	2 630	2 655	2 675	2 720
隶属度	0.40	0.50	0.65	0.75	0.85	1.00

（四）确定评价因子的权重

采用层次分析法确定每一个评价因子对耕地综合地力的贡献大小，层次分析方法的基本原理是把复杂问题中的各个因素按照相互之间的隶属关系排成从高至低的若干层次。根据对一定客观现实的判断就同一层次相对重要性相互比较的结果，决定层次各元素重要性先后次序。

1. 层次分析模型编辑　层次分析模型编辑，主要是根据用户提供的图层，新建、编辑或删除一个层次分析模型。根据各个评价因子间的关系，构造了层次构造图。见附图 2-7。

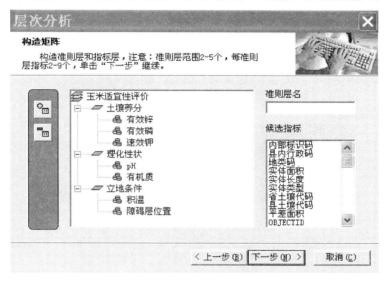

附图 2-7　玉米适宜性评价因子层次结构

2. 构造层判断矩阵　采用专家评估法，比较同一层次各因素对上一层次的相对重要性，给出数量化的评估。专家评估的初步结果经合适的数学处理后反馈给专家，经专家重新修改或确认，经多轮反复形成最终的判断矩阵。

3. 确定各评价因子的综合权重　利用层次分析计算方法确定每一个评价因素的综合评价权重。评估结果见附图 2-8～附图 2-11。

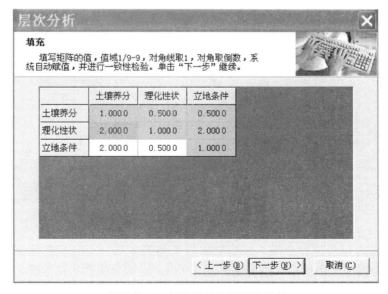

附图 2-8　构造评价指标层次结构

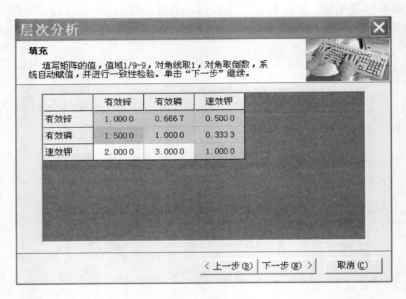

附图 2-9　层次分析结果

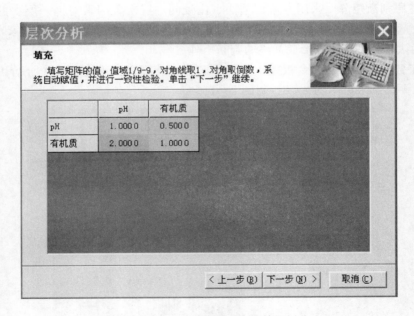

附图 2-10　玉米耕地适宜性等级划分

4. 玉米适应性评价层次分析　采用层次分析法确定每一个评价因素对耕地综合地力的贡献大小。构造评价指标层次结构见附图 2-12，层次分析结果见附图 2-13。

5. 进行玉米适应性评价　玉米耕地适宜性等级划分见附图 2-14。

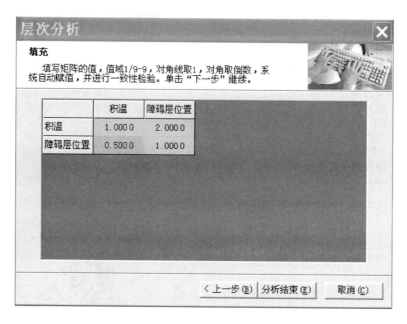

附图 2-11 层次分析评估结果

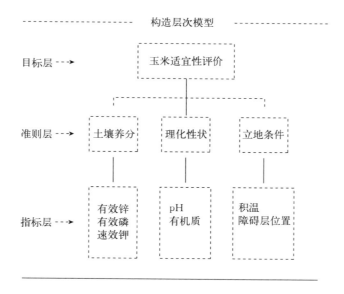

附图 2-12 构造评价指标层次结构

层次分析结果表

层次A	层次C			组合权重 $\sum C_i A_i$
	土壤养分 0.1976	理化性状 0.4905	立地条件 0.3119	
有效锌	0.2126			0.0420
有效磷	0.2431			0.0480
速效钾	0.5443			0.1076
pH		0.3333		0.1635
有机质		0.6667		0.3270
积温			0.6667	0.2079
障碍层位置			0.3333	0.1040

附图2-13 层次分析结果

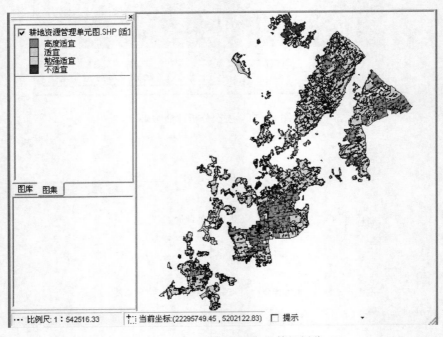

附图2-14 玉米耕地适宜性等级划分

二、评价结果

1. 玉米评价结果分级 玉米适宜性分级见附表2-9。

附表2-9 玉米适宜性分级

适宜性分级	适宜性指数分级
高度适宜	＞0.7100
适宜	0.6100～0.7100

（续）

适宜性分级	适宜性指数分级
勉强适宜	0.550 0～0.610 0
不适宜	＜0.550 0

2. 各级别面积统计和相关指标平均值　本次玉米评价将安达市耕地总面积135 610.00公顷划分为4个等级：高度适宜耕地 29 538.71 公顷，占耕地总面积的 21.78%；适宜耕地 92 042.51 公顷，占耕地总面积 67.87%；勉强适宜耕地 7 955.21 公顷，占耕地总面积的 5.87%；不适宜耕地 6 073.57 公顷，占耕地总面积 4.48%。玉米不同适宜性耕地地块数及面积统计见附表 2-10。

附表 2-10　玉米不同适宜性耕地地块数及面积统计

适宜性	地块数（个）	面积（公顷）	占总面积（%）
高度适宜	344	29 538.71	21.78
适宜	1 290	92 042.51	67.87
勉强适宜	148	7 955.21	5.87
不适宜	50	6 073.57	4.48
总计	1 832	135 610.00	100.00

从适宜性的分布特征来看，等级的高低与土壤养分、土壤理化性状及土壤剖面构型有着密切相关。高中产土壤主要集中在东部和中部地区，该地区土壤类型以黑钙土、草甸土为主，地势较缓，坡度一般不超过 3°；低产土壤则主要分布在东北部和西部地区，该地区土壤盐碱性较大，有的有机质含量较低，土壤类型主要以盐化草甸土和碱化草甸土为主。玉米不同适宜性耕地相关指标平均值见附表 2-11。

附表 2-11　玉米不同适宜性耕地相关指标平均值

适宜	全钾（克/千克）	全氮（克/千克）	有机质（克/千克）	有效磷（毫克/千克）	速效钾（毫克/千克）	有效锌（毫克/千克）	pH	障碍层位置（厘米）
高度适宜	9.00	1.93	32.60	16.17	200.19	1.53	8.1	19.46
适宜	8.95	1.73	28.82	15.76	193.86	1.44	8.35	18.86
勉强适宜	8.91	2.28	28.03	12.75	191.45	1.36	8.9	18.59
不适宜	8.7	2.06	27.07	13.75	187.98	1.31	9.03	19.12

3. 高度适宜性耕地种植玉米情况　安达市高度适宜性耕地 29 538.71 公顷，占耕地总面积的 21.78%，主要以草甸土和黑钙土为主。老虎岗镇、吉星岗镇、羊草镇、升平镇、火石山乡、安达镇分布面积较大。各乡（镇）高度适宜性耕地玉米分布面积统计见附表 2-12。

附表 2-12　各乡（镇）高度适宜性耕地玉米分布面积统计

乡（镇）	耕地面积 （公顷）	高度适宜性面积 （公顷）	占该乡（镇） 耕地面积比（%）	占总耕地面积比 （%）
安达镇	3 764.00	1 222.15	32.47	0.90
昌德镇	11 656.00	561.94	4.82	0.41
火石山乡	8 409.00	2 307.34	27.44	1.70
吉星岗镇	16 314.00	6 803.38	41.70	5.02
老虎岗镇	13 704.00	2 458.32	17.94	1.81
青肯泡乡	7 882.00	33.40	0.42	0.02
任民镇	8 363.00	—	—	—
升平镇	11 656.00	5 550.94	47.62	4.09
太平庄镇	9 134.00	—	—	—
万宝山镇	10 277.00	12.41	0.12	0.01
卧里屯乡	6 708.00	—	—	—
先源乡	4 150.00	362.49	8.73	0.27
羊草镇	14 991.00	9 848.47	65.70	7.26
中本镇	6 097.00	—	—	—
其他	2 505.00	377.86	15.08	0.28
总计	135 610.00	29 538.71	—	21.78

高度适宜性地块各项养分含量高，土壤结构较好。各种养分平均值为有机质 32.6 克/千克，有效磷 16.17 毫克/千克，速效钾 200.19 毫克/千克，pH 为 8.1，有效锌 1.525 毫克/千克，全氮 1.94 克/千克，全钾 9.0 克/千克，障碍层位置平均为 19.5 厘米。见附表 2-13。保水保肥性能较好，抗旱抗涝。

附表 2-13　玉米高度适宜性耕地相关指标统计

项目	平均值	最大值	最小值
全钾（克/千克）	9	9.5	8.5
全氮（克/千克）	1.94	7.5	1.3
有机质（克/千克）	32.6	46.3	27
有效磷（毫克/千克）	16.17	34.1	8.9
速效钾（毫克/千克）	200.19	263	167
有效锌（毫克/千克）	1.525	2.352	0.856
pH	8.1	8.8	7.6
障碍层位置（厘米）	19.5	27	12

4. 适宜性耕地种植玉米情况　安达市适宜性耕地 92 042.51 公顷，占耕地总面积的 67.87%，主要以黑钙土、草甸土为主。除太平庄镇以外各乡（镇）均有分布，吉星岗镇、

老虎岗镇、昌德镇、火石山乡、万宝山镇、任民镇分布面积较大。各乡（镇）适宜性耕地玉米分布面积统计见附表 2-14。

附表 2-14　各乡（镇）适宜性耕地玉米分布面积统计

乡（镇）	耕地面积（公顷）	适宜性面积（公顷）	占该乡（镇）耕地面积比（%）	占总耕地面积比（%）
安达镇	3 764.00	2 541.85	67.53	1.87
昌德镇	11 656.00	11 094.06	95.18	8.18
火石山乡	8 409.00	6 101.66	72.56	4.50
吉星岗镇	16 314.00	9 510.62	58.30	7.01
老虎岗镇	13 704.00	11 165.20	81.47	8.23
青肯泡乡	7 882.00	7 848.60	99.58	5.79
任民镇	8 363.00	7 105.54	84.96	5.24
升平镇	11 656.00	6 105.06	52.38	4.50
太平庄镇	9 134.00	—	—	—
万宝山镇	10 277.00	8 237.20	80.15	6.07
卧里屯乡	6 708.00	6 708.00	100.00	4.95
先源乡	4 150.00	2 258.06	54.41	1.67
羊草镇	14 991.00	5 142.53	34.30	3.79
中本镇	6 097.00	6 097.00	100.00	4.50
其他	2 505.00	2 127.14	84.92	1.57
总计	135 610.00	92 042.51	—	67.87

适宜性耕地各项养分含量适中，土壤结构适中。保水保肥性能较好，有一定的排涝能力。各种养分平均值为有机质 28.82 克/千克，有效磷 15.76 毫克/千克，速效钾 193.86 毫克/千克，pH 为 8.4，有效锌 1.444 毫克/千克，全氮 1.73 克/千克，全钾 8.95 克/千克，障碍层位置平均为 18.86 厘米。见附表 2-15。

附表 2-15　玉米适宜性耕地相关指标统计

项目	平均值	最大值	最小值
全氮（克/千克）	1.73	8.2	1.1
全钾（克/千克）	8.95	9.6	8.1
有机质（克/千克）	28.82	38.0	18.0
有效磷（毫克/千克）	15.76	31.3	8.1
速效钾（毫克/千克）	193.86	257.0	147.0
有效锌（毫克/千克）	1.444	2.208	0.760
pH	8.4	9.7	7.8
障碍层位置（厘米）	18.86	27	6

5. 勉强适宜性耕地种植玉米情况 安达市勉强适宜性耕地 7 955.21 公顷，占耕地总面积的 5.87%，主要以盐化草甸土和碱化草甸土为主。各乡（镇）均有分布，任民镇、太平庄镇、万宝山镇、老虎岗镇分布面积较大。各乡（镇）勉强适宜性耕地玉米分布面积统计见附表 2-16。

附表 2-16 各乡（镇）勉强适宜性耕地玉米分布面积统计

乡（镇）	耕地面积（公顷）	勉强适宜性面积（公顷）	占该乡（镇）耕地面积比（%）	占总耕地面积比（%）
安达镇	3 764.00	—	—	—
昌德镇	11 656.00	—	—	—
火石山乡	8 409.00	—	—	—
吉星岗镇	16 314.00	—	—	—
老虎岗镇	13 704.00	80.48	0.59	0.06
青肯泡乡	7 882.00	—	—	—
任民镇	8 363.00	1 226.20	14.66	0.90
升平镇	11 656.00	—	—	—
太平庄镇	9 134.00	3 389.74	37.11	2.50
万宝山镇	10 277.00	2 027.39	19.73	1.50
卧里屯乡	6 708.00	—	—	—
先源乡	4 150.00	1 231.39	29.67	0.91
羊草镇	14 991.00	—	—	—
中本镇	6 097.00	—	—	—
其他	2 505.00	—	—	—
总计	135 610.00	7 955.21	—	5.87

勉强适宜性耕地各项养分含量较低，土壤结构差，保水保肥性能差。各种养分平均值为有机质 28.0 克/千克，有效磷 12.75 毫克/千克，速效钾 191.45 毫克/千克，pH 为 8.9，有效锌 1.36 毫克/千克，全氮 2.286 克/千克，全钾 8.91 克/千克，障碍层位置 18.59 厘米。见附表 2-17。

附表 2-17 玉米勉强适宜性耕地相关指标统计

项目	平均值	最大值	最小值
全氮（克/千克）	2.286	9.8	1.1
全钾（克/千克）	8.91	9.5	8.2
有机质（克/千克）	28.03	33.0	24.6
有效磷（毫克/千克）	12.75	17.5	10.0
速效钾（毫克/千克）	191.45	248.0	152.0
有效锌（毫克/千克）	1.36	1.844	0.828
pH	8.9	9.3	8.3
障碍层位置（厘米）	18.59	21	13

6. 不适宜性耕地种植玉米情况　安达市不适宜耕地 6 073.57 公顷，占耕地总面积的 4.48％，主要以盐化草甸土和碱化草甸土为主。主要分布在太平庄镇、先源乡、任民镇的部分村屯，该耕地地势低洼，盐渍化严重。各乡（镇）不适宜性耕地玉米分布面积统计见附表 2 - 18。

附表 2 - 18　各乡（镇）不适宜性耕地玉米分布面积统计

乡（镇）	耕地面积 （公顷）	不适宜性面积 （公顷）	占该乡（镇）耕地面积比（％）	占总耕地面积比（％）
安达镇	3 764.00	—	—	—
昌德镇	11 656.00	—	—	—
火石山乡	8 409.00	—	—	—
吉星岗镇	16 314.00	—	—	—
老虎岗镇	13 704.00	—	—	—
青肯泡乡	7 882.00	—	—	—
任民镇	8 363.00	31.25	0.37	0.02
升平镇	11 656.00	—	—	—
太平庄镇	9 134.00	5 744.26	62.89	4.24
万宝山镇	10 277.00	—	—	—
卧里屯乡	6 708.00	—	—	—
先源乡	4 150.00	298.06	7.18	0.22
羊草镇	14 991.00	—	—	—
中本镇	6 097.00	—	—	—
其他	2 505.00	—	—	—
总计	135 610.00	6 073.57	—	4.48

不适宜性耕地各项养分含量偏低，土壤结构差，保水保肥性能差。各种养分平均值有机质 27.07 克/千克，有效磷 13.75 毫克/千克，速效钾 187.98 毫克/千克，pH 为 9.03，有效锌 1.31 毫克/千克，全氮 2.06 克/千克，全钾 8.7 克/千克。见附表 2 - 19。

附表 2 - 19　玉米不适宜性耕地相关指标统计

项目	平均值	最大值	最小值
全氮（克/千克）	2.06	2.7	1.6
全钾（克/千克）	8.7	9.3	8.4
有机质（克/千克）	27.07	29.6	25.6

（续）

项目	平均值	最大值	最小值
有效磷（毫克/千克）	13.75	15.9	11.6
速效钾（毫克/千克）	187.98	228.0	179.0
有效锌（毫克/千克）	1.31	1.772	0.948
pH	9.03	9.2	8.2
障碍层位置（厘米）	19.12	21	14

　　总之，安达市耕地适宜种植玉米的面积比较大，大部分为中低产田。通过地力评价，摸清了这些地块的低产原因，就可以因地制宜地进行土壤改良、增加田间工程投入，最终达到玉米高产增收的目的。

附录3　安达市耕地地力评价工作报告

一、目的意义

安达市位于黑龙江省西南部松嫩平原腹地，现有耕地面积 135 610 公顷，农业人口 27.8 万人，人均收入 5 199 元。市域土壤主要有黑钙土、草甸土、沼泽土、风沙土，土壤有机质平均含量为 29.43 克/千克，土壤 pH 为 8.36，其中占耕地 60% 为中低产田。长期以来，安达市大部分农民盲目施肥现象严重，主要表现为"三重三轻"，即重化肥、轻农肥；重氮磷肥、轻钾肥；重大量元素肥料的施用、轻中微量元素肥料施用。由于施肥不合理，造成某一品种肥料过量或不足，因此造成惊人的浪费。据统计，安达市每年化肥施用总量为 48 000 吨，施肥结构不合理，氮、磷、钾比例为 1∶0.8∶0.2，农业生产成本无效增加，而且带来严重的环境污染，威胁农产品质量安全。特别是由于化肥价格持续上涨，直接影响农业生产和农民增收。实践证明，组织实施好测土配方施肥，对于提高粮食单产，降低生产成本，实现粮食稳定增产和农民持续增收具有重要的现实意义；对于提高肥料利用率，减少肥料浪费，保护农业生态环境，改善耕地状况，实现农业可持续发展具有深远影响。但无论是进一步增加粮食产量，提高农产品质量，还是进一步优化种植业结构，建立无公害农产品生产基地以及各种优质粮生产基地，都离不开农作物赖以生长的耕地，都必须了解耕地的地力状况。

安达市的耕地地力调查与评价工作，是根据农业部制定的《全国耕地地力评价总体工作方案》和《耕地地力调查与质量评价技术规程》的要求，按照全国农业技术推广服务中心《耕地地力评价指南》的精神，于 2007 年正式开展工作。

耕地地力评价是在充分利用测土配方施肥采土化验数据和第二次土壤普查成果资料的基础上，建立市域耕地资源管理信息系统，对不同区域耕地的基础地力进行评价。耕地地力评价是测土配方施肥补贴资金项目实施的一项重要内容，测土配方施肥不仅仅是一项农业技术，更是一项惠农政策。安达市在 20 世纪 80 年代初进行过第二次土壤普查，在这以后的 20 多年中，农村经营管理体制，耕作制度、作物品种、肥料使用种类和数量、种植结构、产量水平、病虫害防治手段等方面都发生了巨大的变化。这些变化对耕地的土壤肥力以及环境质量必然会产生巨大的影响。然而，自第二次土壤普查以来，对安达市的耕地土壤却没有进行过全面的调查，因此开展耕地地力评价工作，对安达市优化种植业结构，建立各种专用农产品生产基地，推广先进的农业技术，确保粮食安全是非常必要的。

耕地地力评价工作是以第二次土壤普查和测土配方施肥数据做基础，建立市域耕地资源管理信息系统，借助空间插值等技术，将大量采样点的数据，转化为反映土壤特性全貌的"面"数据。实现测土配方施肥由"点指导"向"面指导"、由"简单分类指导"向"精确定量的分类指导"的转变，真正做到"以点测土、全面应用"、促进测土配方施肥传统的土肥专家到地头手把手的指导，转为利用现代信息技术进行社会化的服务。

耕地地力评价工作对准确掌握安达市耕地生产能力、因地制宜加强耕地质量建设、指导农业种植结构调整、科学合理施肥、确保国家粮食安全等方面意义重大。

经过 3 年的努力，在黑龙江省土壤肥料管理站的指导下，在省、市各级领导的关心和支持下，安达市于 2009 年末基本完成了测土配方施肥和耕地地力评价工作。

二、工作组织

（一）加强组织领导

1. 成立工作领导小组 为确保安达市耕地地力评价工作的顺利实施，安达市成立了耕地地力评价领导小组，组长由副市长刘春和担任，副组长由农业委员会主任闫斌担任。领导小组下设技术指导组，组长由市农业技术推广中心主任王志贵担任。同时成立了由懂业务、有经验的高级农艺师组成的专家组，具体负责测土配方施肥技术培训、技术指导，以确保该项目的顺利实施。

2. 成立项目工作办公室 安达市成立了"黑龙江省耕地地力评价"工作办公室，由农业技术推广中心副主任担任，办公室成员由土壤肥料管理站、化验室的有关人员组成，并按照领导小组的工作安排具体组织实施。办公室制订了安达市耕地地力评价工作方案，编排了安达市耕地地力评价工作日程。办公室下设野外调查小组、技术培训小组、分析测试小组、报告编写小组，各小组有分工、有协作，各有侧重。野外调查工作由市农业中心和乡镇农牧中心人员共同完成。

野外调查小组主要完成入户调查、实地调查、土样采集，以及填写各种表格等工作。

技术培训小组负责参加省里组织的各项培训和对安达市参加人员的技术培训。

分析测试小组负责样品的测试和登记。

报告编写小组负责在开展耕地地力评价的过程中，按照黑龙江省土壤肥料管理站《调查指南》的要求，收集了安达市有关的大量基础资料，并负责安达市耕地地力评价报告的编写。

3. 组成专家顾问组 黑龙江省土壤肥料管理站顾问组，组长胡瑞轩，成员有程岩、王国良、辛洪生、刘德志等省级农业专家组成。安达市在实施测土配方施肥项目和开展耕地地力评价工作时，遇到问题及时向专家顾问组请教，得到了专家们的大力支持，使我们的工作顺利开展。

（二）严把质量关

1. 开展技术培训，严把质量关 耕地地力评价是一项时间紧、技术性强、质量要求高的一项业务工作，为使参加调查、采样、化验的工作人员能够正确地掌握技术要领，顺利完成野外调查和化验分析工作，黑龙江省土壤肥料管理站集中培训了化验分析人员，又分批次培训了市（县）农业技术推广中心主任和土壤肥料管理站站长，根据黑龙江省土壤肥料管理站的要求，集中培训了市里参加此项工作的技术人员，并建立了市级耕地地力调查与评价技术培训组；另一项培训是针对安达市、乡两级参加外业调查和采样的人员进行的，培训共进行 3 次。第一次是在 2007 年 3 月 5 日，在安达市市委小会议室召开全市耕地地力评价工作启动会议，参加人员有副市长刘春和、农业委员会主任闫斌、农业技术推广中心主任王志贵、各乡镇党委书记、主管农业领导、农牧中心主任，部署落实耕地地力调查与评价的实施工作；第二次是 2007 年 3 月 7 日，组织乡镇农牧中心技术干部在安达市市农业中心会议室进行集中培训耕地地力调查与评价工作具体操作规程。第三次是 2007 年 4 月 10 日—11 日，在市农业中心会议室开展培训，以土样的采集和野外调查为主要内容，集中培训市农业中心及乡镇取土样相关人员，规范土样采集方法和野外调查内容。

2. 收集图件　在开展耕地地力调查与评价工作的过程中，按照黑龙江省土壤肥料管理站《调查指南》的要求，收集了安达市有关的大量基础资料，有安达市土壤图，土地利用现状图、土壤氮、磷、钾养分图，行政区划图，水利工程现状图。安达市的气象局、统计局、土地局、水务局、农机站等相关部门提供了大量的图文信息资料，为调查工作的顺利开展提供了有力支持。

三、主要工作成果

结合耕地地力调查与评价工作，获取安达市有关农业生产的大量的、内容丰富的测试数据和调查资料及数字化图件，通过各类报告和相关的软件工作系统，对于安达市当前和今后相当一个时期农业生产发展具有积极而深远的意义。

1. 文字报告
（1）安达市耕地地力评价工作报告。
（2）安达市耕地地力评价技术报告。
（3）安达市耕地地力评价专题报告：包括：安达市耕地地力评价与改良利用专题调查报告、安达市耕地地力评价与种植布局专题报告、安达市耕地地力评价与玉米适宜性评价专题报告。

2. 数字化成果图
（1）安达市耕地地力等级图。
（2）安达市耕地土壤养分分级图：包括：安达市耕地土壤碱解氮分级图、安达市耕地土壤有效磷分级图、安达市耕地土壤速效钾分级图、安达市耕地土壤有机质分级图、安达市耕地土壤全氮分级图、安达市耕地土壤全钾分级图、安达市耕地土壤有效锌分级图、安达市耕地土壤有效硫分级图、安达市耕地土壤有效锰分级图、安达市耕地土壤有效铜分级图、安达市耕地土壤有效铁分级图。
（3）安达市耕地地力评价采样点分级图。
（4）安达市耕地土壤玉米适宜性评价图。
（5）安达市耕地土壤资源管理单元图。
（6）安达市土壤图。

四、主要做法与经验

安达市耕地地力调查与评价工作，在黑龙江省土壤肥料管理站的具体指导下，在安达市市委、市政府的正确领导下，在各相关部门的大力配合下，在全市农业一线全体工作人员的齐心努力下，历经 3 年时间，圆满地完成了安达市耕地地力调查与评价工作。在耕地地力调查与评价工作中，我们得到了相关单位及各乡镇的大力协助。我们还多方征求意见，尤其是对参加过农业区划和第二次土壤普查的老农业专家，请他们对评价指标的选定、各参评指标的评价及权重等，提出建议和意见，并多次召开专家评价会，反复对参评指标进行多次深入研究与探讨，保证了本次地力评价的质量。

（一）应用先进的数字化技术，建立安达市耕地资源数据库

本次调查，是结合测土配方施肥项目进行的。利用 ArcGis 和 Supermap 的软件，将全市的土壤图、行政区划图、土地利用现状图进行数字化处理，最后利用扬州土壤肥料工作站开发的软件进行耕地地力评价，形成 1 832 个评价单位，并建立了属性数据库和空间数据库。通过数据化技术，按照安达市的生产实际，选择了 9 项评价指标，按照《耕地地力评价指南》将安达市耕地地力划分为 5 个等级。

一级地力耕地 11 647.31 公顷，占耕地面积 8.59%；二级地力耕地 30 548.87 公顷，占耕地面积 22.53%；三级地力耕地 51 867.18 公顷，占耕地面积 38.24%；四级地力耕地 26 825.93 公顷，占耕地面积 19.78%；五级地力耕地 14 720.71 公顷，占耕地面积 10.86%。

制作出安达市地力等级图、有效磷分级图、有效钾分级图、全氮分级图、全钾分级图、有机质分级图、有效锌分级图、有效硫分级图、有效锰分级图、有效铜分级图、有效铁分级图、采样点分级图、安达市耕地土壤玉米适宜性评价图、安达市耕地土壤资源管理单元图、安达市土壤图。安达市耕地土壤地力调查点 1 832 个，结合测土配方采点 7 859 个，共获得检验数据 9 691 个，基本上摸清了安达市耕地土壤的内在质量和肥力状况。

自 1982 年第二次土壤普查以来，土壤理化性状发生了明显的变化。土壤碱解氮呈下降趋势，由 1982 年的 172.64 毫克/千克，降至目前的 131.7 毫克/千克；土壤有效磷总体呈上升趋势，由 1982 年的 14.67 毫克/千克，上升至目前的 15.54 毫克/千克；土壤速效钾呈下降趋势，由 1982 年的 260.4 毫克/千克，下降至目前的 194.7 毫克/千克；土壤有机质呈下降趋势，由 1982 年的 31.04 克/千克下降至目前的 29.43 克/千克；土壤碱性降低，1982 年时 pH 平均为 8.9，目前土壤 pH 为 8.4。

（二）为今后的测土配方施肥工作及农业结构调整、中低产田改良提供了可靠的依据

这次的耕地地力调查与评价工作，运用的技术手段先进，信息量大，数据准确，全面直观，为今后的测土配方施肥工作奠定了良好的基础。随着数字化技术的发展和其在农业生产中的广泛应用，将对农业新技术的推广、精准农业的开展起着巨大的推动作用。同时也为确保国家粮食安全提供有力的技术保障。

耕地地力调查与评价工作，为安达市种植业结构调整提供一个很好的参考指标，它可以准确有效地根据不同地理环境、水文地质、养分分布，很直观地确定种植的作物，适宜发展高效农业，减少农民对生产成本的投入，并获得较高的产量和效益。尤其通过本次的评价，一部分中低产田显露出来，根据中低产田土壤状况，可以采取人为的有效措施进行改造，使中低产土壤变高产土壤。

（三）主要体会

由于以前缺少这方面的经验，加之基础知识的薄弱，在掌握和运用的过程中遇到很多的难点。从基础环境上看，在我们这个区域基本没有有害的物质污染土壤，所以质量与环境评价没有做。

耕地地力调查与评价工作是提高农业科技含量的重要手段，也是在今后相当一段时间内需要农业科技人员掌握和运用的一项行之有效的手段。通过对耕地地力评价和计算机软件的进一步开发，去除人为因素，最大限度的、简单合理的程序，简而易行的操作方式，让广大的科技人员和农民都能掌握，并且行之有效，这对农业生产的提高和促进农业发展都是功在当代、利在千秋。

五、资金使用情况

地力评价资金使用主要包括物质准备及资料收集费、野外调查交通差旅补助费、会议及技术培训费、分析化验费、资料汇总费、专家咨询及活动费、技术指导与组织管理费、图件数字化制作费、项目验收及专家评审费九大部分。见附表 3-1。

附表 3-1　资金使用情况汇总

支出	金额（万元）	构成比例（%）
物质准备及资料收集	6	12.0
野外调查交通差旅补助费	6	12.0
会议及技术培训费	4	8.0
分析化验费	10	20.0
资料汇总及编印费	6	12.0
专家咨询及活动费	4	8.0
技术指导与组织管理费	4	8.0
图件数字化及制作费	10	20.0
合计	50	100

六、存在的问题与建议

利用的原有图件与现实的生产现状不完全符合，水面、草原、耕地面积略有出入。

土类面积与耕地面积的比较需做较为深入细致的工作进行分解和计算。

在化验设备上还需进一步的完善，做到所有的设备配齐配全，性能质量过关，提高化验质量。

我们的耕地地力调查只是一个简单的过程，有很多的东西还没有做到位，由于人员的技术水平、时间有限，在数据的分析调查上还不够全面，有待进一步地深入细化。成果的应用上也只是一个简单的开始，在今后的工作和生产上，有待进一步研究如何利用，使耕地地力调查与评价工作更好地转化为生产力，更好地服务于农业生产，给各级政府及相关部门提供科学依据，指导服务于安达市农业生产。

今后应加强此项工作人员的配备和培训工作。随着科技的进步，社会经济的发展，农业的基础地位越来越显得重要，应不断加强对农业科技的投入，对人民生活水平的提高，对保护耕地地力、保护土壤的生态环境，使质量效益型农业生产不断向前发展，确保国家粮食安全都有重要意义。

七、本次耕地地力调查与评价工作大事记

1. 2007 年 3 月 5 日，在安达市市委小会议室召开全市耕地地力评价工作会议，参加人员有副市长刘春和、农业委员会主任阎斌、中心主任王志贵、各乡镇党委书记、主管农业领导、农牧中心主任。

2. 2007 年 3 月 7 日，农业技术推广中心组织乡（镇）农牧中心技术干部在安达市农业中心会议室进行集中培训耕地地力评价具体操作规程。

3. 2007 年 4 月 10 日—11 日，在安达市农业中心会议室开展培训。以土样的采集和野外调查为主要内容，集中培训市农业技术推广中心及乡（镇）取土样相关人员，规范土样采集方法和外业调查内容。

4. 2007 年 4 月 15 日—5 月 20 日，农业技术推广中心组织技术人员 15 人，分成 5 组，在乡（镇）农技人员和村屯农户的配合下，进行土样采集和外业调查，共取土样 4 032 个。

5. 2007 年 10 月 15 日，第一批土样化验完毕。

6. 2008 年 3 月 28 日，在安达市农业委员会会议室召开耕地地力评价样点采集和外业调查会议，参加会议的有市农业委员会主任阎斌、乡（镇）主管农业领导、农牧中心主任。

7. 2008 年 4 月 12 日—4 月 22 日，农业技术推广中心组织技术人员 15 人，分成 5 组，在乡（镇）农技人员和村屯农户的配合下，进行第二次土样采集和外业调查，共取土样 2 198 个。

8. 2008 年 7 月 29 日，黑龙江省土壤肥料管理站刘德志一行到安达市检查耕地地力评价工作进行情况。

9. 2008 年 10 月 6 日，收集整理完有关资料和图件。

10. 2008 年 10 月 18 日，在安达市农业委员会会议室召开耕地地力评价样点采集和外业调查会议，参加会议的有市农业委员会主任阎斌、乡（镇）主管农业领导、农牧中心主任。

11. 2008 年 10 月 20 日—11 月 30 日，农业技术推广中心组织技术人员 18 人，分成 6 组，在乡（镇）农技人员和村屯农户的配合下，进行第二次土样采集和外业调查，共取土样 2 000 个。

12. 2009 年 3 月 10 日，完成耕地地力评价相关数据的初步录入。

13. 2009 年 7 月 14 日，提交耕地地力评价基础数据。

14. 2009 年 12 月 5 日，完成耕地地力评价初稿。

附录4 安达市村级土壤属性统计表

附表4-1 村级全钾养分含量统计

村名称	平均值（克/千克）					样本数（个）	平均值（克/千克）	最小值（克/千克）	最大值（克/千克）
	一级	二级	三级	四级	五级				
爱国村	—	—	9.14	9.13	—	17	9.14	9	9.3
安乐村	—	9	—	8.77	—	15	8.95	8.7	9
八里岗村	—	—	—	—	9	12	9	8.8	9.2
板子房村	—	—	8.85	8.82	—	8	8.83	8.7	9
宝利村	8.85	8.83	8.8	—	—	10	8.83	8.8	8.9
保安村	8.95	9.18	—	—	—	23	9.14	8.8	9.4
保国村	—	—	8.93	9.15	—	11	8.97	8.5	9.3
保田村	—	—	8.7	8.75	—	3	8.73	8.7	8.8
保星村	8.8	9	8.9	—	—	7	8.96	8.8	9.2
本利村	9.02	9	9.3	—	8.75	11	8.99	8.7	9.3
昌德村	—	—	9.17	9.02	8.9	30	9.09	8.9	9.3
承平村	—	—	—	8.66	—	18	8.66	8.4	8.9
大本村	—	—	—	8.83	—	16	8.83	8.7	9
德本村	—	—	9.1	9.04	9.1	14	9.06	8.8	9.3
德胜村	—	9.03	8.82	—	—	12	8.88	8.7	9.1
东清村	—	—	9.05	8.7	—	35	9.04	8.7	9.6
东升村	9.25	9.13	—	—	—	5	9.18	9	9.3
东星村	9.17	—	—	—	—	3	9.17	9	9.5
二村	—	—	—	—	9.16	14	9.16	9	9.5
二龙山村	—	—	—	8.68	—	10	8.68	8.4	9
二十五村	—	—	—	8.8	—	16	8.8	8.5	9.1
发展村	—	9.07	9.09	9.2	—	50	9.08	8.9	9.3
福民村	—	8.85	8.66	8.68	8.6	24	8.68	8.5	8.9
富本村	—	—	8.8	8.78	—	7	8.79	8.7	9
富强村	—	—	9.08	8.9	—	31	9.07	8.5	9.6
革命村	—	8.7	8.51	—	—	20	8.53	8.3	8.9
工农村	—	—	—	8.8	—	10	8.8	8.6	8.9
巩固村	—	8.75	8.7	—	—	3	8.73	8.7	8.8

（续）

村名称	平均值（克/千克）					样本数（个）	平均值（克/千克）	最小值（克/千克）	最大值（克/千克）
	一级	二级	三级	四级	五级				
光明村	—	9.13	9	—	—	9	9.1	9	9.3
合力村	—	—	8.9	9.07	8.83	26	8.98	8.6	9.4
和平村	—	—	9.1	8.75	—	9	8.87	8.6	9.2
和星村	8.8	8.78	—	—	—	7	8.79	8.6	8.9
黑鱼泡村	—	—	—	—	8.58	4	8.58	7.4	8.9
红旗村	—	—	—	9.2	9.23	8	9.23	9.1	9.3
红星村	—	—	9.04	8.9	—	9	8.98	8.8	9.2
火星村	—	8.93	8.8	8.94	—	17	8.9	8.6	9.2
吉利村	—	9.06	9.02	8.98	—	25	9.02	8.5	9.3
吉庆村	—	—	9.01	—	—	7	9.01	8.7	9.2
吉星村	9.14	—	—	—	—	11	9.15	9	9.4
建设村	—	—	8.51	8.72	—	26	8.67	8.1	8.9
金星村	9.25	—	—	—	—	2	9.25	9	9.5
久星村	8.97	9.15	8.88	—	—	23	9.05	8.7	9.5
巨宝村	—	—	—	8.7	8.71	15	8.71	8.2	9.1
巨星村	9.18	9.24	—	—	—	9	9.21	9	9.5
劳动村	—	—	8.69	8.76	—	19	8.73	8.3	9
黎明村	—	8.9	8.78	—	—	7	8.83	8.7	9
立功村	—	—	9.03	8.91	—	41	8.96	8.5	9.4
立志村	9	9.06	8.9	—	—	34	8.94	8.6	9.2
利民村	—	8.83	8.8	8.47	8.7	16	8.71	8.4	9.1
联合村	—	8.88	8.75	8.87	—	20	8.79	8.5	9.2
龙德村	—	—	9.19	9.27	—	56	9.24	8.9	9.4
龙华村	—	—	9.17	9.16	9.2	24	9.17	9	9.3
龙山村	—	—	9.15	—	—	12	9.15	9	9.4
隆星村	9	9	9	—	—	5	9	8.9	9.1
民生村	8.8	8.67	8.83	—	—	7	8.76	8.4	8.9
明星村	—	—	8.8	—	—	1	8.8	8.8	8.8
南来村	9.1	—	—	—	—	5	9.1	9.1	9.1
农义村	—	—	8.65	—	—	4	8.65	8.5	8.7
青龙河村	—	—	—	8.9	8.91	10	8.91	8.6	9.1
青龙山村	8.8	8.87	8.5	—	—	17	8.84	8.5	9.4
青山村	—	—	9.04	8.9	—	22	9.03	8.8	9.3
庆丰村	—	—	—	8.98	8.8	7	8.9	8.7	9.2

（续）

村名称	平均值（克/千克）					样本数（个）	平均值（克/千克）	最小值（克/千克）	最大值（克/千克）
	一级	二级	三级	四级	五级				
庆新村	—	—	8.66	8.69	8.78	47	8.69	8.3	9.4
仁合村	—	8.6	8.77	—	—	19	8.76	8.5	9
任民村	—	—	—	9.01	8.97	19	9.01	8.6	9.2
三岔河村	—	—	—	—	9.03	3	9.03	8.8	9.2
三胜村	—	8.98	8.81	—	—	12	8.88	8.6	9.2
胜利村	—	8.97	8.95	—	—	17	8.96	8.8	9.1
十八村	—	—	—	—	8.96	14	8.96	8.8	9.1
曙光村	—	—	9.28	8.97	9.02	19	9.16	8.7	9.5
双山村	—	8.95	8.9	—	—	10	8.92	8.6	9.2
双兴村	—	—	—	—	8.83	29	8.83	8.4	9.2
四合村	—	—	8.87	—	—	3	8.87	8.7	9.1
太平村	—	9	9.06	8.98	—	42	9.01	8.8	9.2
铁西村	—	9.07	9.09	9	—	45	9.08	8.9	9.3
团结村	—	9.05	8.89	—	—	39	9.02	8.8	9.1
文化村	—	9.33	9.09	9.2	—	23	9.16	8.7	9.5
五撮房村	9.05	—	—	—	—	8	9.05	8.8	9.2
向前村	9.1	8.96	9	—	—	10	8.98	8.7	9.3
新发村	8.93	9	8.97	—	—	7	8.98	8.9	9
新合村	9.04	9.11	8.93	—	—	21	9.06	8.8	9.3
新建村	—	9.07	8.83	—	—	23	8.9	8.6	9.1
新民村	—	—	8.98	8.82	8.91	21	8.9	8.7	9.1
新青村	—	8.97	9.03	—	—	17	8.99	8.9	9.1
新兴村	9.1	9	8.9	—	—	5	8.98	8.8	9.1
新义村	—	—	—	8.67	8.75	12	8.68	8.6	8.9
信本村	—	—	8.9	—	—	4	8.9	8.8	9
兴晨村	—	—	9.15	—	—	23	9.15	8.9	9.4
兴华村	—	8.88	8.99	8.17	—	72	8.99	8.5	9.4
兴胜村	—	—	8.88	9.1	—	12	8.9	8.7	9.1
兴业村	—	—	9.04	9.2	—	20	9.05	8.6	9.2
幸福村	8.7	8.66	8.86	—	—	11	8.75	8.6	9.2
一心村	—	—	8.6	8.74	8.82	22	8.76	8.5	9
拥护村	—	—	8.96	—	—	9	8.96	8.6	9.2
永福村	—	—	9.16	9.1	—	23	9.13	8.9	9.3
永富村	9	9	9.07	—	—	5	9.04	8.8	9.2

（续）

村名称	平均值（克/千克）					样本数（个）	平均值（克/千克）	最小值（克/千克）	最大值（克/千克）
	一级	二级	三级	四级	五级				
永合村	9	8.7	8.9	8	—	9	8.83	8.5	9
永平村	—	—	8.94	8.83	8.9	22	8.9	8.7	9.1
永生村	—	—	9.15	9.07	9	22	9.07	8.7	9.4
永兴村	—	—	9.16	9.12	—	26	9.13	8.5	9.5
友谊村	—	—	9.05	—	—	4	9.05	9	9.1
裕民村	—	—	8.92	9.05	8.95	19	9.01	8.5	9.2
增涵村	—	—	9	9.04	—	15	9.03	8.8	9.2
长利村	9.25	8.82	8.7	—	—	10	8.88	8.7	9.5
长山村	—	—	—	9	9.11	16	9.1	8.9	9.2
正本村	—	—	8.9	8.8	—	13	8.83	8.6	9
致富村	—	—	9.07	8.9	—	12	9.06	8.6	9.6
中和村	—	—	8.74	8.73	8.7	15	8.73	8.6	9.1
中心村	—	—	8.65	—	—	6	8.65	8.6	8.7
中星村	9.1	8.95	—	—	—	11	8.96	8.8	9.2
自卫村	—	8.77	8.6	—	—	17	8.69	8.4	8.9

附表 4 - 2　村级全氮养分含量统计

村名称	平均值（克/千克）					样本数（个）	平均值（克/千克）	最小值（克/千克）	最大值（克/千克）
	一级	二级	三级	四级	五级				
爱国村	—	—	0.14	0.13	—	17	0.14	0.13	0.16
安乐村	—	0.14	0.14	—	—	15	0.14	0.14	0.14
八里岗村	—	—	—	—	0.2	12	0.2	0.19	0.21
板子房村	—	—	0.62	0.53	—	8	0.55	0.35	0.66
宝利村	0.25	0.19	0.21	—	—	10	0.21	0.17	0.28
保安村	0.17	0.16	—	—	—	23	0.16	0.14	0.17
保国村	—	—	0.15	0.14	—	11	0.15	0.14	0.16
保田村	—	—	0.41	0.37	—	3	0.38	0.36	0.41
保星村	0.24	0.23	0.16	—	—	7	0.22	0.16	0.27
本利村	0.164	0.17	0.18	—	0.16	11	0.17	0.16	0.019
昌德村	—	—	0.16	0.15	0.16	30	0.16	0.14	0.18
承平村	—	—	—	0.14	—	18	0.14	0.13	0.15
大本村	—	—	—	0.14	—	16	0.14	0.13	0.15

（续）

村名称	平均值（克/千克）					样本数（个）	平均值（克/千克）	最小值（克/千克）	最大值（克/千克）
	一级	二级	三级	四级	五级				
德本村	—	—	0.15	0.15	0.14	14	0.15	0.13	0.18
德胜村	—	0.17	0.17	—	—	12	0.17	0.15	0.19
东清村	—	—	0.16	0.17	—	35	0.16	0.14	0.19
东升村	0.17	0.15	—	—	—	5	0.16	0.14	0.17
东星村	0.21	—	—	—	—	3	0.21	0.18	0.23
二村	—	—	—	—	0.24	14	0.24	0.19	0.28
二龙山村	—	—	—	—	0.18	10	0.18	0.16	0.19
二十五村	—	—	—	—	0.21	16	0.21	0.18	0.23
发展村	—	0.14	0.14	0.14	—	50	0.14	0.13	0.16
福民村	—	0.15	0.15	0.14	0.14	24	0.14	0.13	0.17
富本村	—	—	0.14	0.14	—	7	0.14	0.13	0.15
富强村	—	—	0.15	0.17	—	31	0.15	0.13	0.17
革命村	—	0.16	0.17	—	—	20	0.17	0.15	0.18
工农村	—	—	—	0.22	—	10	0.22	0.17	0.26
巩固村	—	0.15	0.15	—	—	3	0.15	0.15	0.15
光明村	—	0.14	0.15	—	—	9	0.14	0.13	0.15
合力村	—	—	0.15	0.14	0.12	26	0.14	0.11	0.17
和平村	—	—	0.15	0.17	—	9	0.16	0.13	0.21
和星村	0.21	0.22	—	—	—	7	0.21	0.19	0.25
黑鱼泡村	—	—	—	—	0.14	4	0.14	0.14	0.14
红旗村	—	—	—	0.15	0.15	8	0.15	0.15	0.15
红星村	—	—	0.14	0.13	—	9	0.13	0.11	0.15
火星村	—	0.14	0.14	0.14	—	17	0.14	0.13	0.14
吉利村	—	0.16	0.16	0.16	—	25	0.16	0.14	0.17
吉庆村	—	—	0.19	—	—	7	0.19	0.17	0.24
吉星村	0.22	0.21	—	—	—	11	0.21	0.17	0.24
建设村	—	—	0.14	0.14	—	26	0.14	0.13	0.16
金星村	0.19	—	—	—	—	2	0.19	0.18	0.19
久星村	0.21	0.19	0.21	—	—	23	0.2	0.16	0.23

（续）

村名称	平均值（克/千克）					样本数（个）	平均值（克/千克）	最小值（克/千克）	最大值（克/千克）
	一级	二级	三级	四级	五级				
巨宝村	—	—	—	0.23	0.31	15	0.27	0.13	0.55
巨星村	0.19	0.19	—	—	—	9	0.19	0.16	0.23
劳动村	—	—	0.65	0.77	—	19	0.71	0.49	0.82
黎明村	—	0.16	0.17	—	—	7	0.17	0.16	0.2
立功村	—	—	0.14	0.13	—	41	0.13	0.13	0.15
立志村	0.17	0.17	0.16	—	—	34	0.16	0.15	0.18
利民村	—	0.19	0.18	0.12	0.14	16	0.16	0.12	0.22
联合村	—	0.25	0.28	0.23	—	20	0.26	0.17	0.36
龙德村	—	—	0.15	0.15	—	56	0.15	0.14	0.18
龙华村	—	—	0.16	0.16	0.16	24	0.16	0.15	0.16
龙山村	—	—	0.17	—	—	12	0.17	0.15	0.2
隆星村	0.18	0.16	0.17	—	—	5	0.17	0.16	0.18
民生村	0.16	0.16	0.16	—	—	7	0.16	0.16	0.16
明星村	—	—	0.2	—	—	1	0.2	0.2	0.2
南来村	0.17	—	—	—	—	5	0.17	0.16	0.17
农义村	—	—	0.17	—	—	4	0.17	0.16	0.18
青龙河村	—	—	—	0.14	0.14	10	0.14	0.13	0.14
青龙山村	0.15	0.15	0.15	—	—	17	0.15	0.14	0.17
青山村	—	—	0.16	0.16	—	22	0.16	0.15	0.17
庆丰村	—	—	—	0.18	0.12	7	0.16	0.11	0.23
庆新村	—	—	0.16	0.16	0.15	47	0.16	0.14	0.22
仁合村	—	0.19	0.26	—	—	19	0.25	0.18	0.31
任民村	—	—	—	0.2	0.21	19	0.2	0.17	0.23
三岔河村	—	—	—	—	0.16	3	0.16	0.14	0.17
三胜村	—	0.16	0.17	—	—	12	0.17	0.15	0.19
胜利村	—	0.16	0.16	—	—	17	0.16	0.14	0.17
十八村	—	—	—	—	0.19	14	0.19	0.18	0.2
曙光村	—	—	0.16	0.17	0.16	19	0.16	0.14	0.21
双山村	—	0.15	0.16	—	—	10	0.16	0.15	0.16

（续）

村名称	平均值（克/千克）					样本数（个）	平均值（克/千克）	最小值（克/千克）	最大值（克/千克）
	一级	二级	三级	四级	五级				
双兴村	—	—	—	—	0.21	29	0.21	0.17	0.26
四合村	—	—	0.16	—	—	3	0.16	0.15	0.17
太平村	—	0.14	0.17	0.17	—	42	0.17	0.13	0.32
铁西村	—	0.16	0.16	0.17	—	45	0.16	0.15	0.17
团结村	—	0.16	0.16	—	—	39	0.16	0.15	0.17
文化村	—	0.27	0.22	0.21	—	23	0.23	0.18	0.29
五撮房村	0.18	—	—	—	—	8	0.18	0.17	0.19
向前村	0.19	0.28	0.3	—	—	10	0.28	0.19	0.34
新发村	0.17	0.16	0.13	—	—	7	0.15	0.13	0.18
新合村	0.16	0.16	0.16	—	—	21	0.16	0.15	0.18
新建村	—	0.26	0.2	—	—	23	0.22	0.14	0.55
新民村	—	—	0.83	0.38	0.51	21	0.55	0.27	0.98
新青村	—	0.16	0.15	—	—	17	0.16	0.15	0.17
新兴村	0.16	0.18	0.16	—	—	5	0.17	0.16	0.19
新义村	—	—	—	0.14	0.13	12	0.14	0.12	0.16
信本村	—	—	0.17	—	—	4	0.17	0.16	0.17
兴晨村	—	—	0.18	—	—	23	0.18	0.14	0.2
兴华村	—	0.17	0.18	0.19	—	72	0.18	0.15	0.31
兴胜村	—	—	0.18	0.17	—	12	0.18	0.17	0.2
兴业村	—	—	0.19	0.17	—	20	0.18	0.16	0.21
幸福村	0.32	0.37	0.47	—	—	11	0.41	0.22	0.75
一心村	—	—	0.12	0.13	0.13	22	0.13	0.12	0.14
拥护村	—	—	0.33	—	—	9	0.33	0.19	0.47
永福村	—	—	0.17	0.17	—	23	0.17	0.15	0.18
永富村	0.17	0.17	0.17	—	—	5	0.17	0.17	0.17
永合村	0.17	0.16	0.15	0.16	—	9	0.16	0.14	0.17
永平村	—	—	0.13	0.14	0.14	22	0.13	0.12	0.14
永生村	—	—	0.18	0.21	0.18	22	0.2	0.17	0.25
永兴村	—	—	0.14	0.14	—	26	0.14	0.13	0.16

（续）

村名称	平均值（克/千克）					样本数（个）	平均值（克/千克）	最小值（克/千克）	最大值（克/千克）
	一级	二级	三级	四级	五级				
友谊村	—	—	0.14	—	—	4	0.14	0.14	0.15
裕民村	—	—	0.16	0.19	0.18	19	0.18	0.12	0.22
增涵村	—	—	0.15	0.17	—	15	0.16	0.14	0.22
长利村	0.16	0.18	0.18	—	—	10	0.18	0.16	0.2
长山村	—	—	—	0.16	0.14	16	0.14	0.14	0.18
正本村	—	—	0.13	0.14	—	13	0.14	0.13	0.15
致富村	—	—	0.15	0.15	—	12	0.15	0.15	0.16
中和村	—	—	0.16	0.14	0.15	15	0.16	0.14	0.19
中心村	—	—	0.16	—	—	6	0.16	0.14	0.21
中星村	0.17	0.17	—	—	—	11	0.17	0.16	0.19
自卫村	—	0.16	0.17	—	—	17	0.16	0.15	0.17

附表 4-3　村级有机质养分含量统计

村名称	平均值（克/千克）					样本数（个）	平均值（克/千克）	最小值（克/千克）	最大值（克/千克）
	一级	二级	三级	四级	五级				
爱国村	—	—	28.3	28.27	—	17	28.29	27.3	29
安乐村	—	27.6	26.37	—	—	15	27.35	25.8	27.6
八里岗村	—	—	—	—	25.97	12	25.97	25.5	26.7
板子房村	—	—	27.4	27.52	—	8	27.49	26.8	27.9
宝利村	35.75	35.76	35.7	—	—	10	35.75	35.4	36.3
保安村	34.6	28.56	—	—	—	23	29.61	27.6	35
保国村	—	—	26.61	28.55	—	11	26.96	22.2	29.3
保田村	—	—	29.2	28.55	—	3	28.77	28.3	29.2
保星村	34.7	34.38	33.4	—	—	7	34.29	33.4	34.7
本利村	37.18	35.47	35.9	—	32.85	11	35.81	32.8	38.4
昌德村	—	—	26.83	26.14	26.5	30	26.49	25.6	28.4
承平村	—	—	—	26.42	—	18	26.42	25.6	27.3
大本村	—	—	—	27.76	—	16	27.76	26.9	28.9
德本村	—	—	29.17	28	27.7	14	28.21	26.6	30.6
德胜村	—	36.9	33.56	—	—	12	34.24	30.8	37.4
东清村	—	—	23.08	19.3	—	35	22.97	18	29.2
东升村	30.05	27.73	—	—	—	5	28.66	26.9	30.2

（续）

村名称	平均值（克/千克）					样本数（个）	平均值（克/千克）	最小值（克/千克）	最大值（克/千克）
	一级	二级	三级	四级	五级				
东星村	36.01	—	—	—	—	3	36.07	35.7	36.7
二村	—	—	—	—	26.22	14	26.22	25.6	27.3
二龙山村	—	—	—	—	29.35	10	29.35	27.1	32.3
二十五村	—	—	—	—	29.78	16	29.78	28.2	31.9
发展村	—	30.75	31.02	31.4	—	50	30.92	26.9	32.2
福民村	—	27.8	28.37	27.57	27.83	24	27.92	26.6	29.4
富本村	—	—	28.6	28.37	—	7	28.4	27.9	29.3
富强村	—	—	32.15	31.4	—	31	32.1	27.4	38.8
革命村	—	27.75	26.96	—	—	20	27.04	25.9	28.4
工农村	—	—	—	26.81	—	10	26.81	25.9	27.6
巩固村	—	27.3	27.9	—	—	3	27.5	27.2	27.9
光明村	—	30.54	30.7	—	—	9	30.58	29.5	31.9
合力村	—	—	29.35	29.18	27.79	26	28.76	25.3	30.4
和平村	—	—	29.93	27.43	—	9	28.27	26.7	30.6
和星村	34.2	33.72	—	—	—	7	33.85	32.4	34.7
黑鱼泡村	—	—	—	—	28.13	4	28.13	27.6	28.4
红旗村	—	—	—	25	24.73	8	24.76	24.6	25
红星村	—	—	31.92	27.75	—	9	30.07	24.4	36.8
火星村	—	26.33	25.75	24.9	—	17	25.77	24.3	27.3
吉利村	—	34.38	28.65	26.32	—	25	29.33	26	35
吉庆村	—	—	28.7	—	—	7	28.7	26.4	32.6
吉星村	35.1	35.04	—	—	—	11	35.05	34.2	35.7
建设村	—	—	27.09	26.79	—	26	26.87	26.4	27.4
金星村	35.75	—	—	—	—	2	35.75	35.2	36.3
久星村	34.1	34.81	34.88	—	—	23	34.63	32.3	35.4
巨宝村	—	—	—	26.24	26.6	15	26.43	25.7	27
巨星村	34.85	35	—	—	—	9	34.93	34.6	35.4
劳动村	—	—	27.02	26.06	—	19	26.52	25.3	27.4
黎明村	—	31.1	27.63	—	—	7	29.11	27	33.6
立功村	—	—	26.85	26.67	—	41	26.75	26.2	27.2
立志村	44.8	39.07	32.83	—	—	34	34.82	30.5	46.3
利民村	—	36.2	34.33	31.37	32.68	16	33.73	30.3	37.1
联合村	—	35.55	33.15	32.73	—	20	33.57	32.1	36.2
龙德村	—	—	26.5	26.69	—	56	26.64	25.5	27.5

（续）

村名称	平均值（克/千克）					样本数（个）	平均值（克/千克）	最小值（克/千克）	最大值（克/千克）
	一级	二级	三级	四级	五级				
龙华村	—	—	26.21	25.23	25.1	24	25.51	24.6	27.2
龙山村	—	—	20.43	—	—	12	20.43	18.3	23.8
隆星村	34.8	35.13	34.6			5	34.96	34.6	35.7
民生村	28	28	27.97	—		7	27.99	27.3	28.5
明星村	—	—	35.1			1	35.1	35.1	35.1
南来村	33.3		—			5	33.3	32.3	34.8
农义村	—	—	28.28	—	—	4	28.28	26.8	30.2
青龙河村	—			26.55	26.94	10	26.86	26.4	27.5
青龙山村	28.17	28.05	27.2	—		17	28.02	27	29.6
青山村			26.6	27.7		22	26.23	24.3	28.7
庆丰村	—	—	—	28.72	29.9	7	29.23	27.7	30.6
庆新村	—		26.64	26.72	26.39	47	26.63	26	27.8
仁合村	—	30.6	29.71	—	—	19	29.75	28.4	31.7
任民村				28.7	27.7	19	28.54	26.4	30.1
三岔河村	—	—	—	—	27.77	3	27.77	27.5	27.9
三胜村	—	36.3	33.04			12	34.4	28.2	37.3
胜利村	—	33.95	32.53			17	33.45	31.3	35.5
十八村	—		—		29.86	14	29.86	27.2	31.7
曙光村	—		28.95	29.37	29.32	19	29.11	28.1	31.9
双山村	—	29.1	28.93		—	10	29	26.9	31.7
双兴村					27.08	29	27.08	25.6	31.4
四合村	—	—	29.87	—	—	3	29.87	27.5	31.6
太平村	—	29.1	29.36	28.13	—	42	28.74	27.9	30.8
铁西村	—	33.37	32.57	34.1		45	32.85	29.3	36.5
团结村	—	35.36	32.07			39	34.77	28.9	38.8
文化村	—	34.97	33.25	33.39	—	23	33.52	32.7	35.7
五撮房村	35.04	—				8	35.04	31.3	40.3
向前村	36.1	36.29	36.1	—		10	36.25	35.6	37.2
新发村	34.97	33.7	33.3			7	34.07	32.8	36
新合村	28.96	29.28	28	—	—	21	28.96	27.5	30.8
新建村	—	28.8	27.82			23	28.12	27.1	29.3
新民村	—	—	26.62	27.43	27.13	21	27.1	26.1	28.3
新青村	—	33.72	29.49	—	—	17	31.73	27.9	35.1
新兴村	35.2	34.95	33.45			5	34.4	33.4	35.4

（续）

村名称	平均值（克/千克）					样本数（个）	平均值（克/千克）	最小值（克/千克）	最大值（克/千克）
	一级	二级	三级	四级	五级				
新义村	—	—	—	30.31	30.5	12	30.34	28.2	31.4
信本村	—	—	29.55			4	29.55	29.5	29.7
兴晨村	—	—	30.23	—		23	30.23	28.6	33.3
兴华村	—	34.36	30	29.97	—	72	30.3	28.1	37.4
兴胜村	—	—	32.42	29.5		12	32.18	29.5	35.1
兴业村	—	—	30.57	29.9	—	20	30.54	29.6	31.6
幸福村	28.1	28.44	28.06	—		11	28.24	27	28.9
一心村	—	—	29.67	29.66	30.16	22	29.89	28.1	30.8
拥护村	—	—	30.36	—		9	30.36	27.8	32.4
永福村	—	—	26.88	26.82		23	26.85	26.1	27.4
永富村	34.2	30.9	30.23			5	31.16	29	34.2
永合村	38.8	36.47	33.1	33	—	9	34.84	32.5	38.8
永平村	—	—	29.75	28.6	28.4	22	29.31	28	31.7
永生村	—	—	29.35	27.61	27.9	22	27.78	25.6	30.5
永兴村	—	—	26.42	26.21		26	26.28	25.6	26.9
友谊村	—	—	36.08	—		4	36.08	34.1	37.3
裕民村	—	—	29.32	28.18	28.3	19	28.49	26.5	30.1
增涵村	—	—	28.55	28.2	—	15	28.34	28	29
长利村	37.95	36.07	36.6	—		10	36.55	35.4	38.3
长山村	—	—	—	27.85	27.64	16	27.66	27.1	28.1
正本村	—	—	28.92	29.38		13	29.24	28.7	29.8
致富村	—	—	28.93	29.4		12	28.97	27	31
中和村	—	—	29.05	28.43	29.2	15	28.93	28.4	29.5
中心村	—	—	27.82	—		6	27.82	27.2	28.8
中星村	35.7	35.23	—	—		11	35.27	34.8	35.7
自卫村	—	28.89	28.2	—		17	28.56	26.5	31.1

附表 4-4　村级有效磷养分含量统计

村名称	平均值（毫克/千克）					样本数（个）	平均值（毫克/千克）	最小值（毫克/千克）	最大值（毫克/千克）
	一级	二级	三级	四级	五级				
爱国村	—	—	12.81	11.43		17	12.57	10.6	14.9
安乐村	—	12.6	11.6	—		15	12.4	11.1	12.6
八里岗村	—	—	—	—	20.74	12	20.74	19	22.6
板子房村	—	—	12.95	11.38		8	11.78	10.9	13.6

（续）

村名称	平均值（毫克/千克）					样本数（个）	平均值（毫克/千克）	最小值（毫克/千克）	最大值（毫克/千克）
	一级	二级	三级	四级	五级				
宝利村	29.75	27.86	29.3	—	—	10	28.38	26	30.7
保安村	12	13.19	—	—	—	23	12.99	10.1	14.4
保国村	—	—	21.83	22.05	—	11	21.87	18.4	25
保田村	—	—	12.1	14.3	—	3	13.57	12.1	15
保星村	23.8	21.76	18.5	—	—	7	21.59	18.5	24.1
本利村	31.9	29.9	31.2	—	18.05	11	28.78	17.9	32.7
昌德村	—	—	14.33	12.54	11.8	30	13.41	11.8	18.4
承平村	—	—	—	12.72	—	18	13.72	12.2	13.2
大本村	—	—	—	15.18	—	16	15.18	14.4	16.1
德本村	—	—	14.23	13.49	14.25	14	13.76	11.9	15.3
德胜村	—	16.07	14.2	—	—	12	14.67	13	16.5
东清村	—	—	23.03	27.2	—	35	23.15	18.4	27.3
东升村	14.2	12.53	—	—	—	5	13.2	12.4	14.3
东星村	25.57	—	—	—	—	3	25.57	25.2	26.2
二村	—	—	—	—	13.89	14	13.89	13.4	14.4
二龙山村	—	—	—	—	14.38	10	14.38	12.9	15.9
二十五村	—	—	—	—	14.41	16	14.41	12.3	17.5
发展村	—	14.87	14.46	16.2	—	50	14.66	8.6	20.8
福民村	—	11.95	11.51	12.02	11.1	24	11.71	9.5	12.9
富本村	—	—	14.9	14.98	—	7	14.97	14.2	15.5
富强村	—	—	15.36	11.05	—	31	15.08	9.5	21
革命村	—	29.65	23.74	—	—	20	24.34	19	29.7
工农村	—	—	—	10.74	—	10	10.74	10.1	12.4
巩固村	—	25.55	18.8	—	—	3	23.3	18.8	26.5
光明村	—	17.61	15.6	—	—	9	17.17	12.5	20.6
合力村	—	—	12.55	11.98	10.65	26	11.61	10	13.3
和平村	—	—	14.77	11.52	—	9	12.6	10.5	19.3
和星村	24.25	24.12	—	—	—	7	24.16	23.1	25.5
黑鱼泡村	—	—	—	—	11.95	4	11.95	11.8	12.1
红旗村	—	—	—	14.3	12.81	8	13	12	14.3
红星村	—	—	11.98	12.43	—	9	12.18	10.3	15.2
火星村	—	13.09	11.8	10.58	—	17	12.05	10.1	14.7
吉利村	—	17.88	12.74	11.08	—	25	13.44	10.6	18.5
吉庆村	—	—	13.61	—	—	7	13.61	11.7	16.7

（续）

村名称	平均值（毫克/千克）					样本数（个）	平均值（毫克/千克）	最小值（毫克/千克）	最大值（毫克/千克）
	一级	二级	三级	四级	五级				
吉星村	25.3	24.2	—			11	24.4	20.2	28.3
建设村	—	—	12.34	12.51	—	26	12.47	11.9	12.9
金星村	25.55	—	—	—	—	2	25.55	25.5	25.6
久星村	27.1	25.84	25.1	—		23	26.04	23.6	29.5
巨宝村	—	—	—	13.13	12.79	15	12.95	11.8	13.8
巨星村	25.58	25.16				9	25.34	24.6	26.4
劳动村	—	—	14.65	9.62		19	12.01	804	21.5
黎明村	—	16	14.45			7	15.11	11.8	21.5
立功村	—	—	12.29	12.43		41	12.36	11.5	13
立志村	11.25	11.79	11.19	—		34	11.32	8.5	14.8
利民村	—	25.6	21.7	15.9	16.98	16	20.11	14.6	27.9
联合村	—	27.18	23.59	23.07		20	24.23	21.3	30.1
龙德村	—	—	11.9	11.83		56	11.85	11.5	13.5
龙华村	—	—	22.47	16.16	17	24	18.04	12.1	27.7
龙山村	—	—	27.26			12	27.26	23.1	29.4
隆星村	24.6	24.83	24.4			5	24.7	24.2	26
民生村	28.5	27.27	25.6			7	26.73	24	28.6
明星村	—	—	25.4			1	25.4	25.4	25.4
南来村	16.18	—	—			5	16.18	12.9	18.6
农义村	—	—	11.85			4	11.85	10.1	12.9
青龙河村	—	—	—	14.35	12.92	10	13.21	11.7	14.5
青龙山村	17.27	16.48	21.4	—	—	17	16.91	13	23.2
青山村	—	—	24.41	18.5		22	24.15	17	29.7
庆丰村	—	—	—	11.18	11.63	7	11.37	10.6	12.1
庆新村	—	—	12.46	12.65	12.16	47	12.49	11.9	15.2
仁合村	—	14.6	14.86	—	—	19	14.85	13.1	17.3
任民村	—	—	—	12.58	11.8	19	12.46	10.3	15.1
三岔河村	—	—	—	—	13.1	3	13.1	13	13.2
三胜村	—	15.2	16.14			12	15.75	12.9	17.7
胜利村	—	13.33	9.37	—	—	17	11.93	8.3	14.9
十八村	—	—	—	—	13.25	14	13.25	12.6	13.7
曙光村	—	—	13.49	10.73	10.58	19	12.29	9.4	14.8
双山村	—	21.8	16	—	—	10	18.32	12.5	27
双兴村					13.75	29	13.75	12.2	15.1

（续）

村名称	平均值（毫克/千克）					样本数（个）	平均值（毫克/千克）	最小值（毫克/千克）	最大值（毫克/千克）
	一级	二级	三级	四级	五级				
四合村	—	—	13.87	—	—	3	13.87	12.6	15.2
太平村	—	15.8	16.04	13.93	—	42	14.97	13.4	19.3
铁西村	—	12.39	10.26	11.55	—	45	10.89	8.1	15.2
团结村	—	14.61	15.44	—	—	39	14.76	11.3	20.3
文化村	—	28.6	30.5	26.6	—	23	24.71	22.2	30.5
五撮房村	13.32	—	—	—	—	8	13.32	11.8	16.8
向前村	29	28.42	29.2	—	—	10	28.56	24.7	30.5
新发村	30.5	27.6	23.2	—	—	7	26.96	21.7	32.1
新建村	—	11.07	13.56	—	—	23	12.8	9	17.7
新民村	—	—	14.24	12.1	12.81	21	12.95	11.4	15.1
新青村	—	15.72	18.01	—	—	17	16.8	12.2	20.9
新兴村	33.7	31.8	26	—	—	5	29.86	25.3	33.7
新义村	—	—	—	12.19	11.95	12	12.15	11.5	12.6
信本村	—	—	14.15	—	—	4	14.15	14	14.1
兴晨村	—	—	13.33	—	—	23	13.33	11.2	14.3
兴华村	—	15.48	15.52	13.37	—	72	15.43	12.4	19.3
兴胜村	—	—	15.07	13.9	—	12	14.98	13.9	16.9
兴业村	—	—	14.17	14	—	20	14.16	12.1	17.1
幸福村	10.8	10.56	10.04	—	—	11	10.35	8.9	11.4
一心村	—	—	13.53	11.5	12.06	22	12.03	11	14.6
拥护村	—	—	16.51	—	—	9	16.51	11.4	19.5
永福村	—	—	14.54	13.72	—	23	14.07	13.2	17.3
永富村	17.6	11	13	—	—	5	13.52	11	17.6
永合村	34.1	28.23	19.88	19	—	9	24.14	19	34.1
永平村	—	—	13.82	12.78	13.5	22	13.51	12.7	16.3
永生村	—	—	13.9	11.89	11	22	12.03	10	15.5
永兴村	—	—	11.83	12.12	—	26	12.02	11.83	12.12
友谊村	—	—	16.02	—	—	4	16.02	15.7	16.6
裕民村	—	—	13.94	12	11.6	19	12.47	10.6	16.1
增涵村	—	—	14.87	11.39	—	15	12.78	9.3	15.6
长利村	30.4	27.08	27.85	—	—	10	27.9	25.8	31.4
长山村	—	—	—	11.55	12.06	16	12	11.4	12.4
正本村	—	—	14.68	13.81	—	13	14.08	12.6	15.4
致富村	—	—	17.82	13.1	—	12	17.42	13.1	22.6

（续）

村名称	平均值（毫克/千克）					样本数（个）	平均值（毫克/千克）	最小值（毫克/千克）	最大值（毫克/千克）
	一级	二级	三级	四级	五级				
中和村	—	—	12.97	11.3	13.4	15	12.67	10.8	13.6
中心村	—	—	13.83			6	13.83	12.6	16.9
中星村	26	25.76	—			11	25.78	25.3	27
自卫村	—	26.92	24.1	—	—	17	25.59	16.8	29.8

附表 4-5　村级有效钾养分含量统计

村名称	平均值（毫克/千克）					样本数（个）	平均值（毫克/千克）	最小值（毫克/千克）	最大值（毫克/千克）
	一级	二级	三级	四级	五级				
爱国村	—	—	204.21	194	—	17	202.41	190	221
安乐村	—	197	189.33			15	195.47	188	197
八里岗村	—	—	—	—	149.5	12	149.5	147	153
板子房村	—	—	178.5	175.17		8	176	173	179
宝利村	231.5	229.6	230	—	—	10	230	227	234
保安村	198.5	192	—	—		23	193.13	177	201
保国村	—	—	207.78	205	—	11	207.27	198	219
保田村	—	—	189	168.5		3	175.33	164	189
保星村	246	243.6	238	—		7	243.14	238	247
本利村	230.8	226	222	—	204.5	11	223.91	204	235
昌德村	—	—	175.13	166.5	166	30	170.8	162	185
承平村	—	—	—	183.61		18	183.61	178	199
大本村	—	—	—	183.63		16	183.63	178	188
德本村	—	—	190.33	194.78	190	14	193.14	181	226
德胜村	—	206.67	217.56	—		12	214.83	204	228
东清村	—	—	215.5	216		35	215.51	203	224
东升村	203.5	200.33	—	—	—	5	201.6	194	211
东星村	251.33	—				3	251.33	248	255
二村	—	—	—	—	184.36	14	184.36	181	187
二龙山村	—	—	—	—	184.5	10	184.5	180	187
二十五村	—	—	—	—	182.38	16	182.38	179	188
发展村	—	190.05	190.41	191		50	190.28	182	209
福民村	—	194	184.56	182.2	173.67	24	183	167	195
富本村	—	—	182	184.67		7	184.29	180	188
富强村	—	—	197.97	197.5	—	31	197.94	178	226
革命村	—	161.5	182.61	—		20	171.5	156	181

（续）

村名称	平均值（毫克/千克）					样本数（个）	平均值（毫克/千克）	最小值（毫克/千克）	最大值（毫克/千克）
	一级	二级	三级	四级	五级				
工农村	—	—	—	241.8	—	10	241.8	235	245
巩固村	—	198	193	—	—	3	196.33	193	199
光明村	—	196.86	185.5	—	—	9	194.33	181	207
合力村	—	—	222.5	217.3	214.38	26	216.69	201	239
和平村	—	—	243.67	246.5	—	9	245.56	243	248
和星村	246.5	245.8	—	—	—	7	246	242	250
黑鱼泡村	—	—	—	—	155.25	4	155.25	153	159
红旗村	—	—	—	152	160.57	8	159.5	152	165
红星村	—	—	182.8	182.5	—	9	182.67	180	188
火星村	—	199.25	195.75	194.6	—	17	197.06	192	202
吉利村	—	231	204.8	195.4	—	25	208.16	191	236
吉庆村	—	—	204.43	—	—	7	204.43	192	220
吉星村	251.5	247.67	—	—	—	11	248.36	243	256
建设村	—	—	174.86	169.21	—	26	170.73	162	182
金星村	262	—	—	—	—	2	262	261	263
久星村	244.17	248.08	248.25	—	—	23	247.09	236	257
巨宝村	—	—	—	170.14	173	15	171.67	164	181
巨星村	253.5	250.6	—	—	—	9	251.89	247	257
劳动村	—	—	191.56	175.3	—	19	183	170	198
黎明村	—	193.3	181.5	—	—	7	186.57	171	195
立功村	—	—	169.79	168.23	—	41	168.95	165	172
立志村	199	194	186.16	—	—	34	188.53	181	201
利民村	—	219.5	212	215	205.3	16	21.31	201	227
联合村	—	217	200.92	199.67	—	20	203.95	196	228
龙德村	—	—	167.87	167.15	—	56	167.34	165	174
龙华村	—	—	210.29	179.56	180	24	188.54	161	226
龙山村	—	—	214.83	—	—	12	214.83	208	225
隆星村	232	222	229	—	—	5	225.4	220	232
民生村	183	186.67	183.33	—	—	7	184.29	177	188
明星村	—	—	247	—	—	1	247	247	247
南来村	217.8	—	—	—	—	5	217.8	213	227
农义村	—	—	190.5	—	—	4	190.5	185	196
青龙河村	—	—	—	158	162	10	158.4	155	162
青龙山村	202	200.08	206	—	—	17	200.76	186	206

（续）

村名称	平均值（毫克/千克）					样本数（个）	平均值（毫克/千克）	最小值（毫克/千克）	最大值（毫克/千克）
	一级	二级	三级	四级	五级				
青山村	—	—	210.14	201	—	22	209.73	193	224
庆丰村	—	—	—	229.5	212.67	7	222.29	203	238
庆新村	—	—	171.1	170.42	162.5	47	169.36	161	183
仁合村	—	210	209.56	—	—	19	209.58	192	229
任民村	—	—	—	218.81	219	19	218.84	202	243
三岔河村	—	—	—	—	171.67	3	171.67	153	181
三胜村	—	209.2	199.57	—	—	12	203.58	182	214
胜利村	—	183.09	187.83	—	—	17	184.76	180	193
十八村	—	—	—	—	184.14	14	184.14	182	186
曙光村	—	—	189.45	181	180.6	19	185.79	176	195
双山村	—	195.5	189	—	—	10	191.6	185	202
双兴村	—	—	—	—	185.93	29	185.93	183	190
四合村	—	—	216	—	—	3	216	202	225
太平村	—	178	179.53	165.95	—	42	172.67	161	195
铁西村	—	185.92	184.45	182.5	—	45	184.76	177	200
团结村	—	188.16	189.86	—	—	39	188.46	183	199
文化村	—	216	204.23	205	—	23	206	200	220
五撮房村	201.5	—	—	—	—	8	201.5	195	215
向前村	229	221.62	224	—	—	10	222.6	210	230
新发村	235.33	238	238.33	—	—	7	237	232	241
新合村	181.56	186.33	183.67	—	—	21	183.9	175	205
新建村	—	173.57	176	—	—	23	175.26	167	187
新民村	—	—	193.4	183.67	186.7	21	187.43	178	203
新青村	—	190	192.5	—	—	17	191.18	179	199
新兴村	228	232	235.5	—	—	5	232.6	228	236
新义村	—	—	—	224	210	12	221.67	205	241
信本村	—	—	187.5	—	—	4	187.5	187	188
兴晨村	—	—	208.52	—	—	23	208.52	197	221
兴华村	—	212	191.45	209	—	72	193.61	175	222
兴胜村	—	—	221.82	221	—	12	221.75	204	252
兴业村	—	—	206.58	221	—	20	207.3	189	225
幸福村	208	199.4	190.8	—	—	11	196.27	174	208
一心村	—	—	222.67	213.22	210.6	22	213.32	197	237
拥护村	—	—	196.44	—	—	9	196.44	190	201

（续）

村名称	平均值（毫克/千克）					样本数（个）	平均值（毫克/千克）	最小值（毫克/千克）	最大值（毫克/千克）
	一级	二级	三级	四级	五级				
永福村	—	—	177.4	173.31	—	23	175	169	185
永富村	228	206	205	—	—	5	209.8	196	228
永合村	233	233.33	224	204	—	9	225.89	204	240
永平村	—	—	243.5	244.5	248	22	244.18	240	248
永生村	—	—	197.5	217.63	204	22	215.18	195	244
永兴村	—	—	167.56	168.59	—	26	168.23	162	174
友谊村	—	—	190		—	4	190	185	196
裕民村	—	—	227.8	222.33	217	19	223.21	203	245
增涵村	—	—	173.5	173.33	—	15	173.4	169	177
长利村	228.5	227.67	228.5	—	—	10	228	226	229
长山村	—	—	—	170.5	166.21	16	166.75	162	178
正本村	—	—	178.25	179.11	—	13	178.85	177	180
致富村	—	—	205.36	189	—	12	204	188	226
中和村	—	—	189	179	186	15	186.8	177	200
中心村	—	—	188.17	—	—	6	188.17	186	196
中星村	226	238.1	—	—	—	11	237	224	246
自卫村	—	162.56	172.62	—	—	17	167.29	156	186

附表 4-6　村级有效锌养分含量统计

村名称	平均值（毫克/千克）					样本数（个）	平均值（毫克/千克）	最小值（毫克/千克）	最大值（毫克/千克）
	一级	二级	三级	四级	五级				
爱国村	—	—	1.41	1.32	—	17	1.39	1.2	1.6
安乐村	—	1.4	1.42	—	—	15	1.41	1.39	1.43
八里岗村	—	—	—	—	1.57	12	1.57	1.3	1.83
板子房村	—	—	1.32	1.38	—	8	1.37	1.29	1.45
宝利村	2.01	2.05	2.08	—	—	10	2.05	1.91	2.18
保安村	1.35	1.03	—	—	—	23	1.09	0.856	1.672
保国村	—	—	1.45	1.33	—	11	1.43	1.22	1.55
保田村	—	—	1.39	1.08	—	3	1.19	1	1.39
保星村	1.77	1.83	1.51	—	—	7	1.77	1.51	1.93
本利村	2.12	2.08	1.92	—	1.42	11	1.97	1.4	2.18
昌德村	—	—	1.38	1.22	1.2	30	1.29	1.12	1.73
承平村	—	—	—	1.24	—	18	1.24	1.18	1.31
大本村	—	—	—	1.77	—	16	1.77	1.62	1.95

（续）

村名称	平均值（毫克/千克）					样本数（个）	平均值（毫克/千克）	最小值（毫克/千克）	最大值（毫克/千克）
	一级	二级	三级	四级	五级				
德本村	—	—	1.55	1.4	1.34	14	1.45	1.16	1.97
德胜村	—	1.61	1.62	—	—	12	1.62	1.31	1.72
东清村	—	—	1.73	2.07	—	35	1.74	1.33	2.07
东升村	1.28	0.98	—	—	—	5	1.1	0.89	1.29
东星村	1.81	—	—	—	—	3	1.81	1.76	1.86
二村	—	—	—	—	1.39	14	1.39	1.08	1.55
二龙山村	—	—	—	—	1.43	10	1.43	1.17	1.78
二十五村	—	—	—	—	1.68	16	1.68	1.51	1.84
发展村	—	1.41	1.39	1.48	—	50	1.41	1.03	1.68
福民村	—	1.54	1.46	1.31	1.26	24	1.38	0.98	1.6
富本村	—	—	1.65	1.55	—	7	1.56	1.34	1.8
富强村	—	—	1.34	1.12	—	31	1.33	0.91	1.74
革命村	—	1.86	1.7	—	—	20	1.71	1.44	2.04
工农村	—	—	—	0.96	—	10	0.96	0.84	1.06
巩固村	—	1.29	1.6	—	—	3	1.39	1.25	1.6
光明村	—	1.32	1.15	—	—	9	1.28	1.08	1.52
合力村	—	—	0.99	1.09	1.05	26	1.07	0.76	1.22
和平村	—	—	1.41	1.24	—	9	1.29	1.11	1.5
和星村	1.89	1.9	—	—	—	7	1.89	1.73	2.04
黑鱼泡村	—	—	—	—	1.28	4	1.28	1.24	1.29
红旗村	—	—	—	1.27	1.19	8	1.2	1.03	1.32
红星村	—	—	1.76	1.63	—	9	1.7	1.41	1.86
火星村	—	1.25	1.38	1.29	—	17	1.29	1.04	1.4
吉利村	—	2.01	1.2	0.86	—	25	1.29	0.79	2.12
吉庆村	—	—	1.39	—	—	7	1.39	1.08	1.79
吉星村	1.86	1.95	—	—	—	11	1.93	1.77	2.18
建设村	—	—	1.5	1.29	—	26	1.35	1.02	1.63
金星村	1.85	—	—	—	—	2	1.85	1.76	1.94
久星村	2.13	2.01	1.73	—	—	23	1.99	1.66	2.192
巨宝村	—	—	—	1.31	1.24	15	1.27	1.09	1.41
巨星村	1.87	1.92	—	—	—	9	1.9	1.73	1.97
劳动村	—	—	1.61	1.56	—	19	1.58	1.34	1.9
黎明村	—	1.22	1.53	—	—	7	1.8	1.18	1.96
立功村	—	—	1.18	1.17	—	41	1.17	1.04	1.28

（续）

村名称	平均值（毫克/千克）					样本数（个）	平均值（毫克/千克）	最小值（毫克/千克）	最大值（毫克/千克）
	一级	二级	三级	四级	五级				
立志村	0.99	1.07	1.19	—	—	34	1.16	0.95	1.34
利民村	—	1.75	1.69	1.21	1.25	16	1.47	1.1	1.98
联合村	—	1.91	2.06	1.99	—	20	2.02	1.7	2.16
龙德村	—	—	1.14	1.08	—	56	1.09	0.9	1.42
龙华村	—	—	1.64	1.37	1.5	24	1.45	1.04	1.66
龙山村	—	—	1.63			12	1.63	1.24	1.89
隆星村	1.77	1.83	1.75	—	—	5	1.8	1.75	1.89
民生村	1.48	1.49	1.65			7	1.55	1.35	1.7
明星村	—	—	1.71			1	1.71	1.71	1.71
南来村	1.84	—	—			5	1.84	1.51	2.24
农义村	—	—	1.6	—		4	1.6	1.44	1.74
青龙河村	—	—	—	1.04	1.18	10	1.15	1.02	1.46
青龙山村	1.21	1.1	1.33	—	—	17	1.13	0.83	1.48
青山村	—	—	1.62	1.47		22	1.61	1.45	1.94
庆丰村	—	—	—	1.08	1.06	7	1.07	0.91	1.18
庆新村	—	—	1.19	1.22	1.22	47	1.21	0.9	1.55
仁合村	—	1.98	1.77	—		19	1.78	1.37	1.98
任民村	—	—	—	1.4	1.38	19	1.4	0.99	1.54
三岔河村	—	—	—	—	1.32	3	1.32	1.21	1.39
三胜村	—	1.65	1.68	—	—	12	1.67	1.5	1.84
胜利村	—	1.23	1.16			17	1.21	1.07	1.4
十八村	—	—	—	—	1.33	14	1.33	1.05	1.64
曙光村	—	—	1.61	1.61	1.72	19	1.64	1.51	1.8
双山村	—	1.32	1.42			10	1.38	1.2	1.6
双兴村	—	—	—	—	1.31	29	1.31	0.95	1.53
四合村	—	—	1.48	—	—	3	1.48	1.21	1.76
太平村	—	1.71	1.57	1.03		42	1.31	0.88	1.76
铁西村	—	1.22	1.16	1.18		45	1.18	1.03	1.44
团结村	—	1.27	1.46	—		39	1.31	1.09	1.79
文化村	—	1.89	1.96	1.82	—	23	1.91	1.7	2.07
五撮房村	1.16	—	—			8	1.16	1.05	1.64
向前村	1.88	1.79	1.75	—		10	1.8	1.67	2.12
新发村	1.99	1.82	1.73	—		7	1.85	1.67	2.12
新合村	1.31	1.29	1.17			21	1.28	0.92	1.47

（续）

村名称	平均值（毫克/千克）					样本数（个）	平均值（毫克/千克）	最小值（毫克/千克）	最大值（毫克/千克）
	一级	二级	三级	四级	五级				
新建村	—	1.64	1.61	—	—	23	1.62	1.12	2.12
新民村	—	—	1.26	1.42	1.4	21	1.38	1.18	1.54
新青村	—	1.18	1.23	—	—	17	1.21	1.14	1.32
新兴村	2.35	2.1	1.86	—	—	5	2.05	1.84	2.35
新义村	—	—	—	1.04	1.07	12	1.04	0.91	1.14
信本村	—	—	1.65	—	—	4	1.59	1.54	1.65
兴晨村	—	—	1.5	—	—	23	1.5	1.17	1.71
兴华村	—	1.76	1.74	1.85	—	72	1.75	1.51	1.96
兴胜村	—	—	1.67	1.81	—	12	1.68	1.64	1.81
兴业村	—	—	1.81	1.84	—	20	1.81	1.62	2.03
幸福村	1.98	1.79	1.76	—	—	11	1.79	1.58	2.07
一心村	—	—	1.15	1.02	1.09	22	1.07	0.86	1.22
拥护村	—	—	1.51	—	—	9	1.51	1.4	1.66
永福村	—	—	1.47	1.42	—	23	1.44	1.33	1.64
永富村	1.84	1.21	1.19	—	—	5	1.33	1	1.84
永合村	2.19	1.85	1.74	1.78	—	9	1.83	1.56	2.19
永平村	—	—	1.36	1.22	1.21	22	1.31	1.14	1.6
永生村	—	—	1.59	1.33	1.4	22	1.36	0.828	1.664
永兴村	—	—	1.29	1.25	—	26	1.26	1.14	1.47
友谊村	—	—	1.7	—	—	4	1.7	1.55	1.79
裕民村	—	—	1.41	1.38	1.43	19	1.39	1.2	1.63
增涵村	—	—	1.56	1.3	—	15	1.41	1.2	1.67
长利村	2.08	1.99	1.9	—	—	10	1.99	1.89	2.15
长山村	—	—	—	1.51	1.54	16	1.54	1.37	1.6
正本村	—	—	1.8	1.75	—	13	1.76	1.44	2.02
致富村	—	—	1.39	1.78	—	12	1.42	1.05	1.78
中和村	—	—	1.6	1.44	1.56	15	1.57	1.37	1.72
中心村	—	—	1.18	—	—	6	1.18	0.98	1.56
中星村	1.8	2.04	—	—	—	11	2.02	1.8	2.21
自卫村	—	1.92	1.81	—	—	17	1.87	1.62	2.15

附表 4-7 村级 pH 统计

村名称	平均值					样本数（个）	平均值	最小值	最大值
	一级	二级	三级	四级	五级				
爱国村	—	—	8.79	9	—	17	8.83	8.3	9.3
安乐村	—	8.2	8.2	—	—	15	8.2	8.2	8.2
八里岗村	—	—	—	—	8.15	12	8.15	8.1	8.2
板子房村	—	—	8	8.97	—	8	8.73	8	9.7
宝利村	8.05	8.09	8.1	—	—	10	8.08	8	8.2
保安村	8.4	8.15	—	—	—	23	8.19	7.9	8.4
保国村	—	—	8.17	8.15	—	11	8.16	8.1	8.3
保田村	—	—	8.3	8.4	—	3	8.37	8.3	8.4
保星村	8.2	8.38	8.4	—	—	7	8.36	8.2	8.5
本利村	8.1	8.1	8.1	—	8.7	11	8.21	8.1	8.7
昌德村	—	—	8.44	8.54	8.7	30	8.5	8	8.9
承平村	—	—	—	8.16	—	18	8.16	8.1	8.2
大本村	—	—	—	8.3	—	16	8.3	8.2	8.4
德本村	—	—	8.27	8.31	8.2	14	8.29	8.2	8.7
德胜村	—	7.83	7.93	—	—	12	7.91	7.8	8
东清村	—	—	8.21	8.4	—	35	8.22	8	8.4
东升村	8.15	8.13	—	—	—	5	8.14	8	8.2
东星村	8.2	—	—	—	—	3	8.2	8.1	8.4
二村	—	—	—	—	8.66	14	8.66	8.3	9.1
二龙山村	—	—	—	—	8.95	10	8.95	8.7	9.1
二十五村	—	—	—	—	9.01	16	9.01	8.5	9.2
发展村	—	7.92	8.21	8.1	—	50	8.09	7.8	8.9
福民村	—	8	8.6	8.57	8.7	24	8.55	8	8.8
富本村	—	—	8.3	8.35	—	7	8.24	8.3	8.4
富强村	—	—	8.24	8.8	—	31	8.28	8	8.8
革命村	—	8.3	8.36	—	—	20	8.36	8.3	8.4
工农村	—	—	—	8.7	—	10	8.7	8.4	8.9
巩固村	—	8.3	8.4	—	—	3	8.33	8.3	8.4
光明村	—	8.01	8.1	—	—	9	8.03	7.6	8.1
合力村	—	—	8.5	8.68	8.83	26	8.71	8.2	8.9
和平村	—	—	8.83	8.8	—	9	8.81	8.8	8.9
和星村	8.3	8.36	—	—	—	7	8.34	8.3	8.5
黑鱼泡村	—	—	—	—	8.28	4	8.28	8.2	8.3
红旗村	—	—	—	8.5	8.46	8	8.46	8.4	8.5
红星村	—	—	8.12	8.1	—	9	8.11	8	8.3
火星村	—	8.19	8.2	8.2	—	17	8.19	8.1	8.3
吉利村	—	8.08	8.15	8.2	—	25	8.14	8	8.2

（续）

村名称	平均值					样本数（个）	平均值	最小值	最大值
	一级	二级	三级	四级	五级				
吉庆村	—	—	8.4	—	—	7	8.14	8.1	8.2
吉星村	8.35	8.22	—	—	—	11	8.25	7.8	8.5
建设村	—	—	8.57	8.53	—	26	8.54	8.5	8.6
金星村	8.15	—	—	—	—	2	8.15	8.11	8.2
久星村	8.3	8.32	8.15	—	—	23	8.28	7.9	8.5
巨宝村	—	—	—	9.19	9.16	15	9.17	9.1	9.2
巨星村	8.33	8.28	—	—	—	9	8.3	8	8.4
劳动村	—	—	8.08	8.19	—	19	8.14	8	8.3
黎明村	—	7.97	8.23	—	—	7	8.11	7.8	8.4
立功村	—	—	8.63	8.67	—	41	8.66	8.5	9
立志村	8.8	8.63	8.39	—	—	34	8.46	8.2	8.8
利民村	—	8	8.13	8.83	8.68	16	8.4	8	8.9
联合村	—	8.13	8.17	8.07	—	20	8.15	8	8.2
龙德村	—	—	8.56	8.59	—	56	8.58	8.5	8.9
龙华村	—	—	7.9	8.27	8.3	24	8.16	7.7	8.7
龙山村	—	—	7.86	—	—	12	7.86	7.7	8
隆星村	7.9	7.9	8.1	—	—	5	7.94	7.9	8.1
民生村	8.1	8.33	8.5	—	—	7	8.37	8.1	8.8
明星村	—	—	8.1	—	—	1	8.1	8.1	8.1
南来村	8.14	—	—	—	—	5	8.14	8	8.4
农义村	—	—	8.08	—	—	4	8.05	7.8	8.2
青龙河村	—	—	—	8.2	8.2	10	8.18	8.1	8.2
青龙山村	8.2	8.22	8.3	—	—	17	8.22	8.1	8.3
青山村	—	—	8.39	8.3	—	22	8.39	8.1	8.7
庆丰村	—	—	—	8.5	8.8	7	8.63	8.3	8.9
庆新村	—	—	8.6	8.65	8.7	47	8.64	8.1	8.9
仁合村	—	7.5	7.81	—	—	19	7.79	7.5	8
任民村	—	—	—	8.62	8.27	19	8.56	7.8	8.9
三岔河村	—	—	—	—	8.6	3	8.6	8.4	8.7
三胜村	—	7.78	7.83	—	—	12	7.81	7.5	8
胜利村	—	8.2	8.43	—	—	17	8.28	8.2	8.7
十八村	—	—	—	—	8.95	14	8.95	8.7	9.1
曙光村	—	—	8.47	8.87	8.62	19	8.57	8.2	9.3
双山村	—	8.25	8.3	—	—	10	8.28	8.2	8.5
双兴村	—	—	—	—	9.09	29	9.09	8.7	9.2
四合村	—	—	8.1	—	—	3	8.1	8.1	8.1
太平村	—	8.25	8.29	8.37	—	42	8.33	8	8.5

（续）

村名称	平均值					样本数（个）	平均值	最小值	最大值
	一级	二级	三级	四级	五级				
铁西村	—	8.12	8.42	8.2	—	45	8.33	7.8	8.9
团结村	—	8.26	8.23	—	—	39	8.25	7.9	8.8
文化村	—	8.1	8.04	8.09	—	23	8.06	8	8.1
五撮房村	8.38	—	—	—	—	8	8.38	8.2	8.8
向前村	8.2	8.06	8.1	—	—	10	8.08	8	8.2
新发村	8.03	8.2	8.23	—	—	7	8.14	7.9	8.3
新合村	8.2	8.26	8.2	—	—	21	8.22	8.2	8.6
新建村	—	8.29	8.18	—	—	23	8.21	8.1	8.3
新民村	—	—	9.02	9.1	9.07	21	9.07	9	9.1
新青村	—	8.24	8.16	—	—	17	8.21	8.1	8.3
新兴村	8	8.05	8.4	—	—	5	8.18	8	8.5
新义村	—	—	—	8.77	8.75	12	8.77	8.7	8.9
信本村	—	—	8.3	—	—	4	8.3	8.3	8.3
兴晨村	—	—	8.43	—	—	23	8.43	8.3	8.7
兴华村	—	7.78	7.84	7.9	—	72	7.84	7.5	8.4
兴胜村	—	—	7.93	7.9	—	12	7.92	7.8	8
兴业村	—	—	7.86	7.9	—	20	7.86	7.7	7.9
幸福村	8	8.08	8.08	—	—	11	8.07	8	8.1
一心村	—	—	8.77	8.79	8.71	22	8.75	8.7	8.9
拥护村	—	—	8.1	—	—	9	8.1	8	8.3
永福村	—	—	8.55	8.62	—	23	8.59	8.2	8.7
永富村	8.2	8.5	8.13	—	—	5	8.22	8.1	8.5
永合村	8.1	8.1	8.45	8.2	—	9	8.27	8	8.9
永平村	—	—	8.86	8.83	8.8	22	8.85	8.8	8.9
永生村	—	—	8.3	8.59	8.9	22	8.58	8.3	8.9
永兴村	—	—	8.53	8.52	—	26	8.53	8.5	8.7
友谊村	—	—	8	—	—	4	8	8	8
裕民村	—	—	8.72	8.56	8.7	19	8.62	8	8.9
增涵村	—	—	8.33	8.57	—	15	8.47	8.1	8.6
长利村	8.1	8.17	8.2	—	—	10	8.16	8.1	8.2
长山村	—	—	—	9.1	9.2	16	9.19	9.1	9.2
正本村	—	—	8.2	8.27	—	13	8.25	8.1	8.4
致富村	—	—	8.28	8.2	—	12	8.28	8.1	8.8
中和村	—	—	8.4	8.6	8.4	15	8.44	8.3	8.6
中心村	—	—	8.17	—	—	6	8.17	8.1	8.2
中星村	7.9	8.24	—	—	—	11	8.21	7.9	8.4
自卫村	—	8.38	8.38	—	—	17	8.38	8.2	8.4

主 要 参 考 文 献

黄绍文，2001. 土壤养分空间变异与分区管理技术研究 ［D］. 北京：中国农业科学院．

鲁如坤，刘鸿翔，闻大中，等，1996. 中国典型地区农业生态系统养分循环和平衡研究Ⅳ. 农田养分平衡的评价方法和原则 ［J］. 土壤通报，27（5）：197－199.

孟庆喜，1986. 田间试验与统计分析 ［M］. 哈尔滨：黑龙江朝鲜民族出版社．

南京农业大学，1994. 土壤农化分析 ［M］. 北京：中国农业出版社．

张炳宁，彭世琪，张月平，2008. 县域耕地资源管理信息字典 ［M］. 北京：中国农业出版社．

张福锁，陈新平，2009. 中国主要作物施肥指南北京 ［M］. 北京：中国农业大学出版社．

张福锁，等，2005. 测土配方施肥技术要览 ［M］. 北京：中国农业大学出版社．

图书在版编目（CIP）数据

黑龙江省安达市耕地地力评价 / 王志贵主编 . —北
京：中国农业出版社，2020.5
ISBN 978 - 7 - 109 - 26617 - 9

Ⅰ.①黑… Ⅱ.①王… Ⅲ.①耕作土壤-土壤
肥力-土壤调查-安达②耕作土壤-土壤评价-安达
Ⅳ.①S159.235.4②S158

中国版本图书馆 CIP 数据核字（2020）第 032438 号

中国农业出版社出版

地址：北京市朝阳区麦子店街 18 号楼
邮编：100125
责任编辑：杨桂华　廖　宁
版式设计：王　晨　　责任校对：赵　硕
印刷：中农印务有限公司
版次：2020 年 5 月第 1 版
印次：2020 年 5 月北京第 1 次印刷
发行：新华书店北京发行所
开本：787mm×1092mm　1/16
印张：15.75　插页：10
字数：400 千字
定价：108.00 元

版权所有·侵权必究

凡购买本社图书，如有印装质量问题，我社负责调换。

服务电话：010 - 59195115　010 - 59194918

安达市行政区划图

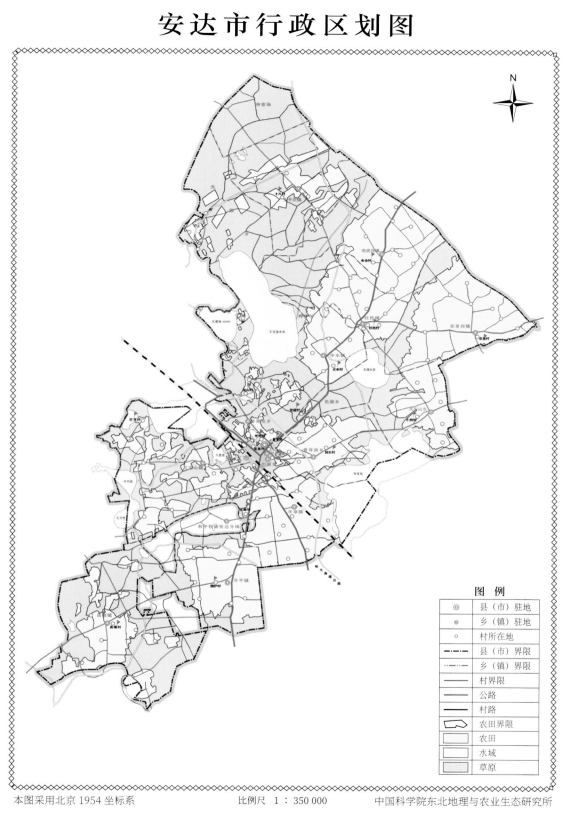

图　例

◎	县（市）驻地
◉	乡（镇）驻地
○	村所在地
─·─·─	县（市）界限
─··─··─	乡（镇）界限
────	村界限
────	公路
────	村路
▱	农田界限
▭	农田
▭	水域
▭	草原

本图采用北京 1954 坐标系　　　　　比例尺　1：350 000　　　　　中国科学院东北地理与农业生态研究所

安达市土壤图

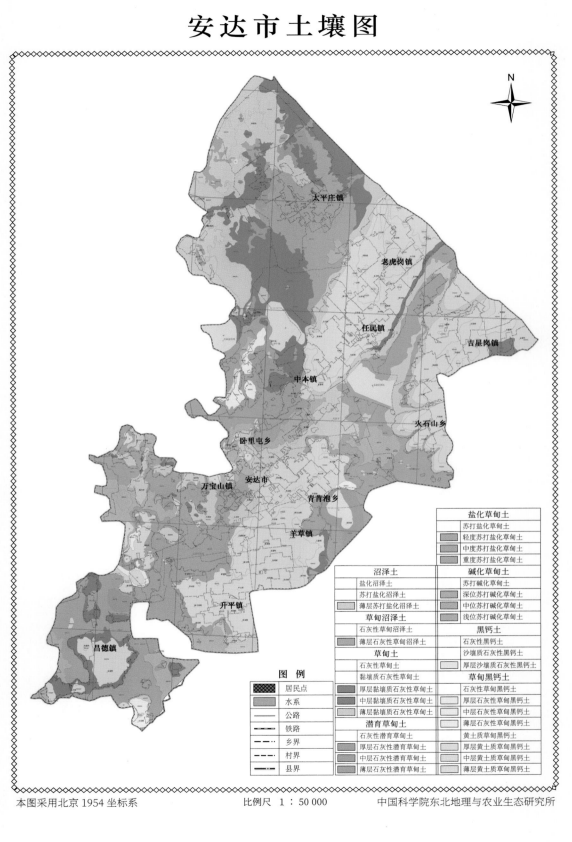

图 例	
	居民点
	水系
	公路
	铁路
	乡界
	村界
	县界

盐化草甸土
苏打盐化草甸土
轻度苏打盐化草甸土
中度苏打盐化草甸土
重度苏打盐化草甸土

沼泽土	碱化草甸土
盐化沼泽土	苏打碱化草甸土
苏打盐化沼泽土	深位苏打碱化草甸土
薄层苏打盐化沼泽土	中位苏打碱化草甸土
草甸沼泽土	浅位苏打碱化草甸土
石灰性草甸沼泽土	黑钙土
薄层石灰性草甸沼泽土	石灰性黑钙土
草甸土	沙壤质石灰性黑钙土
石灰性草甸土	厚层沙壤质石灰性黑钙土
黏壤质石灰性草甸土	草甸黑钙土
厚层黏壤质石灰性草甸土	石灰性草甸黑钙土
中层黏壤质石灰性草甸土	厚层石灰性草甸黑钙土
薄层黏壤质石灰性草甸土	中层石灰性草甸黑钙土
潜育草甸土	薄层石灰性草甸黑钙土
石灰性潜育草甸土	黄土质草甸黑钙土
厚层石灰性潜育草甸土	厚层黄土质草甸黑钙土
中层石灰性潜育草甸土	中层黄土质草甸黑钙土
薄层石灰性潜育草甸土	薄层黄土质草甸黑钙土

本图采用北京1954坐标系　　　比例尺　1：50 000　　　中国科学院东北地理与农业生态研究所

安达市土地利用现状图

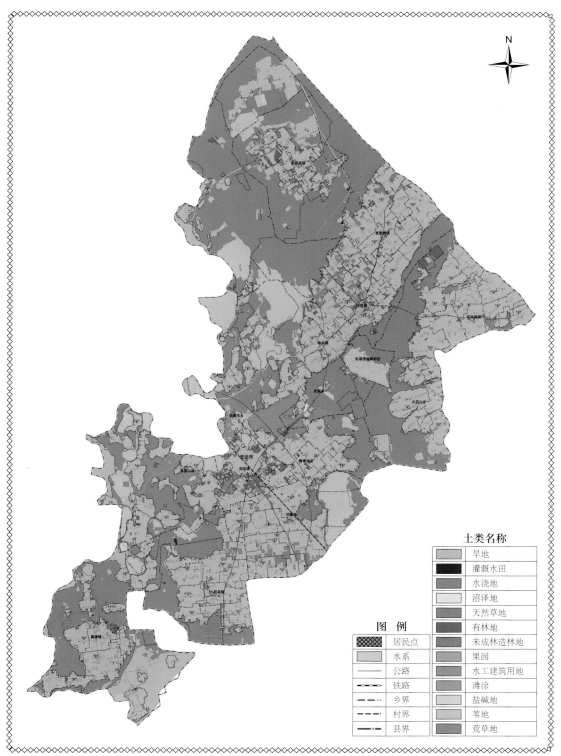

N

土类名称

- 旱地
- 灌溉水田
- 水浇地
- 沼泽地
- 天然草地
- 有林地
- 未成林造林地
- 果园
- 水工建筑用地
- 滩涂
- 盐碱地
- 苇地
- 荒草地

图 例

- 居民点
- 水系
- 公路
- 铁路
- 乡界
- 村界
- 县界

本图采用北京 1954 坐标系　　　　　比例尺　1：100 000　　　　中国科学院东北地理与农业生态研究所

安达市耕地地力调查点分布图

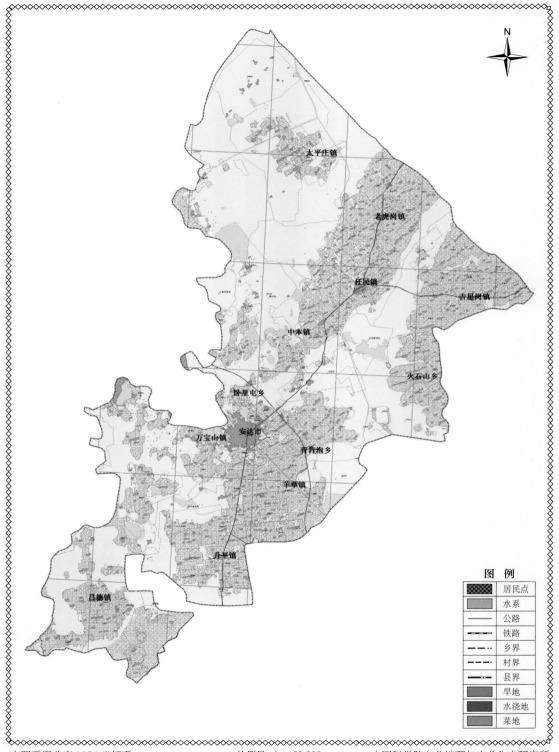

N

太平庄镇

老虎岗镇

任民镇

吉星岗镇

中本镇

火石山乡

卧里屯乡

安达市

万宝山镇

青肯泡乡

羊草镇

升平镇

昌德镇

图　例

	居民点
	水系
	公路
	铁路
	乡界
	村界
	县界
	旱地
	水浇地
	菜地

本图采用北京 1954 坐标系　　　　　　比例尺　1：50 000　　　　中国科学院东北地理与农业生态研究所

安达市耕地地力等级图

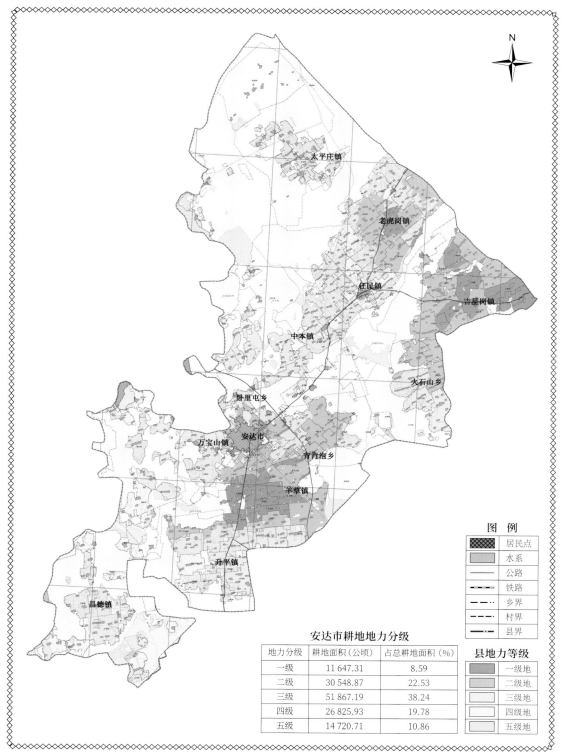

安达市耕地地力分级

地力分级	耕地面积（公顷）	占总耕地面积（%）
一级	11 647.31	8.59
二级	30 548.87	22.53
三级	51 867.19	38.24
四级	26 825.93	19.78
五级	14 720.71	10.86

图　例

	居民点
	水系
	公路
	铁路
	乡界
	村界
	县界

县地力等级

	一级地
	二级地
	三级地
	四级地
	五级地

本图采用北京 1954 坐标系　　　　　比例尺　1 : 50 000　　　　中国科学院东北地理与农业生态研究所

安达市耕地土壤有机质分级图

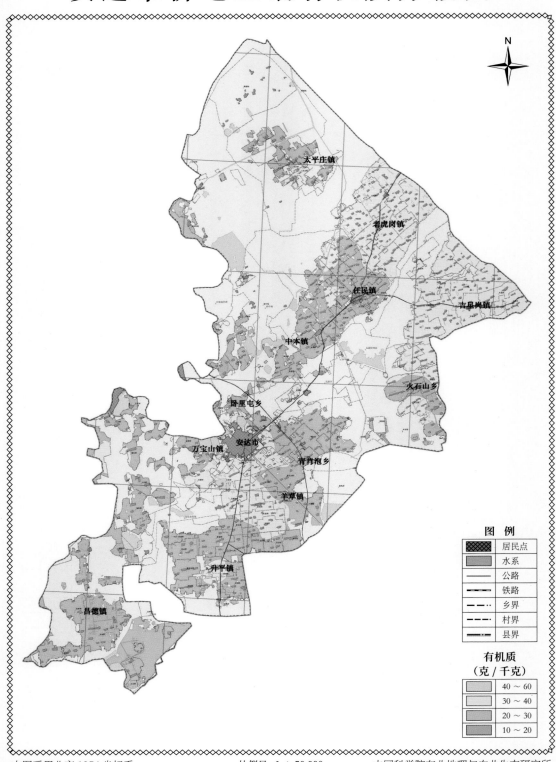

太平庄镇

老虎岗镇

任民镇

吉星岗镇

中本镇

火石山乡

卧里屯乡

安达市

万宝山镇

青肯泡乡

羊草镇

升平镇

昌德镇

N

图　例

▨	居民点
▨	水系
—	公路
┼┼	铁路
– –	乡界
– –	村界
━━	县界

有机质
（克／千克）

	40～60
	30～40
	20～30
	10～20

本图采用北京 1954 坐标系　　　　比例尺　1：50 000　　　　中国科学院东北地理与农业生态研究所

安达市耕地土壤全氮分级图

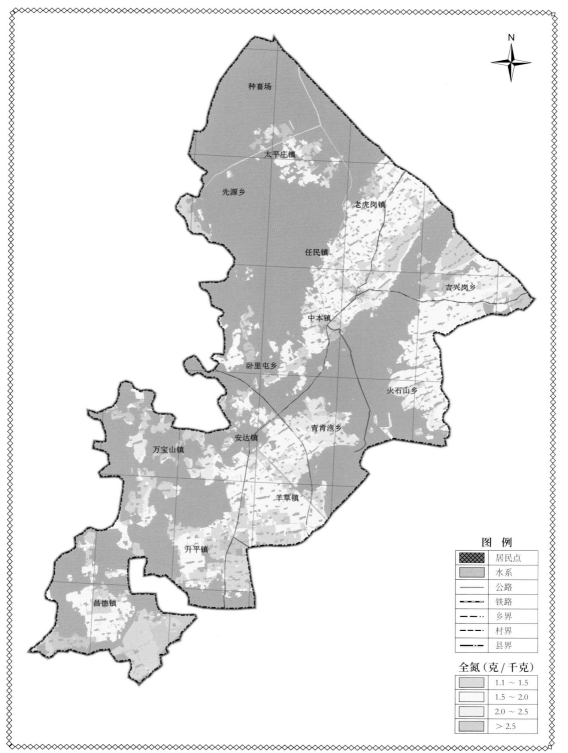

N

种畜场

太平庄镇

先源乡

老虎岗镇

任民镇

吉兴岗乡

中本镇

卧里屯乡

火石山乡

青肯泡乡

万宝山镇

安达镇

羊草镇

升平镇

昌德镇

图　例

▨	居民点
▨	水系
──	公路
┣━	铁路
─··─	乡界
─·─	村界
───	县界

全氮（克／千克）

	1.1 ~ 1.5
	1.5 ~ 2.0
	2.0 ~ 2.5
	> 2.5

本图采用北京 1954 坐标系　　　　比例尺 1：50 000　　　　中国科学院东北地理与农业生态研究所

安达市耕地土壤全钾分级图

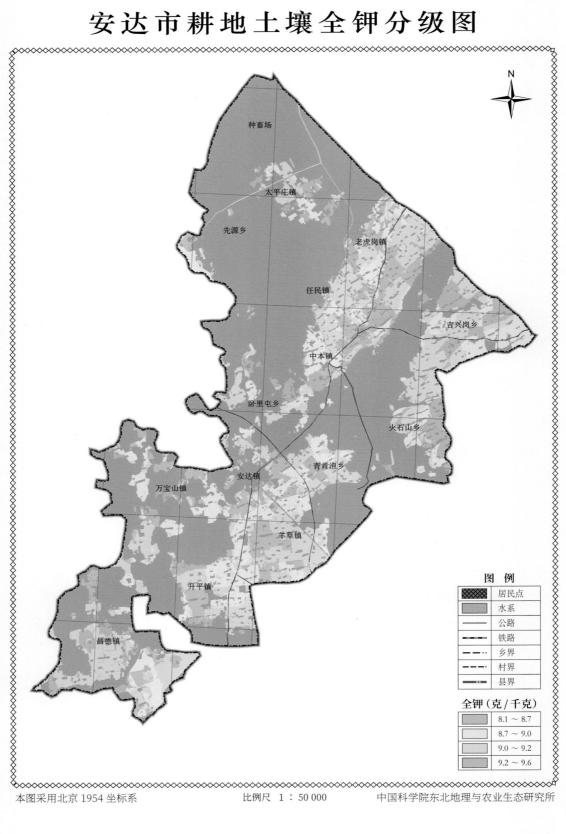

种畜场

太平庄镇

先源乡

老虎岗镇

任民镇

吉兴岗乡

中本镇

卧里屯乡

火石山乡

青肯泡乡

安达镇

万宝山镇

羊草镇

升平镇

昌德镇

N

图　例

居民点	
水系	
公路	
铁路	
乡界	
村界	
县界	

全钾（克/千克）

	8.1～8.7
	8.7～9.0
	9.0～9.2
	9.2～9.6

本图采用北京 1954 坐标系　　　　　比例尺　1：50 000　　　　中国科学院东北地理与农业生态研究所

安达市耕地土壤 pH 分级图

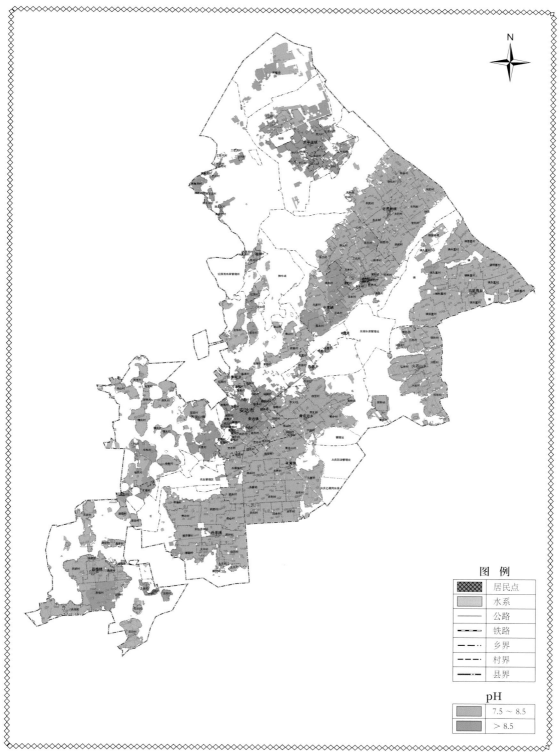

图 例

▨	居民点
▨	水系
—	公路
▦	铁路
– ‧ –	乡界
– – –	村界
— ‧ —	县界

pH

	7.5 ~ 8.5
	> 8.5

本图采用北京 1954 坐标系　　　　比例尺　1：110 000　　　　中国科学院东北地理与农业生态研究所

安达市耕地土壤速效钾分级图

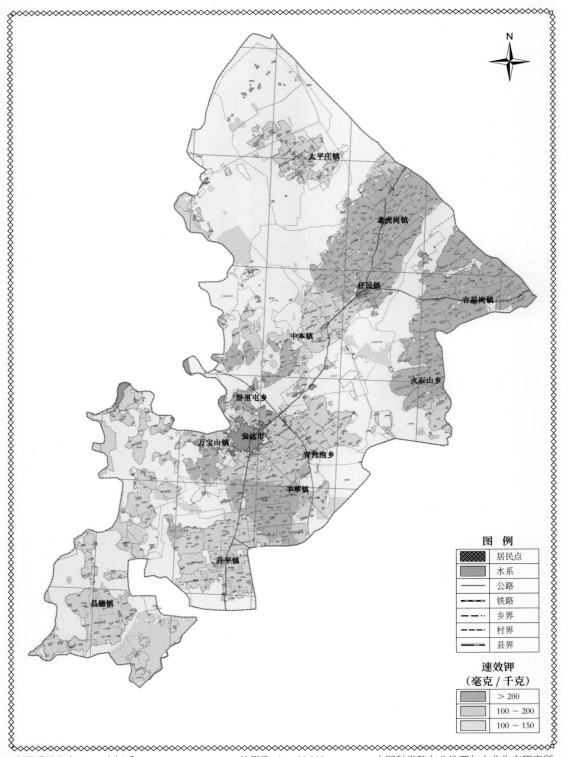

N

图 例

	居民点
	水系
	公路
	铁路
	乡界
	村界
	县界

速效钾
（毫克／千克）

	> 200
	100 ～ 200
	100 ～ 150

本图采用北京 1954 坐标系   比例尺　1∶50 000   中国科学院东北地理与农业生态研究所

安达市耕地土壤有效磷分级图

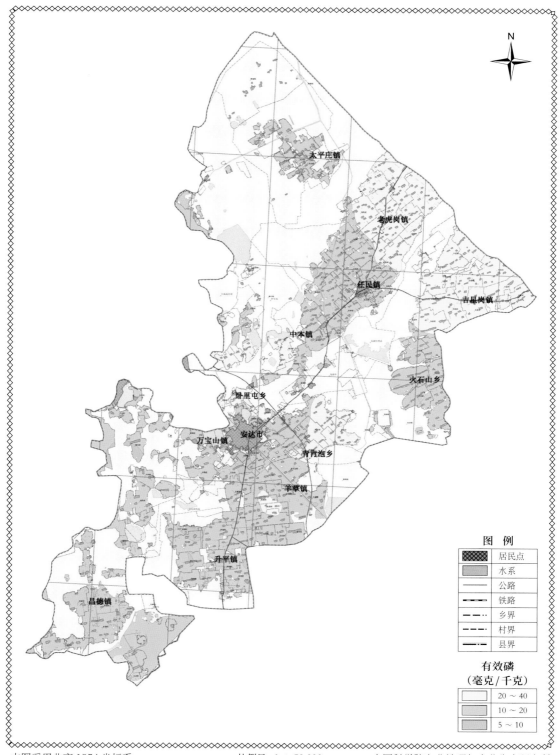

太平庄镇

老虎岗镇

任民镇

吉星岗镇

中本镇

火石山乡

卧里屯乡

万宝山镇 安达市

青肯泡乡

羊草镇

升平镇

昌德镇

图　例

	居民点
	水系
	公路
	铁路
	乡界
	村界
	县界

有效磷
（毫克／千克）

	20 ～ 40
	10 ～ 20
	5 ～ 10

本图采用北京 1954 坐标系　　　　比例尺　1：50 000　　　　中国科学院东北地理与农业生态研究所

安达市耕地土壤有效锌分级图

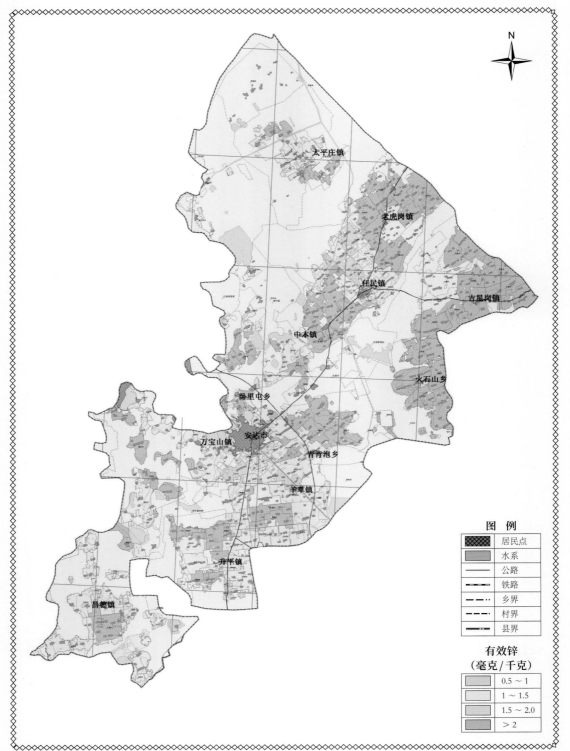

N

图　例

	居民点
	水系
	公路
	铁路
	乡界
	村界
	县界

有效锌
（毫克／千克）

	0.5 ～ 1
	1 ～ 1.5
	1.5 ～ 2.0
	＞ 2

本图采用北京 1954 坐标系　　　　　比例尺　1：50 000　　　　中国科学院东北地理与农业生态研究所

安达市耕地土壤有效铜分级图

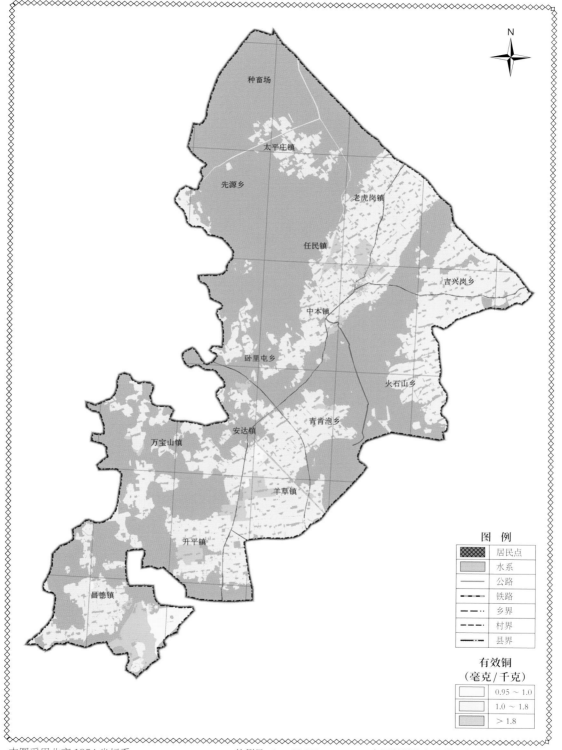

安达市耕地土壤有效铁分级图

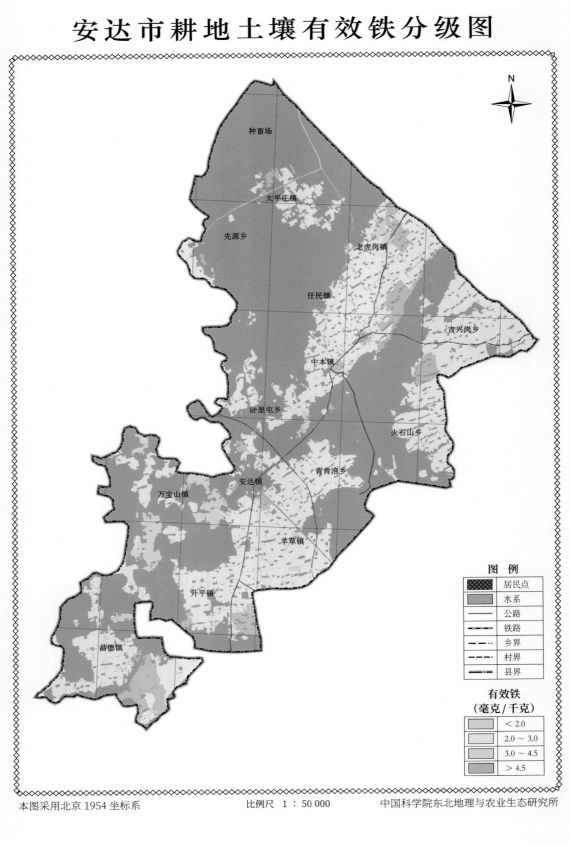

N

种畜场

太平庄镇

先源乡

老虎岗镇

任民镇

吉兴岗乡

中本镇

卧里屯乡

火石山乡

青青泡乡

安达镇

万宝山镇

羊草镇

升平镇

昌德镇

图 例

	居民点
	水系
	公路
	铁路
	乡界
	村界
	县界

有效铁
（毫克/千克）

	< 2.0
	2.0 ~ 3.0
	3.0 ~ 4.5
	> 4.5

本图采用北京1954坐标系　　　　　比例尺 1：50 000　　　　中国科学院东北地理与农业生态研究所

安达市耕地土壤有效锰分级图

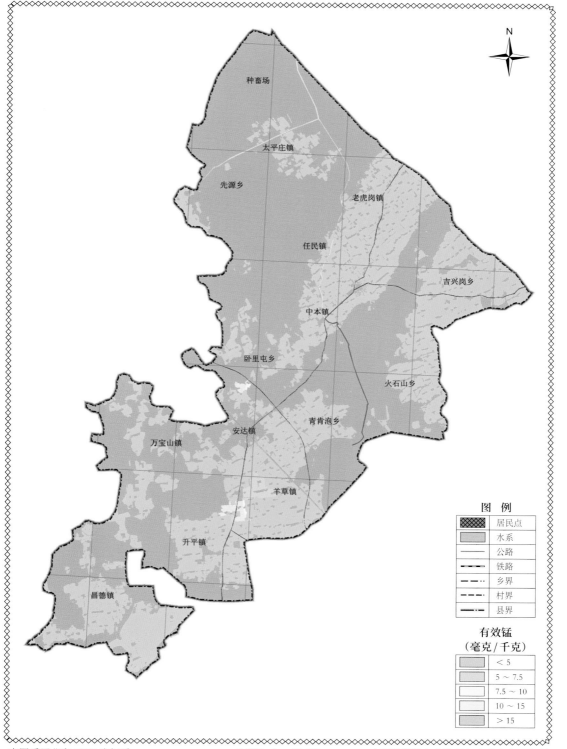

种畜场

太平庄镇

先源乡

老虎岗镇

任民镇

吉兴岗乡

中本镇

卧里屯乡

火石山乡

青肯泡乡

安达镇

万宝山镇

羊草镇

升平镇

昌德镇

N

图　例

	居民点
	水系
	公路
	铁路
	乡界
	村界
	县界

有效锰
（毫克/千克）

	< 5
	5 ~ 7.5
	7.5 ~ 10
	10 ~ 15
	> 15

本图采用北京 1954 坐标系　　　　　比例尺　1：50 000　　　　中国科学院东北地理与农业生态研究所

安达市耕地土壤有效硫分级图

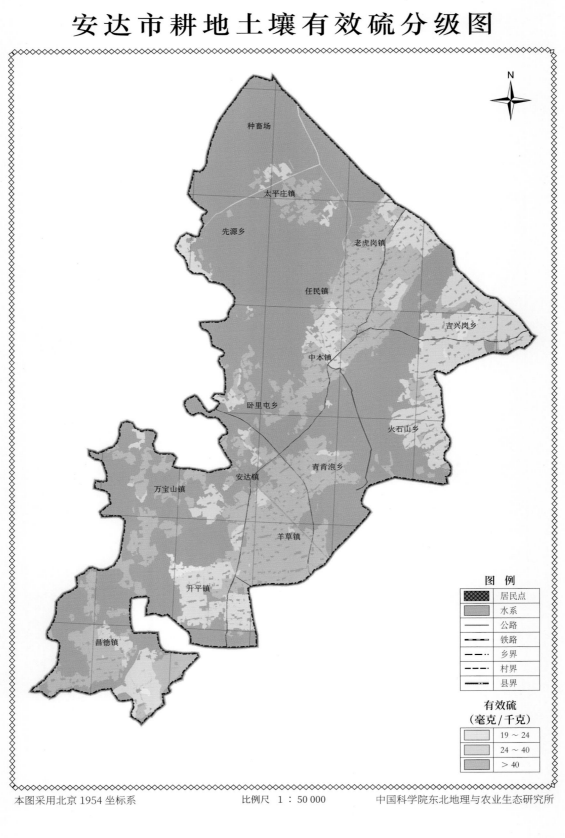

N

图 例

	居民点
	水系
	公路
	铁路
	乡界
	村界
	县界

有效硫
（毫克／千克）

	19～24
	24～40
	＞40

种畜场

太平庄镇

先源乡

老虎岗镇

任民镇

吉兴岗乡

中本镇

卧里屯乡

火石山乡

青肯泡乡

安达镇

万宝山镇

羊草镇

升平镇

昌德镇

本图采用北京 1954 坐标系　　　　　　比例尺　1：50 000　　　　　中国科学院东北地理与农业生态研究所

安达市耕地土壤有效硼分级图

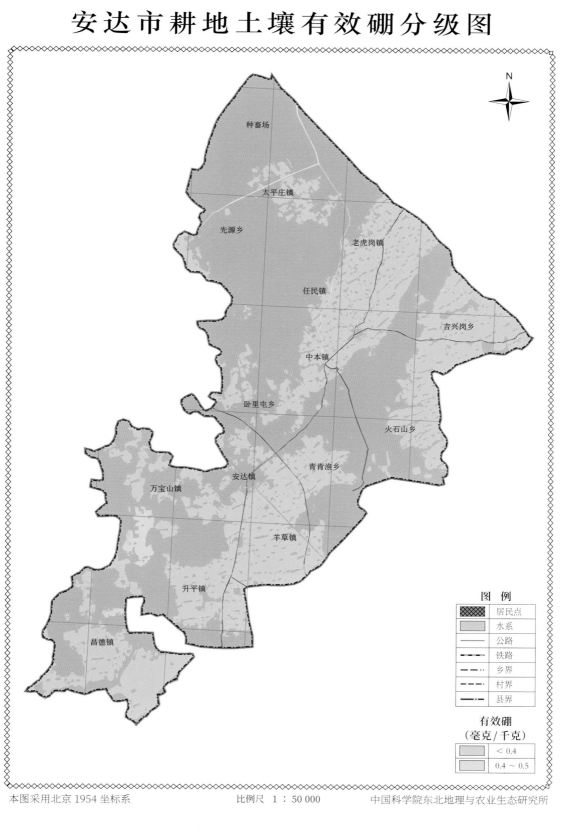

N

图 例

	居民点
	水系
	公路
	铁路
	乡界
	村界
	县界

有效硼
（毫克/千克）

	< 0.4
	0.4 ~ 0.5

种畜场

太平庄镇

先源乡

老虎岗镇

任民镇

吉兴岗乡

中本镇

卧里屯乡

火石山乡

青青泡乡

安达镇

万宝山镇

羊草镇

升平镇

昌德镇

本图采用北京 1954 坐标系　　　　　比例尺　1：50 000　　　　中国科学院东北地理与农业生态研究所

安达市玉米适宜性评价图

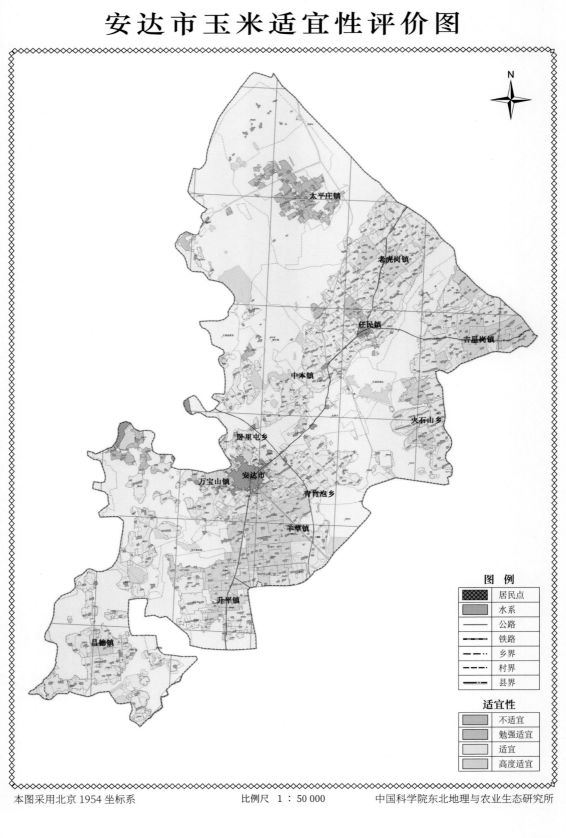

N

图例

▨	居民点
▩	水系
—	公路
▦	铁路
–··–	乡界
– –	村界
–·–	县界

适宜性

▨	不适宜
▨	勉强适宜
☐	适宜
▨	高度适宜

太平庄镇
老虎岗镇
任民镇
吉星岗镇
中本镇
火石山乡
卧里屯乡
万宝山镇 安达市
青肯泡乡
羊草镇
升平镇
昌德镇

本图采用北京1954坐标系　　　　　比例尺 1：50 000　　　　　中国科学院东北地理与农业生态研究所